	英語略記号リスト	本文参照頁
CARS	コヒーレントアンチストークスラマン散乱	46
CCD	Charge Coupled Device	49
CV	サイクリックボルタンメトリー	196
DSC	示差走査熱量測定	219
DTA	示差熱分析	218
ECD	電子捕獲検出器	175
ESR	電子スピン共鳴法	137
EXAFS	広域 X 線吸収微細構造	113
FID	水素炎イオン化検出器	174
FPD	炎光光度検出器	174
GC	ガスクロマトグラフィー	170
GPC	ゲルパーミエーションクロマトグラフィー	44
HPLC	高速液体クロマトグラフィー	176
ICP	高周波誘導結合プラズマ発光分析法	70
IP	イメージングプレート	97
IR	赤外線吸収分析法	32
FT-IR	フーリエ変換赤外線吸収分析法	36
GC-IR	ガスクロマトグラフ－赤外線吸収分析法	44
GPC-IR	ゲルパーミエーションクロマトグラフ－赤外線吸収分析法	44
LC-IR	液体クロマトグラフ－赤外線吸収分析法	44
LC	液体クロマトグラフィー	176
LLC	分配クロマトグラフィー	178
LSC	吸着クロマトグラフィー	179
MS	質量分析法	148
GC-MS	ガスクロマトグラフ－質量分析法	158
ICP-MS	高周波誘導結合プラズマ発光－質量分析法	161
^{13}C-NMR	^{13}C-核磁気共鳴法	121
^{1}H-NMR	^{1}H-核磁気共鳴法	121
PAS	光音響分析法	19
PIXE	荷電粒子励起 X 線分析	108
PSPC	位置敏感型比例計数管	97
SACLA	Spring-8 Angstrom Compact free electron Laser	93
SASE	自己増幅自発放射	93
SEM	走査型電子顕微鏡	227
SERS	表面増強ラマン散乱	46
SSD	半導体検出器	97
TCD	熱伝導度検出器	173
TEM	透過型電子顕微鏡	227
TG	熱重量分析	218
TID	熱イオン化検出器	175
TLC	薄層クロマトグラフィー	182
vis-UV	可視紫外光吸収スペクトル法（吸光光度分析）	6
XANES	X 線吸収端構造	113
XFEL	X 線自由電子レーザー	93
XPS	X 線光電子分光法	235

入門機器分析化学

庄野利之・脇田久伸　編著

栗崎　敏・田中　稔・中野裕美・藤岡稔大
藤原　学・松下隆之・山口敏男・横山拓史　共著

三共出版

新版発行について

1988年に本書を世に出してからすでに27年経過し，2015年9月には53刷に至った。その間，本書はminor changeを重ねながら多くの大学，高専および企業の教育に利用されてきた。ところで，最近の機器分析化学の進展はめざましく，より微量に，より精しく，より複雑な系の分析に向かって探究が行われている。それに従って各機器分析装置の感度，精度の向上が図られると共に，いくつかの分析機能を組み合せて単能型では困難であった複雑な系や部分あるいは中間体や不安定な化学種の分析をも可能とする機器開発が行われている。また，分析機器は複雑になる一方で使い勝手の良さをめざしたコンピュータ機能の導入で小型化も行われ，持ち運び可能な機器開発もその場分析の必要性などに応じて開発されている。

このような変遷に伴って本書の改訂作業が10年近く前から考えられた。本書をご使用いただいている方々のご意見を尊重し，基本的には初版のタイムリーで平易な本づくりを受け継ぎ，各章を時代に合わせて見直すこと，新しい章建ては極力絞り，表面分析の章のみを入れることにした。表面分析法は現代のものづくりに大いに活躍している分野である。

本新版は，従来の著者に加えて新たに数名の専門家に加わっていただき改訂した。本新版が機器分析化学の入門書として前書に引き続き利用されることを心から期待する。

終りに，本書の執筆にあたって三共出版株式会社の故石山慎二氏から度々の励ましを受けた。石山氏の変わらぬ励ましがなければ出版に至らなかったであろう。また，石山氏に引き続き同社の秀島　功氏にはさらなる励ましを受け，お陰でやっと刊行にこぎつけることができた。秀島氏の励ましと刊行に向けた努力に深くお礼を申し述べたい。

この刊行作業中に編者のお一人であった庄野利之 大阪大学名誉教授が2014年11月に逝去された。庄野先生のご冥福を祈るとともに本新版刊行を心待ちにされていた庄野先生のご遺志を継ぎ，本新版を庄野先生との共編著とする次第である。

2015年10月

脇田久伸

まえがき

現代は技術革新の時代，あるいは情報化の時代ともいわれており，経済，社会，文化のいずれの面を考えても新しい科学技術の成果を抜きには語ることができない。

化学の分野においても，先達たちの努力によって築かれた基礎的成果のうえに新しい技術が生まれ，また技術の発展が基礎学問を刺激し，これが学問の進歩につながっている。

分析化学の領域でも技術革新に対応して状態分析とか，極微量の分析，あるいは産業や経済の発展に伴う環境問題の解決に必要な，動態解析ともいうべき高度な分析技術，材料構造とその機能の相関の解析，生体関連現象の解析技術などが要望されるようになっている。これらの要望にこたえるために電子工学の発展を背景とした各種の分析機器の発達がとくに目覚しい。したがってこのような分析機器の開発に伴う分析化学の教育も，これらに即応させる必要があろう。

諸外国の機器分析化学の教科書を見ても機器とコンピューターのインターフェイス，オートメーションなどの章が設けられているものがかなりみうけられる。

さて従来の機器分析化学の教科書は分析化学の専門家にとってもきわめて有用なものが多いが，範囲が膨大なものが多く，学部の学生にはやや程度の高いものが多いように思われる。そこで本書の編集にあたっては学部の学生に対する機器分析化学の教科書を意識して，分析手段の主なものの原理と応用および演習問題を加えることによって，理解の程度を深めていただくことを意図した。

しかし，化学をベースにして分析化学に係わる学生諸君と電気や物理出身で機器分析に係わっている人とでは視点を変える必要があるのではないだろうか。本書はあくまでも化学をベースとした学生諸君の分析化学の教科書という立場をとっている。したがって機器分析といえども化学反応を常に念頭において考えてほしい。本書の題名もあえて「機器分析」でなく「機器分析化学」とした所以である。

本書が機器分析化学の入門書として利用されれば著者らの喜びはこれに過ぎるものはない。

終りに，本書の執筆にあたって貴重な御意見をいただいた東京水産大学の渡部徳子教授，福岡大学の三橋国英教授に感謝申し上げるとともに，本文中の多数の図面を，理解しやすいように創作していただいた造形短期大学（福岡市）デザイン科，岩田綾彬先生に対し深く謝意を表したい。また本書の刊行を引きうけていただいた三共出版株式会社に御礼を申し述べたい。

1988 年 3 月

著　　者

目　　次

1　序　　論

2　吸光光度分析と蛍光光度分析

3　赤外吸収・ラマンスペクトル分析法

4　原子吸光分析，フレーム分析および発光分光分析（ICP 発光分析）および ICP 質量分析

5　X 線 分 析 法

6　磁気共鳴分析

7 質量分析

8　クロマトグラフィー

9　電気分析法

10　熱　分　析

11 表面分析

1 序　　論

1.1 機器分析化学の発展

自然科学の1つの分野として化学が体系化されたのは19世紀で，物理学，数学などの分野にくらべると，その歴史は比較的新しい。しかし主に19世紀後半になされた多くの元素の発見の過程で，分析化学の貢献はきわめて大きいものがある。ついで有機化合物が数多く合成，登場するようになって，Liebig, Preglなどの微量元素分析法と共に有機官能基の分析法も次第に確立されていった。しかしこれらの分析化学の方法は熟練と長い時間を必要とする技術が多く，迅速で微量，しかも容易に分析値を短時間に提供することが，各種工業の発展と共に要求されるようになってきた。

機器分析の起源はBunsen, KirchhoffによるCs，Rbの発見（フレーム分析法の起源，1860年）といわれるが，機器分析法の開花はエレクトロニクスが大きく発展した第2次大戦終了後からで，赤外分光光度計に例をとると，すでに1945年にはBaird社，Perkin-Elmer社から自記式の赤外分光光度計が発売され，日本では1950年になって東京大学にBaird社の装置が始めて導入され，多くの分野で利用された。現在ではフーリエ変換赤外分光光度計が自由に利用でき，また多くの研究室が簡易型の測定装置を所有するようになっている。

すなわち熟練した技術と長時間を要した化学分析の多くの分野が機器分析にとって代えられ，省力化，迅速化，高感度化，微量試料への適用などの点で，機器分析法の占める役割は非常に大きいものがあるといえよう。

1.2 機器分析法の種類

機器分析法には多くのものがあるが，原理的に大別すると電磁波分析，電気分析，分離分析，その他の4つのカテゴリーに分けることができる。本書では各カテゴリーの中で以下に記述する方法をとりあげている。本書が入門的性格をもつため，重要な方法ではあるが旋光分散法，放射能分析法のように割愛したものが数多くある。

電磁波分析

(1) 吸光光度分析（可視，紫外）　第2章
(2) 蛍光光度分析　第2章
(3) 赤外吸収スペクトル分析法　第3章
(4) ラマンスペクトル分析法　第3章
(5) 原子吸光分析　第4章
(6) フレーム分析　第4章
(7) 発光分光分析　第4章
(8) X線分析法　第5章

　(9) 磁気共鳴分析　第6章
　(10) 表面分析　第11章
電気分析法　第9章
分離分析
　クロマトグラフィー　第8章
その他の分析法
　(1) 質量分析　第7章
　(2) 熱分析　第10章

1.3 機器分析法の特徴（長所と短所）

長所としては

i）選択性がよいこと。機器分析法では物質のもっている性質を信号化し，それを種々の手段で分離して分析を行っているので，物質をとくに分離する必要のない場合が多い。

ii）迅速性。化学分析では前処理として化合物，イオンなどの分離のために分解，沈殿，ろ過，蒸留など各種の操作が必要であるが，機器分析では前処理が比較的簡単である。したがって工業的な管理分析に用いる場合も経済性にすぐれている。

iii）分析感度の向上と試料の微量化。最近のICP発光分析を例にとると，数pptの元素の同時定量が容易に行えるようになっており，機器分析は一般に操作が容易で個人差が少ない利点がある。

iv）自動化，連続化。コンピュータの発達によって自動化，連続化が非常に便利に行えるようになってきている。

短所としては

i）機器分析は物質のもっている性質を信号化して利用しているため，一般的に標準物質を必要とする。したがって標準物質の測定値との比較で分析を行うのが常道である。

ii）有効桁数が少ない（精度の問題）。機器分析では記録計によるペン式記録，あるいは信号がディジタル化されていることが多いが，一般的には相対誤差0.5～数%と考えるべきである。

iii）機器の価格と維持管理。機器を設置するのに専用の部屋を必要とすることが多く，また空調設備，高価なガスの使用，オペレータの用意など，保守，管理が簡単ではないものが多い。

1.4 機器分析を実施するにあたっての注意

本書に記述されている機器分析の方法を利用するにあたって，分析の目的を明確にする必要があることはいうまでもない。項目として考えておかねばならないものには次のようなものがある。

i ）試料中の含有元素，共存成分，試料の状態（気，液，固），主成分の分析か，微量成分の分析か。

ii ）定性か定量かあるいは構造解析か。

iii）分析範囲，機器の感度，精度，正確さ，および測定に使える試料量

iv）経済性，迅速性，安全性など

もちろんこれらの項目は単独で考えるべきものではなく，互いに関連する場合がほとんどであろう。

機器分析では，本来与えられた試料をそのまま分析できればそれにこしたことはない。しかし，分析機器を使用する前にあらかじめ測定に適するような前処理を行うことが必要となる場合も多い。そのために前処理として分析を妨害する成分の除去，目的成分の濃縮，試料の化学形態，物理状態の変換が行われる。機器分析装置が高度に発達すると，身近な分析装置もいわゆるブラックボックス化する。装置からの信号が出れば，それがノイズであっても何かものが存在するのではないかと錯覚することがおこるであろう。したがって機器分析化学に入門する学生諸君は原理的なことをしっかり学び，機器よりえられた数値に惑わされないよう経験を積むことを希望したい。

2 吸光光度分析と蛍光光度分析

原　理

試料物質の基底状態から励起状態への電子遷移に基づく，光（可視光・紫外光）を吸収する現象を利用する定性・定量分析が吸光光度分析であり，物質の濃度と吸光度（光を吸収する度合）には直線関係がある。

また，励起状態にある試料物質が，再び基底状態に戻る際に，光を発する蛍光現象を利用する定性定量分析が蛍光光度分析であり，低濃度領域では濃度と蛍光強度は比例する。

特　徴

定量操作や使用機器が比較的簡単である。感度がよく精度も高いが，適用範囲が限られている。

基底状態（ground state）

原子の中の電子が取り得るいくつかの状態のうち，最低のエネルギーの状態をいう。基底状態から，光，熱，電場，磁場などの影響によって励起状態に遷移する。

励起状態（excited state）

原子の中の電子が取り得るいくつかの状態のうち，最低のエネルギー以外の状態を励起状態という。不安定な励起状態から安定な基底状態に戻るためには，光，熱などのエネルギーを外部へ放出する必要がある。

無輻射遷移（radiationless transition ; nonradiative transition）

励起状態から基底状態に遷移する際に，外部へ光以外のエネルギー（主に熱エネルギー）を放出して失活すること。光（蛍光）を放出して基底状態に戻ることを輻射遷移という。

物質による紫外・可視光の吸収は，その分子の基底状態にある電子が光エネルギーを吸収して励起状態に遷移することによって起こる。その吸収の強さは波長によって異なり，吸収スペクトルは物質に特有のものである。これによって物質を分析することを可視・紫外吸収スペクトル法（吸光光度法）という。

また，励起した分子は，エネルギーを熱または他分子との衝突により失い基底状態へと速やかに戻る。この過程は無放射遷移とよばれるが，この他に基底状態へ戻る際，吸収した光エネルギーを再び光として放射する過程をへることがある。これを蛍光といい，この現象を利用する分析が蛍光光度法である。

分子の電子エネルギー準位と遷移について図 2-1 に略示する。

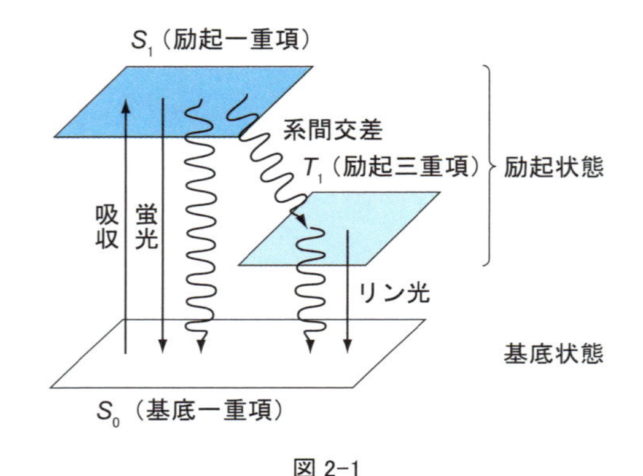

図 2-1

2. 1 吸光光度法

吸光光度法は，試料物質の溶液に光（通常は波長 800～200 nm）をあててその吸収スペクトルを測定し，吸収強度より試料物質の定量を，吸収極大の位置および形より定性分析を行うものである。

吸光光度法による定量分析は簡便で感度・精度ともすぐれ，再現性も良好なためよく用いられている。しかし可視・紫外部に吸収のないものや適当な呈色試薬のないものは測定不能で，また妨害成分の分離・マスキングなどの前処理が必要である。

2. 1. 1 ランベルト-ベールの法則

光は光子とよばれるある一定のエネルギーをもった粒子と考えられ，光子が化学種に吸収されるためには両者の衝突が必要である。その衝突回数は光子の数（光の強さ）I と化学種の数（N）の積に比例する。

断面 xy の物質層の $\mathrm{d}l$ なる薄層部分を考えると（図 2-2），$\mathrm{d}l$ を通過した後の光の強さの減少量（$-\mathrm{d}I$）は次式で表わされる。

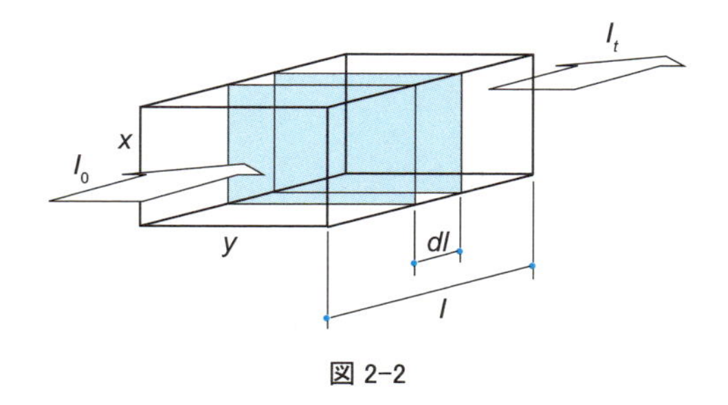

図 2-2

$$-\mathrm{d}I = k' N I$$

$$N = N_\mathrm{A} \cdot c \cdot 10^{-3} \cdot xy\mathrm{d}l$$

$$= k'' c\, \mathrm{d}l$$

（N_A：アボガドロ数，c：溶液の濃度）

$$\therefore\ -\mathrm{d}I = k' k'' c\, \mathrm{d}l\, I = kc \cdot \mathrm{d}l \cdot I$$

物質層全体について考えると

$$-\int_{I_0}^{I_t} \frac{\mathrm{d}I}{I} = kc\int_0^l \mathrm{d}l$$

$$\ln I_0 - \ln I_t = kcl$$

$$\log I_0/I_t = (k/2.303) \cdot c \cdot l$$

すなわち透過光の強さは，溶液の厚さ（l）および溶液の濃度（c）の増加につれて指数関数的に減少する。ここで吸光度（A）を

$$A = \log(I_0/I_t) = -\log(I_t/I_0)$$

と定義すると，吸光度（A）は溶液層の厚さ（l）に比例し（Lambert の法則），溶液濃度（c）に比例する（Beer の法則）。

なお，1 M（= 1 mol·dm^{-3}）の溶液，1 cm を透過するときの吸光度をモル吸光係数（ε/M^{-1}·cm^{-1}）といい，この値は物質特有のものである。

$$A = \varepsilon cl$$（Lambert-Beer の法則）

この式は吸光光度分析を行う際の基本となるものであるが，この法則が厳密に成り立つためには以下の条件が満たされていなければならない。

ⅰ）入射光は単色光であること。ⅱ）溶液界面における反射，機器内部の迷光がないこと。ⅲ）溶質および溶媒分子による散乱，懸濁物による乱反射がないこと。ⅳ）溶液濃度が変化しても溶質の化学種の溶存状態が一定であること。

また混合物（M+N）においては，以下のように加成性が成り立つため

$$A = (\varepsilon_\mathrm{M} c_\mathrm{M} + \varepsilon_\mathrm{N} c_\mathrm{N})l$$

混合物の定量，反応速度の測定に利用される。

Lambert

ヨハン・ハインリッヒ・ランベルト（Johann Heinrich Lambert，1728 ～ 1777）

ドイツの数学者・物理学者・化学者。地図の図法（ランベルト正積方位図法など）の考案や円周率が無理数であることの証明などでも知られている。

Beer

アウグスト・ベール（August Beer，1825 ～ 1863）

ドイツの数学者・物理学者・化学者。Einleitung in die höhere Optik を出版。溶液の光吸収と溶質濃度に関するベールの法則を発見した。

Bouguer

ピエール・ブゲール（Pierre Bouguer，1698 ～ 1758）

フランスの数学者，地球物理学者，測地学者，天文学者。彼は，「海軍建築の父」としても知られている。いくつかの光度測定を最も早く行った。光吸収と物質層の厚さの関係については，ランベルト・ブゲールの法則といわれることもある。

2. 1. 2 装置のあらましと操作法

(1) 装　　置

図 2-3 に最も広く使われている装置を示した。

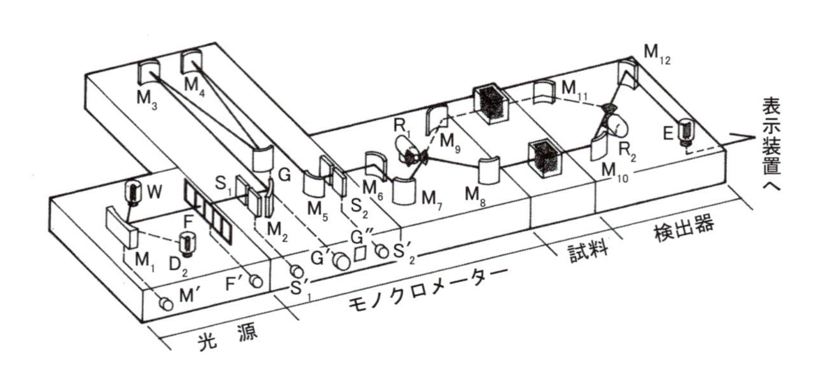

図 2-3　ダブルビーム方式分光光度計の概念図

光源（可視光は W，紫外光は D_2 ランプ）より出た光は，反射鏡 M_1 で反射され，フィルター F，スリット S_1 により迷光がカットされる。反射鏡 M_2，M_3 をへて回折格子 G で分光された後，反射鏡 M_4，M_5，スリット S_2 をへることにより単色化される。この単色光はセクター鏡 R_1 の回転により時間的に二分される。対照セル側と試料セル側に分けられた光は，セル透過後 R_1 と同期しているセクター鏡 R_2 で交互に光電子増倍管 E に照射される。このとき発生する光電流は増幅されメーターや記録計の表示装置に入力される。

光源にはタングステンランプ（350〜2,500 nm：可視部用）および重水素ランプ（190〜400 nm：紫外部用）がセットされていて波長に応じて自動的に切換えられる。

光源の連続光はモノクロメーターにより単色光に分光される。現在では回折格子が多く用いられている。続いて光はスリットを通るが，スリット幅が狭いほど波長範囲の狭い光が得られて分解能がよくなるが，光のエネルギーが減少し検出が困難になる。

ダブルビーム方式では分光した単色光をセクター鏡で時間的に二分し，試料用セルと対照用セル（通常，試料と同じ溶媒のみを入れる）に交互に透過させ，それぞれの透過度の差より溶質のみの吸収を求める。

シングルビーム方式では分光した単色光をそのまま吸収セルを透過させ，吸収セルをかえて測定する。単純な機構のため精度がよく，特定波長における吸収を測定して定量分析を行うのに適している。

検出には光電子増倍管が一般に用いられ，光量に応じ光電流を発生する。これを増幅して表示装置に入力する。

(2) 測　　定

測定に用いられるセルは材質によりガラスセルと石英セルにわけられる。ガラスセルは 370 nm 以上の可視部のみを測定する場合に用いられる。石英セルは可視および紫外部全域にわたって用いられるが，高価なため取り扱い

タングステンランプ

可視光および近赤外光領域の光源（300〜3000 nm，分析使用波長範囲は 340〜1100 nm）。タングステンのフィラメントを使用しており，低い電圧で比較的高い輝度が得られる。

重水素ランプ

紫外光領域の光源（168〜500 nm，分析使用波長範囲は 185〜360 nm）。重水素ガスを封入した放電管。

分光器

広い波長範囲の光を含む白色光から単色光をとり出すために用いられている。広い波長領域で適用可能で，安定した性能を有しているグレーティング（回折格子）が最も多く使用されている。

検出器

試料溶液を透過した光を電気信号に変換し，光強度に関する情報を与える。光半導体や光電管と増幅器を兼ね備えた光電子増倍管などが用いられている。

単色光

ひとつの波長のみからなる光。一般的な光源から放射された白色光を分光器によって単色光をとり出している。しかし，このようにとり出された単色光は，ある程度の波長範囲の光から成り立っている。

セクター鏡

ダブルビーム方式の分光光度計に使用される。分光器により取り出された単色光は，回転するセクター鏡により試料溶液側と参照溶液側とに時間的に二分される。

には注意を要する。また近年水溶液測定用の安価なプラスチック製セルも市販されている。

個々の吸収セルはそれぞれ寸法や透過率が異なる場合があるので，ダブルビーム方式では補正しなければならない。2つのセルに同じ溶媒のみを入れ，吸光度を測定してその差を求める。記憶装置の付いた機種ではその差を一度記憶させて，セルによる差を機械的にゼロにすることができる。

測定に用いる溶媒は充分精製されていなければならない。その上，その溶媒は測定する試料をよく溶かし，かつ試料と反応しないことが必要である。また測定する波長領域に吸収の少ないことが必要である。各溶媒の使用可能な最短波長を表2-1に示した。

光電子増倍管

光電子増倍管は，光電効果を利用して光エネルギーを電気エネルギーに変換している。電流増幅機能を付加した高感度の光検出器であり，多くの電磁波を用いた分析装置で使用されている。入射した光子は光電陰極から光電子を放出させ，その光電子は集束電極により集められ，加速されて電子増倍部の第一ダイノードに衝突する。1つの光電子は複数個の二次電子を放出させ，それらは第二ダイノードに入ってさらに増倍される。真空紫外光から赤外光領域の広い範囲（115〜1700 nm）で光検出を行うことが可能である。

表2-1　溶媒の測定可能な最短波長

200（nm）	蒸留水，アセトニトリル，シクロヘキサン
220	メタノール，エタノール，2-プロパノール，エーテル
250	1,4-ジオキサン，クロロホルム，酢酸
275	*N,N*-ジメチルホルムアミド，酢酸エチル
270	四塩化炭素
290	ベンゼン，トルエン，キシレン
335	アセトン，メチルエチルケトン，ピリジン
380	二硫化炭素

試料溶液濃度は，その溶液の吸光度が0.25〜0.7の範囲にあると測定精度が良いので，試料のモル吸光係数により最適濃度が決定される。モル吸光係数のわからない試料では，まず0.01 Mの溶液を正確につくって測定し，濃厚すぎるときはその一部をとって10倍に希釈して測定することを繰返し，最適濃度を求めるとよい。

測定精度（吸光光度法における誤差）

シングルビーム方式での吸光光度分析装置を用いる場合，その測定誤差が最小になるのは透過率 $T = 0.368$（透過パーセント：36.8％），吸光度 $A = 0.4343$ のところである。これは，検出による誤差が一定であるとし，その誤差を含んで計算された吸光度の値が真値とどれぐらいずれるのかを計算し，それが最小になる吸光度を数学的に解いて求められた値である（参照：『入門機器分析化学演習』（三共出版））。実際に吸光光度測定する際の最適の吸光度は $A = 0.4〜1.4$ の範囲であるとされており，測定試料の予想されるモル吸光係数からその測定溶液の濃度を決めることが望ましい。

2. 1. 3　吸収スペクトル

スペクトルは横軸に波長（nm），縦軸に透過率 $\%T\left(\frac{I}{I_0}\times 100\right)$ または吸光度（A）が用いられる。

波長-吸光度スペクトルの各吸収での極大波長（λ_{max}）と，その波長における吸光度と試料濃度から求めたモル吸光係数（ε_{max}）が分子構造の解明に重要である。

2. 1. 4　吸収帯と電子遷移

紫外・可視部の吸収においては，結合電子が基底状態から励起状態に遷移するエネルギー準位の差に応じた波長の光を吸収する。その強さは，電子遷移の確率に依存し，立体障害のある場合には ε_{max} は小さくなる。

(1) 有機化合物の吸収スペクトル

原子価電子には σ 電子，π 電子およびO, N, Sなど特定原子に存在し結合

に関与しない n 電子（非共有電子対）があり，それぞれの分子軌道中に存在している。これら軌道の相対エネルギーを図 2-4 に示す。

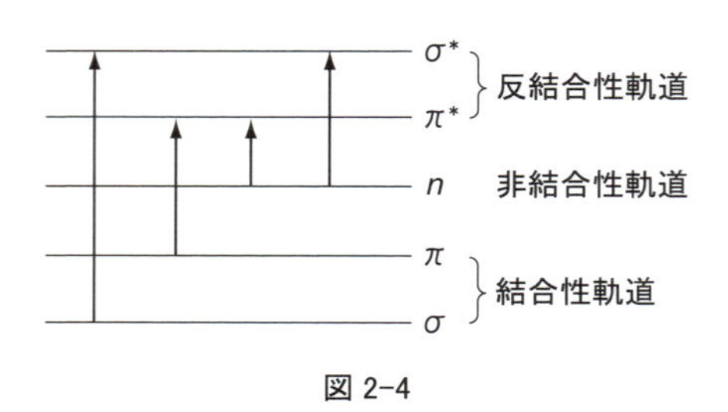

図 2-4

電子が光エネルギーを吸収して上位の空軌道に励起される場合，$\sigma \rightarrow \sigma^*$ 遷移が最も大きなエネルギー，つまり最も短波長の光を必要とする。それに対し $\pi \rightarrow \pi^*$ 遷移，$n \rightarrow \sigma^*$ 遷移，$n \rightarrow \pi^*$ 遷移では，それほど大きなエネルギーを要しない。一般に有機化合物では，これらの遷移に基づく吸収帯のいくつかが観測されるが，通常の機器の紫外部領域（200～400 nm）にあらわれるのは，$\pi \rightarrow \pi^*$，$n \rightarrow \pi^*$ 遷移である（表 2-2，図 2-5 参照）。

表 2-2　吸収帯の区分

遷移の種類	吸収帯の区分	特　　長	ε_{max}
$\sigma \rightarrow \sigma^*$	遠紫外線	遠紫外用装置で測定される。	
$n \rightarrow \sigma^*$	エンド吸収	紫外部短波長端から遠紫外部への大きな吸収。	
$\pi \rightarrow \pi^*$	E_1-吸収帯	エチレン性吸収帯で芳香環に起因。	> 2,000
	$K(E_2)$-吸収帯	共役性吸収帯でポリエン，エノン（-C=C-CO-）などに起因。	> 10,000
	B-吸収帯	ベンゼノイド吸収帯で芳香族，ヘテロ芳香族に起因。微細構造を示すものがある。	> 100
$n \rightarrow \pi^*$	R-吸収帯	ラジカル性吸収帯で CO，NO_2 など n 電子をもつ発色基に起因。	< 100

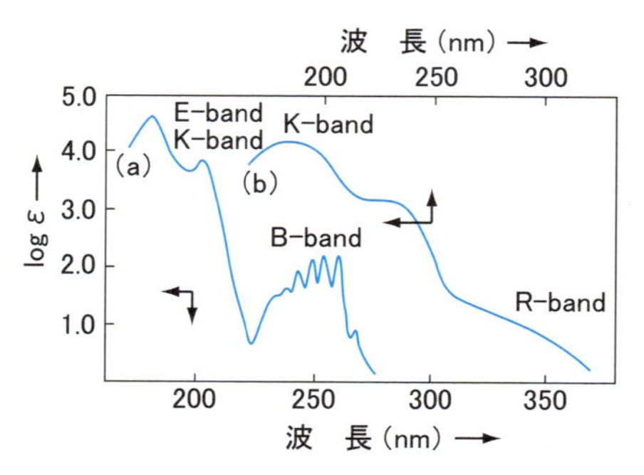

図 2-5　ベンゼン (a) とアセトアルデヒド (b) のスペクトル

（スペクトルと化学構造）

紫外・可視スペクトルは発色基（光を吸収する官能基，多重結合をもつ C=C，C=O，N=N，N=O など）と助色基（発色基に結合してその吸収位置および強度を変化させる官能基，非共有電子対をもつ -OH，$-NH_2$，-SH など）によって吸収が決まり化学構造と関係づけられる。吸収は置換基の導入や溶媒の種類などによって変化し，長波長側に移動するのを深色移動，短波長側に移動するのを浅色移動といい，また吸収強度の増大することを濃色効果，減少することを淡色効果という。吸収と化学構造の主な関係は次のようにまとめられる。

① 多重結合は共役すると深色移動し，濃色効果がある（表 2-3，表 2-4，表 2-5）。

発色基

発色基は，光を吸収する官能基のことで，多重結合をもつ C≡C，C=O，N=N，N=O などがある。紫外光や可視光を吸収するには発色基と共に発色基に結合し吸収位置や強度を変化させる官能基である助色基の存在とその結合位置が重要である。有機化合物内で多重結合が孤立しているよりも共役している方が長波長の光を吸収しやすくなり，有機化合物が可視部に吸収帯をもつためには共役二重結合が8つ以上必要であると考えられている。

助色基

助色基は，発色基に結合し吸収位置や強度を変化させる官能基である。非共有電子対をもつ，OH，NH_2，SH などがあり，それらの種類と数，そして結合位置が吸収帯の位置と強度に大きな影響をおよぼす。逆に，吸収スペクトルのピーク形状より，助色基を含む有機化合物の化学構造を決定することが可能である。

表 2-3　主な化合物の吸収

化合物	例	吸収 $\lambda_{max/nm}$ (ε)	遷移	溶媒
アルケン（R-CH=CH-R）	エチレン	165(15,000)	$\pi \to \pi^*$	気体
アルキン（R-C≡C-R）	2-オクチン	195(21,000)	$\pi \to \pi^*$	ヘプタン
ケトン（R-CO-R）	アセトン	189(900)	$n \to \sigma^*$	ヘキサン
		279(15)	$n \to \pi^*$	
アルデヒド（R-CHO）	アセトアルデヒド	290(17)	$n \to \pi^*$	ヘキサン
カルボン酸（R-COOH）	酢酸	208(32)	$n \to \pi^*$	エタノール
酸アミド（$R-CONH_2$）	アセトアミド	220(63)	$n \to \pi^*$	水
エステル（R-COOR′）	酢酸エチル	211(58)	$n \to \pi^*$	イソオクタン
ニトロ化物（$R-NO_2$）	ニトロメタン	278(20)	$n \to \pi^*$	石油エーテル
ニトロソ（R-NO）	ニトロソブタン	300(100)	$n \to \pi^*$	エタノール
アゾ化合物（R-N=N-R′）	アゾメタン	338(4)	$n \to \pi^*$	エタノール
アゾメチン（R>C=N-R′ (R, R)）	アセトキシム	190(5,000)	$n \to \pi^*$	水
硝酸エステル（$R-ONO_2$）	硝酸エチル	270(12)	$n \to \pi^*$	ジオキサン
亜硝酸エステル（R-ONO）	亜硝酸アミル	219(1,120)	$\pi \to \pi^*$	石油エーテル

表 2-4　ポリエン化合物，$H-(CH=CH)_n-H$

n	1	2	3	4	5	6
λ_{max} (nm)	162	217	268	304	334	364
ε_{max} (×10^3)	10	21	34	64	121	138

表 2-5　縮合環芳香族化合物

	E-吸収帯	K-吸収帯	B-吸収帯
(ベンゼン環1個)	184 (60,000)	204 (7,900)	256(200)
(ベンゼン環2個)	221(133,000)	286 (9,300)	312(289)
(ベンゼン環3個)	256(180,000)	375 (9,000)	——
(ベンゼン環4個)		480(11,000)	
(ベンゼン環5個)		580(13,000)	

② ベンゼン環の置換基は，π または n 電子のあるものでは強く深色移動し，濃色効果がある。

また，電子供与基と吸引基の二置換は相乗作用で深色移動が大きくなる（表 2-6）。

表 2-6 一置換ベンゼン

置換基	K-吸収帯		B-吸収帯		溶　媒
	$\lambda_{max/nm}$	(ε)	$\lambda_{max/nm}$	(ε)	
−H	204	(7,900)	256	(200)	エタノール
$-NH_3^{\oplus}$	203	(7,500)	254	(200)	強酸性水溶液
$-CH_3$	207	(7,000)	261	(200)	エタノール
−I	207	(7,000)	257	(700)	エタノール
−Br	210	(7,900)	261	(200)	エタノール
−Cl	210	(7,400)	264	(200)	エタノール
−OH	211	(6,200)	270	(1,500)	水
$-OCH_3$	217	(6,400)	269	(1,500)	水
$-COO^{\ominus}$	224	(8,700)	268	(560)	水
−CN	224	(13,000)	271	(1,000)	水
−COOH	230	(10,000)	270	(800)	水
$-NH_2$	230	(8,600)	280	(1,400)	水
$-O^{\ominus}$	235	(9,400)	287	(2,600)	強アルカリ性水溶液
−SH	236	(10,000)	269	(700)	ヘキサン
−C≡CH	236	(12,500)	278	(700)	ヘキサン
$-COCH_3$	240	(13,000)	278	(1,100)	エタノール
$-CH=CH_2$	244	(12,000)	282	(500)	エタノール
−CHO	244	(15,000)	280	(1,500)	エタノール
$-C_6H_5$	246	(20,000)	——	——	エタノール
$-N(CH_3)_2$	251	(14,000)	298	(2,100)	エタノール
$-NO_2$	269	(7,800)	——	——	ヘキサン

二置換ベンゼン

置換基	置換基	K-吸収帯		B-吸収帯	
		$\lambda_{max/nm}$	(ε)	$\lambda_{max/nm}$	(ε)
$-NO_2$	*o*-OH	279	(6,600)	351	(3,200)
	m-OH	274	(6,000)	333	(2,000)
	p-OH	318	(10,000)	——	——
$-NO_2$	*o*-NH_2	383	(5,400)	412	(4,500)
	m-NH_2	280	(4,800)	358	(1,500)
	p-NH_2	381	(13,500)	——	——

③ 立体障害があると著しく ε_{max} が低下する（表 2-7，図 2-6）。

表 2-7 ジフェニルとアセトフェノン

化　合　物	K-吸収帯		化　合　物	B-吸収帯	
	λ_{max}	ε_{max}		λ_{max}	ε_{max}
ジフェニル	248	17.0×10^3	アセトフェノン	237	12.1×10^3
2-メチル-	237	10.3	2-メチル-	237	10.7
2,2′-ジメチル-	228	6.0	2,6-ジメチル-	～235	2.0

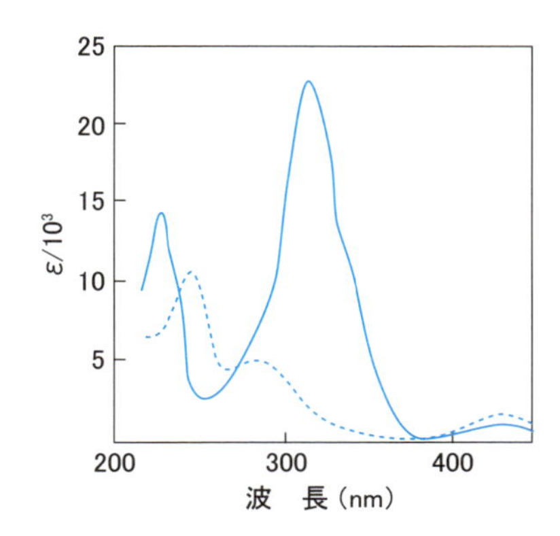

図 2-6　シス-およびトランス-アゾベンゼンの吸収スペクトル
破線：シス体，実線（トランス体）

④　極性の高い溶媒ほど，$\pi \rightarrow \pi^*$ 遷移では深色移動を，$n \rightarrow \pi^*$ 遷移では浅色移動をする（表 2-8）。

表 2-8　$(CH_3)_2C{=}CH{-}CO{-}CH_3$ の吸収帯の溶媒効果

溶　剤	$\pi \rightarrow \pi^*$	$n \rightarrow \pi^*$
イソオクタン	231 nm	321 nm
クロロホルム	238	214
水	243	——

⑤　キレーションがあると深色移動する。

O　OH　→　O　OH
O　O
λ_{max} 378 nm　　423 nm

(2) 金属錯体の吸収スペクトル

金属錯体の電子遷移による吸収帯は，d-d 遷移吸収帯，配位子吸収帯，電荷移動吸収帯の 3 つに分類される。

d-d 遷移吸収帯は，配位子の配位によって中心金属の d 軌道が分裂し，この準位間で電子が遷移することによって生ずる。この吸収帯の位置・形・強度は，配位原子の種類および錯体の立体構造を強く反映しており，中心金属イオンの電子状態を知るうえで欠かすことのできない情報である。多くの金属錯体においては，可視部にあらわれるが，そのモル吸光係数は 0.1～数百で比較的小さいため，低濃度の定量分析にはほとんど用いられない。

配位子吸収帯は，有機配位子自身の遷移によって生ずるが，金属への配位

d-d 遷移吸収帯（d 軌道の分裂）

遷移金属元素の d 軌道には 5 つの軌道がある（d_{xy}, d_{yz}, d_{zx}, $d_{x^2-y^2}$, d_{z^2}）が，*xyz* 軸上に電子雲がひろがっている 2 つの軌道（$d_{x^2-y^2}$, d_{z^2}）と x, y, z 軸から外れて軸間にひろがっている 3 つの軌道（d_{xy}, d_{yz}, d_{zx}）に分類できる。配位子の電子雲が近づいてくるとき，d 軌道の電子は静電的反発によってエネルギーレベルが全体的に上昇するが，d 軌道の電子雲のひろがる方向が異なるためその影響には差がある。それによって，縮重がとけ d 軌道のエネルギー準位が分裂する。配位子が接近してくる方向が配位数や配位構造によって異なっているので，それに依存して分裂する様子が異なる。分裂した d 軌道間で光吸収による電子遷移を起こすが，この過程に関係する吸収帯を d-d 遷移吸収帯とよび，金属錯体の吸収スペクトルでは最も重要である。

により吸収帯が移動したり強度が異なる場合が多い。そのモル吸光係数は数万から数十万で比較的大きく，定量分析にも用いられるが，配位子本来の吸収と重なるため感度を上げるには錯体と配位子との分離操作が必要になってくる。

電荷移動吸収帯は，配位子の σ，π 軌道の電子が光エネルギーを吸収して金属イオンの空の反結合性軌道へ遷移することによって，あるいは逆に金属イオンの d 電子などが配位子の空の σ^*，π^* 軌道へ遷移することによって生ずる。この吸収帯は特定の金属イオンと配位子の組合せのときにのみあらわれ，その位置と強度も組合せによって異なる。金属錯体が可視部領域にモル吸光係数が数万をこえる吸収帯を示す場合，そのほとんどは，電荷移動吸収帯によるものである。この吸収帯は配位子本来の吸収との分離もよく特定の金属イオンに特異的であるため，定量分析に最も多く用いられている。

クラウンエーテル

クラウンエーテル（crown ether）は，大環状ポリエーテルのことである。アメリカ合衆国の C. ペダーセンが初めて合成し，1967 年に発表した自身の論文の中で命名した。環の大きさと環にとりこまれやすい金属カチオンの大きさには強い相関があり，分子認識・ホスト - ゲスト化学やその後の超分子化学の概念の基礎となっている。これらの功績により，C. ペダーセンに対し 1987 年にノーベル化学賞が授与された。

2. 1. 5 一般的な吸光光度法

(1) 呈色試薬の開発

金属イオンや有機化合物を吸光光度法で高感度定量分析を行う際，呈色試薬が必要とされる場合が多い。呈色試薬はそれ自身が光などに対し安定であること，目的成分とすばやく反応し安定に発色すること，それ自身の吸収と目的成分との反応生成物の吸収との分離が良いことなどが条件とされる。さらに最近では，目的成分とのみ反応する特異性，反応物のモル吸光係数が数十万であるような超高感度性が要求されるようになり，呈色試薬の開発が盛んに行われている。近年，クラウンエーテル系の色素により，従来不可能とされてきたアルカリ・アルカリ土類金属イオンの高感度吸光光度定量が行えるようになった。またポルフィリン類の試薬が開発され，銅(II)化合物においては 4.8×10^5，鉛(II)化合物においては 2.7×10^5，パラジウム(II)化合物では 2.2×10^5 のモル吸光係数がそれぞれ得られ，極微量の各種金属イオン定量が行われている。

テトラフェニルポルフィリン

5,10,15,20-Tetraphenyl-21H, 23H-porphyrin，テトラフェニルポルフィン，Tetraphenylporphine，TPP

(2) 水溶性ポルフィリンによる金属イオンの定量

ポルフィリン類は 400～500 nm に $2\sim5\times10^5$ という大きなモル吸光係数を有する強い吸収帯（ソーレー帯）がある。それを利用して極微量の金属イオンの定量分析がなされている。水溶性ポルフィリン類として，スルホン酸基，カルボキシル基を有するテトラフェニルポルフィリンおよびテトラ（*N*-メチルピリジル）ポルフィリンを用いると，銅(II)，パラジウム(II)，亜鉛(II)，鉛(II)イオンを 0.3 μg/50 mL まで定量可能である。

例 $\alpha, \beta, \gamma, \delta$-テトラフェニルポルフィリントリスルホン酸（TPPS）によるカドミウム（II）の定量*

* 五十嵐淑郎，伊藤純一，四ツ柳隆夫，青村和夫，日化，1978, 212.

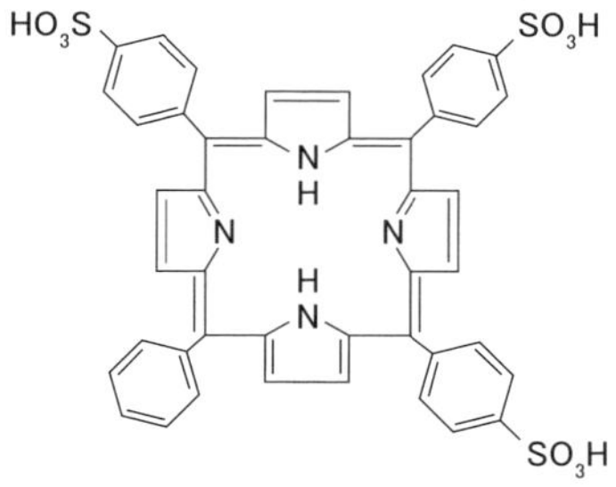

1～5 μg のカドミウム（Ⅱ）を含む検水 20～40 mL を 50 mL のビーカーに採取し，1×10^{-2} M ビピリジル（触媒として用いる）水溶液 2 mL および 1×10^{-4} M TPPS 水溶液 1 mL を加えたのち，50 mL の褐色メスフラスコに移す。これに 1 M 水酸化ナトリウム水溶液 2 mL を加えたのち標線まで蒸留水を加える。5 分間放置したのち，蒸留水を対照として 432 nm における吸光度を測定する。

(3) クラウンエーテル誘導体によるアルカリ金属イオンの定量

従来よりアルカリおよびアルカリ土類金属イオンに対する適当な呈色試薬はなく，これらのイオンは吸光光度定量ができないとされてきた。しかし近年これらのイオンと特異的に錯形成するクラウンエーテル類が知られるようになり，現在では呈色試薬として合成・市販されている。

例　4′-ピクリルアミノベンゾ-18-クラウン-6（L）によるカリウムイオンの溶媒抽出-吸光光度定量*

4～40 ppm のカリウム水溶液 5 mL と L（4×10^{-4} M）およびトリエチルアミン（1 M）のクロロホルム溶液 5 mL を振とう後静置し，クロロホルム相の 550 nm における吸光度を測定する。

* H. Nakamura, M. Takagi and K. Ueno, *Anal. Chem.*, **52**, 1668 (1980).

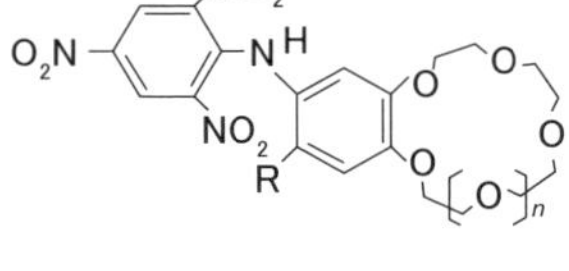

	n	R
L_1	2	H
L_2	2	NO_2

(4) 接触反応を利用する高感度吸光光度分析

酸化還元反応・加水分解・置換反応・酵素反応が極微量の触媒の添加により反応が著しく速くなる場合，一般にこの反応速度を測定することより逆に触媒濃度を高感度に定量することができる。反応速度を求めるため，反応物または反応生成物（指示物質）の濃度変化を追跡するのであるが，実際の分析操作では，反応時間を一定にして指示物質の濃度と触媒濃度の相関を求める方法と，指示物質が一定濃度になるまでに要する時間と触媒濃度との相関を求める方法がある。本法は非常に高感度で定量下限は0.01〜0.001 ng/mL程度である。

例 触媒作用を利用したマンガンの定量*

0.01 〜 5 ng/mL の Mn を含む検液に緩衝液（0.19 M HCl–0.76 M NH_3）1.3 mL，ヒドロキシナフトールブルー溶液（0.03 w/v%）0.5 mL を加えた後，全液量を 10 mL とする。

恒温槽（26℃ ± 0.1℃）に 10 分間置いてから 4 mL をセルに入れ，さらに 5 分間静置する。そこへ恒温槽の中で定温にした過酸化水素溶液 1 mL を加え溶液を混合する。この時点を反応の開始として，645 nm における吸光度変化を測定する（3 〜 5 分）。

* 山根　兵，深沢　力，分化，**26**, 300 (1977).

ヒドロキシナフトールブルー Hydroxynaphthol Blue

3-ヒドロキシ-4-[[2-ヒドロキシ-4-[(ソジオオキシ)スルホニル]-1-ナフチル]アゾ]-2,7-ナフタレンジスルホン酸ジナトリウム

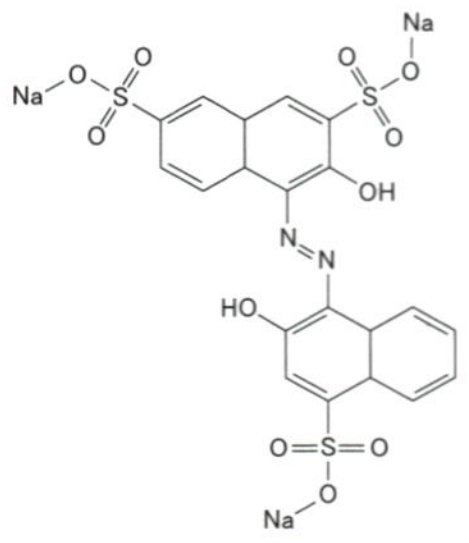

(5) 錯体の組成および各種定数の決定

吸光光度法を用いることにより錯体の組成，中和指示薬の酸解離定数，反応速度定数，各錯体の安定度定数を簡便に求めることができる。

例 組成決定法

錯体の組成決定法には，傾斜比法，モル比法および連続変化法などがある。この中で最もよく用いられるものは，連続変化法で，この方法では，金属イオン濃度と呈色試薬濃度の和を一定に保つようにして，それらの濃度を相互に変えながらそれらの溶液の吸光度を測定し，その吸光度曲線の折点から錯体の成分比を求める。

錯体の生成反応が次式であるとすると

$$M + nX \longrightarrow MX_n$$

M の溶液 $(1-x)$ mL と同濃度の X の溶液 x mL を混合して，それぞれの溶液の吸光度を錯体の吸収極大波長で測定すると，次のような曲線が得られる（図 2-7）。

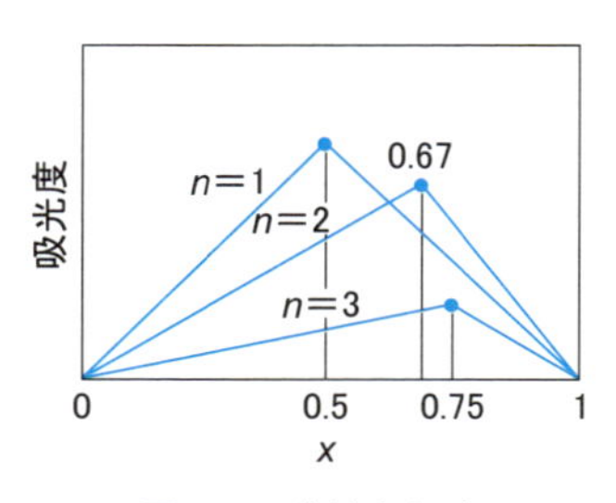

図 2-7　連続変化法

折点の x を次式に代入すると組成比 n が求まる。

$$n = \frac{x}{1-x}$$

モル比法と連続変化法

金属イオン濃度と配位子濃度を種々変化させた数種の溶液を作成し，生成する錯体の吸収極大波長におけるそれらの吸光度データより金属錯体での金属イオンと配位子の組成比を求めることができる。モル比法では，金属イオン濃度または配位子濃度のどちらか一方の濃度を一定にしておき，もう一方の濃度を次第に上昇させたときの吸光度変化を調べる。グラフの屈曲点における金属イオン濃度と配位子濃度の比が組成比に相当する。連続変化法では，金属イオン濃度と配位子濃度の和が一定となる条件において，それぞれの濃度を共に変化（一般的には同濃度の金属イオン溶液と配位子溶液を用意し，混合するそれぞれの溶液の体積を変化させる）させ，溶液の吸光度を測定する。グラフの屈曲点における混合に用いた金属イオン溶液体積と配位子溶液体積の比が組成比に相当する。

例　酸解離定数の決定

pHの異なった緩衝液中で，中和指示薬や解離基を有する呈色試薬の吸光度を測定し，それをpHに対してプロットすればその物質のpK_a（$pK_a = -\log K_a$）が求められる。その値から解離定数K_aを求める。

pH–吸光度の図2-8より

$$A_{1/2} = \frac{1}{2}(A_{max} + A_{min})$$

にあたるpHの値が，この物質のpK_aに相当する。

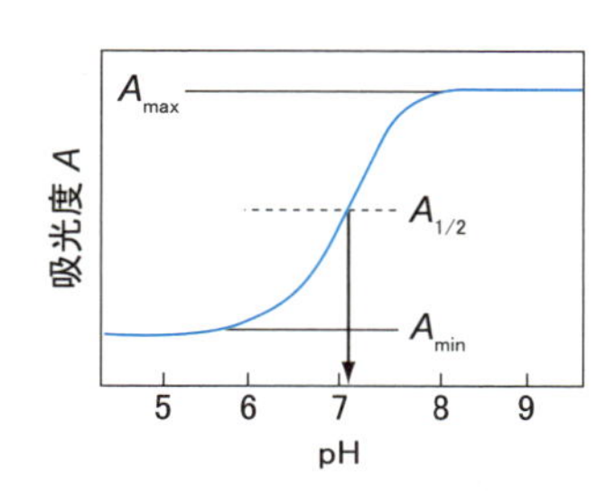

図2-8　pH–吸光度曲線

(6) 液体クロマトグラフィーの検出器

近年，各種物質の分離手段に液体クロマトグラフィーの利用が盛んであるが，その検出器として，定量感度・精度ともにすぐれ，再現性も良好なため紫外吸光光度計（多くは測定波長が280 nmまたは254 nmに設定されている）がよく用いられている。芳香環を有する化合物は直接クロマトグラフィーにかけられその吸光度が測定されるが，紫外部に吸収がないか，または弱い化合物は呈色試薬（誘導体化試薬）と反応させた後，同様の操作が行われる。

例　脂肪酸のフェナシルエステル誘導体の液体クロマトグラフィー*

$$RCO_2K + Br\text{–}C_6H_4\text{–}COCH_2Br \xrightarrow{18\text{-クラウン-6}} Br\text{–}C_6H_4\text{–}COCH_2O_2CR$$

* H. D. Durst, M. Milano, EJ. Kikta, Jr., S. A. Connelly and Eli Grushka, *Anal. Chem.*, **47**, 1797 (1975).

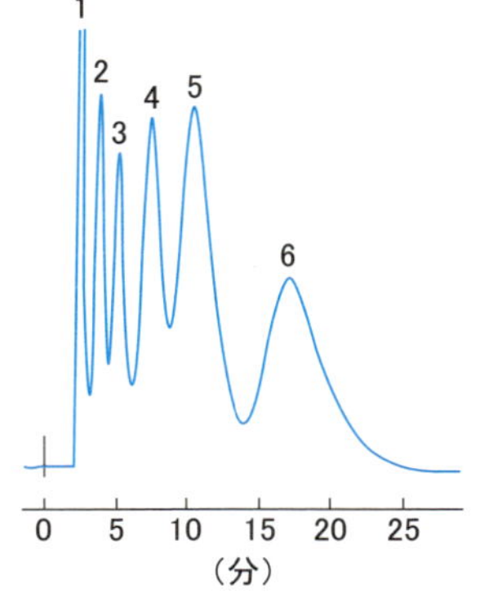

図2-9　脂肪酸のフェナシルエステル誘導体のクロマトグラム
(1) α,p-ジブロモアセトフェノン
(2) ラウリン酸誘導体
(3) リノレン酸誘導体
(4) オレイン酸誘導体
(5) ステアリン酸誘導体
(6) アラキン酸誘導体

前記の反応式に従い脂肪酸のカリウム塩をフェナシルエステル化し，液体クロマトグラフィーで分離し，254 nm で吸光光度定量した。反応触媒として 18-クラウン-6 を用いた。

2. 1. 6　特殊な測定法

(1) フローインジェクション分析法

試験管内で行われていた反応をすべてテフロンなどの細管内で行う連続流れ分析法の 1 つで，検出器として分光光度計または蛍光光度計がよく用いられている（図 2-10）。

テフロン
フッ素原子と炭素原子のみからなるフッ素樹脂であり，アメリカ合衆国の化学会社（デュポン）の商標であるテフロン®の名でよく知られている。化学的に安定で耐熱性，耐薬品性に優れており，実験器具の一部にも用いられている。

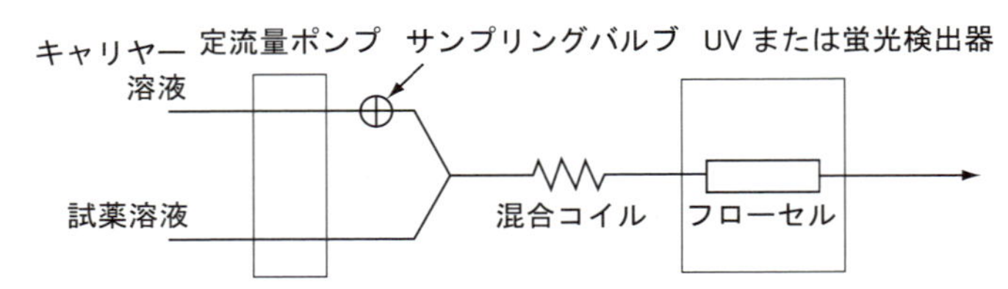

図 2-10　フローインジェクション装置概略図

細管内をポンプによって送液される試薬溶液へ試料を次々と注入し，反応の化学平衡を待たずに検出器のフローセル内に連続的に送り込む方式で，測定が迅速・簡便であるため多数サンプルの分析に適している。

(2) 二波長分光法

λ_1 と λ_2 の 2 つの波長の光を試料セルに交互に照射して吸光度を測定する方式で，種々の応用測定ができる（図 2-11）。

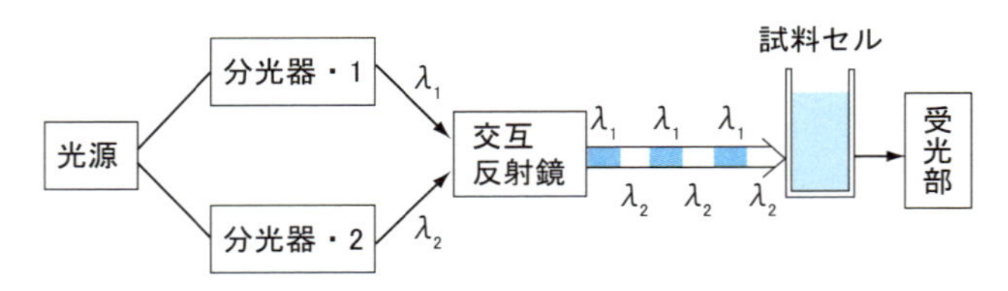

図 2-11　二波長分光光度計の概念図

光源からの光を独立した 2 つの分光器によって λ_1，λ_2 の単色光に変換し，交互反射鏡によって時間的に等しく λ_1 と λ_2 の光をセルに照射させ，受光部でその強度差を求める。

半透明試料の測定――懸濁試料などでは，濁りの状態が同一の対照液を得にくく，吸収スペクトルの強度を求めることは不可能であったが，二波長分光光度計の 1 つの波長（λ_1）を測定成分の含有量に影響を受けない等吸収点波長に固定し，λ_2 の波長をスキャンさせて吸光度を測定すると，濁りが相殺されて測定精度が向上する。

(3) 微分スペクトルの測定

二波長分光光度計の2つの波長（λ_1とλ_2）の差を1〜2 nmぐらいにして，両波長光をそれぞれスキャンさせると一次微分スペクトルが得られる。微分スペクトルは，ショルダーピークなどが明瞭となり，微量成分のピークのみを拡大することができる。イソフタル酸中の微量テレフタル酸の定量などが行われている。また最近，電気回路上さらに高次の微分スペクトルが得られる機種も市販されるようになった。

(4) 流通測定法（ラピッドスキャン法とストップドフロー法）

セルに試料液を流しながら測定する方法で，高速反応の研究に用いられる(図2-12)。反応液AおよびBを高圧ガスで押し出し，混合と同時に分光器中のセルに入れる。混合液を押し出したのち一時止めてスペクトル時間変化を測定する。スペクトル測定には，150 nmの波長間を10 msec〜10 secでスキャンできるラピッドスキャン装置を用いると，30 msec〜10 minまでの反応を測定できる。また混合液を連続的に流通させ，流速を変えてラピッドスキャン法でスペクトルを測定すると数msec程度の反応を測定できる。

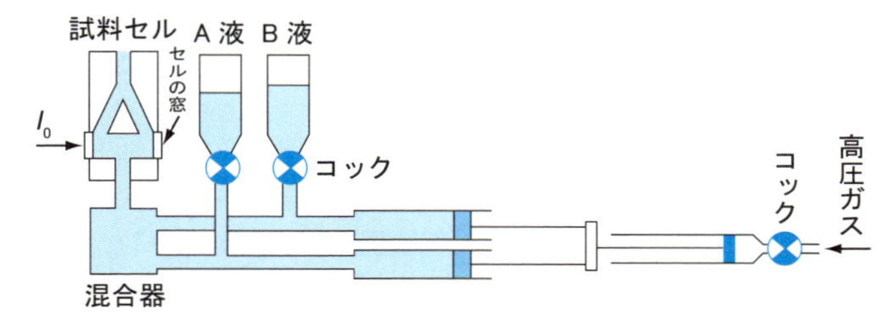

図2-12　流通測定法概念図

(5) 光音響分析法（PAS）

物質が吸収したエネルギーは再び光として，または熱として放出される。光音響分析法はこの熱を音波として検出する分析法である（図2-13）。

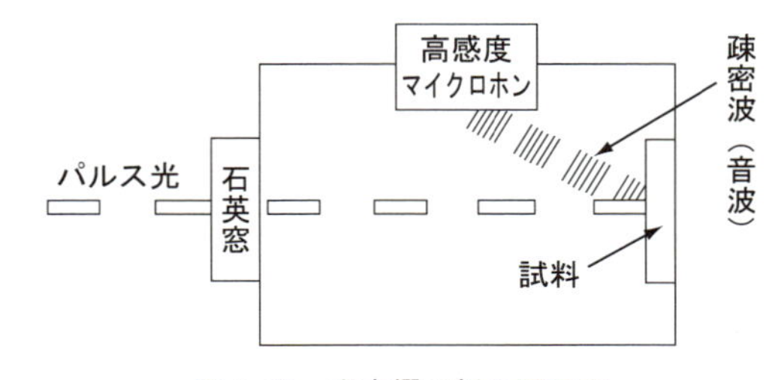

図2-13　光音響分析の原理図

密閉容器に試料を入れ，そこへ光を照射すると発生した熱により密閉容器内の圧力が上昇する。このとき光として一定周波数のパルス光を用いると，同じ変調周波数の音波が発生し,これを高感度マイクロホンにより検出する。光の波長を変化させてマイクロホンの出力を測定すると，光音響スペクトルが得られる。光音響スペクトルは，通常の吸収スペクトルと一致する場合があり，気体・液体・固体などあらゆる形態の試料も測定可能である。

(6) サーマルレンズ吸光光度法

試料にレーザー光を集光すると，光吸収に伴い熱が発生する。そうすると試料の温度が上昇し屈折率が変化する（図 2-14)。このためレーザー光が拡散し光検出器に達する光量が減少する。サーマルレンズ吸光光度法はこの減少量を検知する高感度分析法で，その感度は従来法の数千倍である。

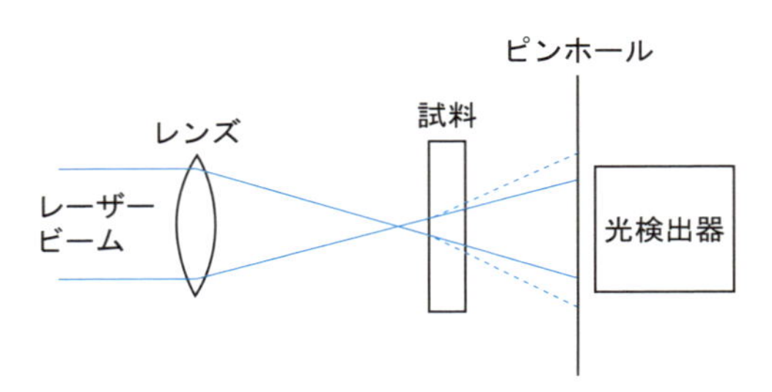

図 2-14 サーマルレンズ効果の測定原理図

2.2 蛍光光度法

光の吸収により励起状態に達した分子は，エネルギーを失って再び安定な基底状態に戻る。このエネルギー失活の過程は，分子の衝突などにより熱としてエネルギーを放出する無放射遷移または分子間エネルギー移動によるのが一般的である。しかしある一定の構造を有する分子においては,エネルギーを再び光として放出する放射過程をとることがある。これらの遷移が同じ多重度間でおこる場合，これらの分子を蛍光物質といい，放出される光を蛍光という。この放射光のスペクトルの形より各物質の定性分析を，また強度より定量分析を行うことができる。蛍光光度法は先に述べた吸光光度法に比べて応用の範囲は限られるが，その感度は吸光光度法より 1 けたから 3 けたは高いため極低濃度の物質の定量分析に用いられている。

量子収率

蛍光光度法においては，入射光によって蛍光分子に吸収された光子数(エネルギー量)と，蛍光によって放出された光子数（エネルギー量）の比として表される。吸収されたエネルギーが全て蛍光として放射されれば，量子収率は 1 となる。一般的には,熱となってエネルギーが放出される無輻射遷移や分子間のエネルギー移動などが起こるため，量子収率は低下する。

2.2.1 蛍光放射

蛍光は同一の多重度間の電子遷移であるため，許容遷移で確率も大きくその放射過程は速やかである。吸収した光エネルギーは，放射失活の際，振動エネルギーとして一部失われるので蛍光の波長は一般的に吸収した光（励起光）よりも長波長側に移ることが多い。分子の放射・無放射過程の図 2-15 を見てもわかる通り，蛍光放射は無放射失活および励起三重項状態への遷移である系間交差と競争的であるから，蛍光の量子収率を高めるためには他の過程の速度を遅らせる必要がある。

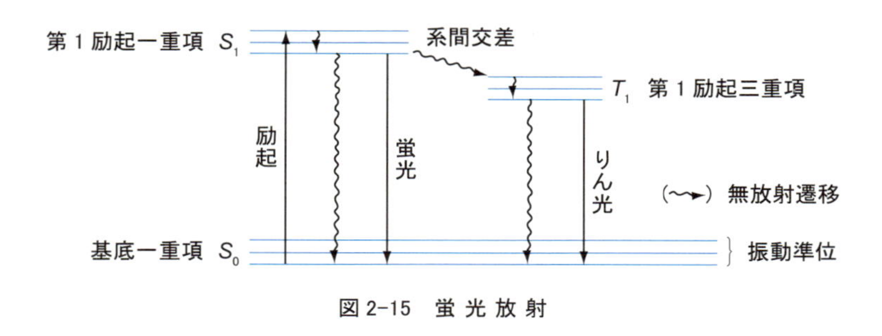

図 2-15　蛍光放射

2.2.2 蛍光分析

蛍光分析では，分析しようとする成分自身が蛍光性であるか，適当な蛍光試薬を反応させて蛍光物質に変える必要がある。蛍光物質には，共役二重結合を多数有する平面分子が多い。また逆に蛍光物質との相互作用によりその蛍光強度を大きく減少させる物質があり，それらは消光分子とよばれる。蛍光物質濃度を一定にしておけば，その消光の度合より消光分子を定量することができる。

蛍光試薬

測定対象物質が蛍光を放射しないか，もしくは弱い蛍光しか放射しない場合，適当な蛍光試薬と反応させることにより蛍光光度定量を行うことができる。蛍光試薬には，試薬自身が蛍光物質で置換反応により測定対象物質と化学結合するものと，測定対象物質と反応することにより共役系が広がり蛍光物質に変化するものがある。

光消光の原因は消光物質以外にも多くあり，その代表的なものは次のように分類される。

① 濃度消光――蛍光物質がある濃度以上になると，蛍光強度が低下する現象で，励起された分子と未励起分子との衝突による動的消光や基底状態分子の会合による静的消光によりおこる。

② 常磁性イオンによる消光―― Fe(Ⅲ)，Ni(Ⅱ)，Cu(Ⅱ) などに多く認められる消光作用で，着色した常磁性イオンによる光吸収により，蛍光性分子のエネルギーを熱にかえる系間交差速度が増大するためと考えられている。

③ 酸素分子による消光――特に置換基を有しない芳香族化合物は，酸素分子により強く消光されるが，これは常磁性三重項状態をとる酸素分子と蛍光性分子が相互作用し，無放射遷移確率を高めるためと考えられている。

④ 温度消光――温度の上昇とともに蛍光強度が減少する現象で，高温では分子の運動が活発になり，衝突によるエネルギー移動や系間交差がおこりやすくなるためである。

⑤ 重原子による消光――蛍光性分子に Cl や I などの重ハロゲンや重金属イオンが加えられると消光する現象で，スピン-軌道相互作用の増大により系間交差確率を高めるためと考えられている。

2. 2. 3　蛍光定量分析

蛍光は吸収した励起光の強さ I_a に比例する。

$$F = I_a \cdot \phi_f \qquad (F：蛍光強度，\phi_f：蛍光量子収率)$$

ここで，$I_a = I_0 - I_t$　　(I_0：入射光の強さ，I_t：透過光の強さ)

励起光の吸収はランベルト - ベールの法則に従うので

$$F = I_0 \cdot (1 - 10^{-\varepsilon cl}) \cdot \phi_f$$

この式を展開すると

$$F = I_0 \cdot (2.303 \cdot \varepsilon cl) \cdot [1 - (2.303 \cdot \varepsilon cl)/2 + (2.303 \cdot \varepsilon cl)2/6 + \cdots] \cdot \phi_f$$

ここで，$\varepsilon \cdot c \cdot l < 0.02$ では第 2 項以下は無視できるため

$$F = I_0 \cdot (2.303 \cdot \varepsilon cl) \cdot \phi_f$$

つまり低濃度の範囲において，蛍光強度 F は濃度 c に比例する。しかし高濃度になると濃度消光をおこしたり，蛍光の再吸収の影響が無視できず，濃度と蛍光強度は比例しないようになる（図 2-16）。

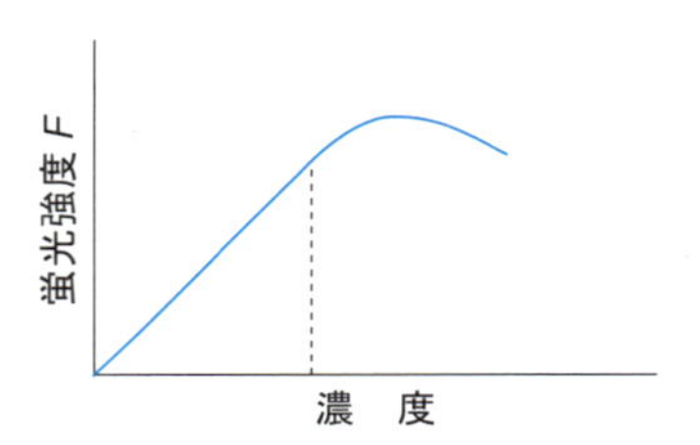

図 2-16　蛍光強度と濃度の関係

2. 2. 4　装置のあらましと操作法

(1) 装　　置

装置は一般的に，水銀灯またはキセノンランプを励起用光源とした光源部，励起光モノクロメーター，試料室，蛍光モノクロメーター，光電子増倍管を

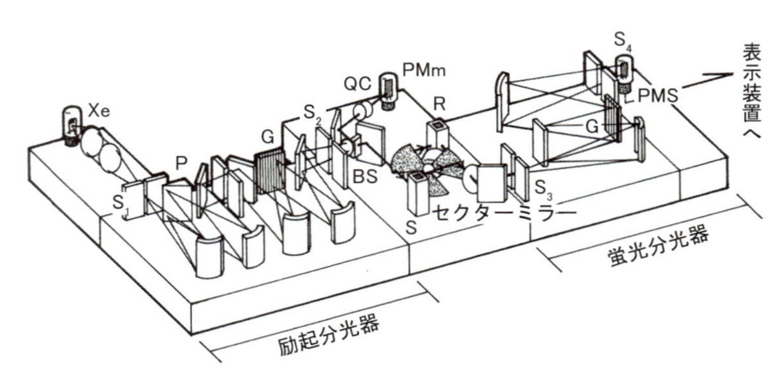

図 2-17　島津分光蛍光光度計 RF-503A 型光学系

P：プリズム，G：回折格子，PMm：モニター用光電子増倍管，S サンプルセル，R：レファレンスセル，BS：水晶板

用いた検出部よりなる（図 2-17）。一般的に溶液の蛍光測定では，励起光と直角の方向で蛍光を測定し，固体試料では表面からの反射蛍光を励起光と45°あるいは90°の方向で測定する方式が用いられる。

測定用セルは，四角透明な角形セルまたは丸形セルが使用されるが，目的に応じて反射ミラーのついた高感度セルホルダーや三角セルも用いられる。セルは励起光および蛍光の透過性が良いことが必要であるため，石英セル・紫外線透過無蛍光ガラスセルが用いられる（図 2-18）。

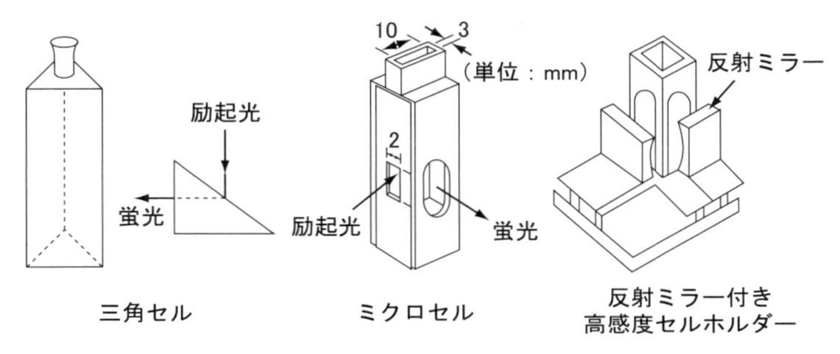

図 2-18　三角セル，ミクロセルと高感度セルホルダー

（2）測　定

a．励起スペクトル　　励起スペクトルとは蛍光側の波長を極大波長に固定しておいて励起側の波長をスキャンさせ，励起光波長に対して，蛍光強度をプロットしたグラフである。このスペクトルに励起光光源や分光器の特性による補正をほどこすと，蛍光物質の吸収スペクトルと一致するようになる。また最大の蛍光強度を得る励起光波長の選択に用いることができる。

b．蛍光スペクトル　　励起側の波長を固定しておいて，蛍光側の波長をスキャンさせると蛍光スペクトルが得られる。一般に希薄溶液の蛍光スペクトルには，励起光の散乱と反射，溶媒のラマン光，励起光の散乱と反射のグレーティンクによる二次光などのバンドがあらわれることがある。最近の分光蛍光光度計では溶媒との差スペクトル測定ができる装置も市販されており，試料の蛍光以外のバンドを除去できるようになった。

（3）蛍光スペクトルの補正

通常の蛍光光度計で得られたスペクトルは，光源・モノクロメーター・検出器の性能に関する定数を含んでいる。定量分析などに用いる場合，ブランク溶液・標準対照溶液ともに同様の操作を行うため補正する必要がないことが多い。しかし真の蛍光スペクトルを求める場合には補正が必要である。蛍光側装置の分光特性は，既知の標準光源スペクトル（出力既知の光源として標準ランプを用いる）を，蛍光分光器に通してスペクトルがどのように変化したかを測定して求める。こうして機器の分光特性を求めておけば逆算して真の蛍光スペクトルを得ることができる。

2. 2. 5　無機化合物の蛍光分析

無機化合物そのものが蛍光性であるものは非常に少ないので，無機化合物の多くは，適当な蛍光試薬と反応させて蛍光性化合物として蛍光強度を測定するか，消光作用を利用して定量することが行われている。

蛍光試薬としては，8-キノリノール類，シッフ塩基化合物，アゾ化合物，ベンゾチアゾール化合物などがあり，アルカリ土類，希土類金属イオンやアルミニウムなどの第3族元素の定量に用いられている。

8-キノリノール

オキシンという慣用名がある。2座配位子として多くの金属イオンと比較的安定な錯体を形成し，金属キレート剤として応用されている。これを原料として，消毒薬などの医薬品が合成されている。

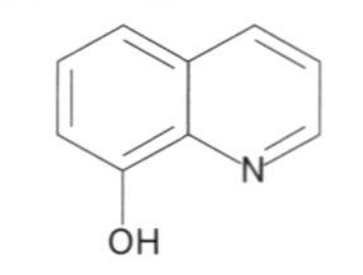

シッフ塩基化合物

ドイツの化学者であるフーゴ・シッフ（1834 ～ 1915）によって命名された分子内にシッフ塩基（Schiff base）結合を有する化合物。アルデヒドまたはケトンと一級アミンとの縮合反応により合成され，一般式として R R'C=N–R" と表される。有機化学の分野では，アゾメチン（azomethine）またはイミンとよばれることが多い。金属イオンに配位する配位子，色素や顔料などとしてよく用いられている。

アゾ化合物

アゾ化合物（azo compound）とは，アゾ基 R–N=N–R' で2つの有機基が連結されている有機化合物。芳香族アゾ化合物は，アゾ染料として合成染料として最も多く用いられている。アゾ基には，トランス型とシス型の構造異性があり，吸収スペクトルのピーク形状が大きく異なっている。

(1)　水溶性ポルフィリンによる微量銅（II）の消光分析[*1]

$\alpha,\beta,\gamma,\delta$-テトラフェニルポルフィリントリスルホン酸（TPPS）

0.3～3 μg の銅（II）を含む溶液に酢酸緩衝液を加えて pH 4 とし，これに 1×10^{-5} M TPPS 水溶液 5 mL を加え，1 分間煮沸した後放冷する。1 M モノクロロ酢酸 1.5 mL を加えて pH 2.5 とし，蒸留水を加えて全液量を 50 mL とする。励起波長 434 nm で，657 nm の蛍光強度を測定し，消光の度合より銅（II）を定量する。

(2)　溶媒抽出―蛍光分析による鉛（II）の定量[*2]

1～250 ng/mL の Pb（II）水溶液，クリプタンド（2. 2. 2.）（1.7×10^{-4} M）水溶液，エオシン-二ナトリウム塩（3.4×10^{-4} M），トリス緩衝液

1.25 μg 以上を含む Pb（II）溶液へ，クリプタンド（2. 2. 2.）（1.7×10^{-4} M）水溶液 0.3 mL，トリス緩衝液（pH 8.3）1 mL，エオシン-二ナトリウム塩（3.4 $\times10^{-4}$ M）溶液 0.2 mL を加え蒸留水により 5 mL にする。そこへクロロホルム 5 mL を加え，5 分間振とうする。静置後有機相をとり出し，励起光を 536 nm にして 552 nm の蛍光強度を測定する。

2. 2. 6　有機化合物の蛍光分析

多環芳香族炭化水素やその誘導体のように，それ自体が蛍光性である有機化合物は何ら前処理せずそのまま蛍光定量分析される。

一方，蛍光性でないかまたは蛍光性の弱い有機化合物の場合，適当な試薬と反応させて蛍光定量分析が行われている。

(1)　血清中アスコルビン酸の蛍光光度定量[*3]

血清（4 μL）に，0.5 M トリクロロ酢酸 20 μL を加え，5 分間静置後遠心分離する。上澄み液 10 μL をとり，そこへ Britton-Robinson 緩衝液（40 mM, pH 4.0）1 mL, I_2 溶液（1 mM）0.1 mL を加え, 20 秒後過剰量の I_2 を $Na_2S_2O_3$（0.1 M）0.1 mL 加えることにより析出させる。それから 1,2-ジアミノ-4,5-ジメトキシベンゼン（1.0 mM）溶液 0.5 mL を加え，蛍光を発するまで 30 分間 37℃ で加温する。励起波長を 371 nm にして，458 nm の蛍光強度を測定する。

＊1　五十嵐淑郎，四ツ柳隆夫，青村和夫, 分化, **28**, 449（1979）.

＊2　D. B. Gomis, E. F. Alonso and A. Sanz-Medel, Talanta, **32**, 915（1985）.

54 ng～1.8 μg/10 μL のアスコルビン酸が定量できる。

(2) 高速液体クロマトグラフィーの検出器

例　3-ブロモメチル-6,7-ジメトキシ-1-メチル-2(1H)-キノザリノン（Br-DMEQ）を用いた有機酸の蛍光光度定量*

誘導体化反応

炭酸カリウム 100 mg，有機酸のアセトニトリル溶液 0.5 mL，18-クラウン-6（3.8 mM）および Br-DMEQ（0.8 mM）のアセトニトリル溶液 0.25 mL を混合し，暗所で 80℃，20 分間加熱する。冷却後 5 μL をクロマトグラフに注入する。検出器は，励起波長 370 nm，検出蛍光波長 450 nm に設定する（図 2-19）。

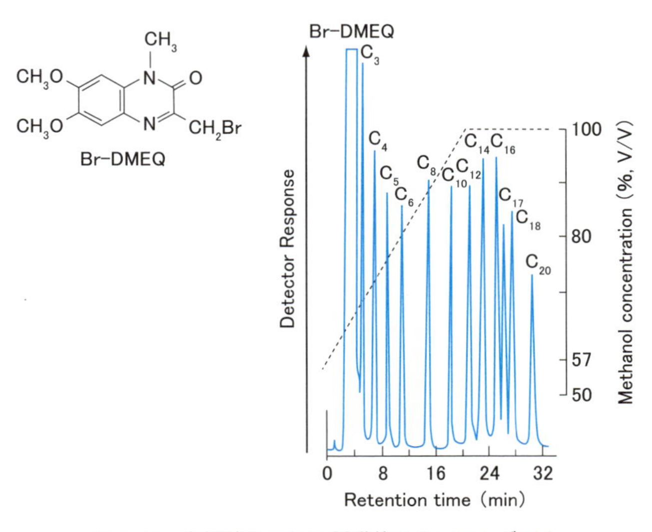

図 2-19　有機酸の DMEQ 誘導体のクロマトグラム

ベンゾチアゾール化合物

ベンゾチアゾール（benzothiazole）は，複素環式芳香族化合物の一種で，ベンゼンとチアゾール（1位に硫黄，3位に窒素原子を持つ5員環）が辺を共有して縮合した構造を持つ。加硫促進剤や酸化防止剤としてゴムに添加されており，またその誘導体は種々の医薬品として応用されている。

2.3 呈色試薬の例

一般的によく用いられている呈色試薬の例を下表に示す。

化合物名	構造式	適用例
1. アリザリンコンプレキソン-ランタン		F^-
2. アルセナゾⅢ		アクチニド 希土類
3. エリオクロムブラック T		Mg（キレート滴定）

エオシン-二ナトリウム塩

エオシン（eosin）は，蛍光色素であるフルオレセインを臭素化し，4つの臭素原子を導入して生成される（エオシン Y）。2つの臭素原子と2つのニトロ基が導入された誘導体（エオシン B）もある。細胞質，膠原線維，筋線維などを染色することができるので，生体組織の顕微鏡観察の際に用いられている。

4. オキシン（8-ヒドロキシキノリン）		Al
5. キシレノールオレンジ		Al, Be
6. サリチリデン-2-アミノフェノール		Al, Ga（蛍光）
7. ジエチルジチオカルバミン酸ジエチルアンモニウム		Cu, Co, Ni Sn, Tl, U（抽出吸光光度）
8. ジチゾン		Ag, Au, Bi, Cd, Co, Cu, Hg, Ni, Pb, Zn
9. 4-(2-チアゾイルアゾ)オロアセトン		Cd, Sc, Th, U, Zn（イオン対抽出）
10. 2-テノイルトリフルオロアセトン		Au, Fe, Mn, Pd, Pt 希土類（抽出）（蛍光）
11. ニトロソR塩		Co, Os, Ru
12. ネオクプロイン		Cu(Ⅰ)
13. フェナゾ		Mg
14. 1,10-フェナントロリン		Fe(Ⅱ), Pd, Pt, Ru

クリプタンド

クラウンエーテルが基本的に酸素ドナーを有する単環であるのに対し，D. クラム（1919～2001）が開発したクリプタンド（cryptand）は2つ以上の環からなるかご状で，その結束部分に窒素原子を有している。クラウンエーテルに比べ，より高いカチオン選択性と包接能力を持つ。クリプタンドがカチオンを包接して形成した錯体はクリプテート（cryptate）と呼ばれている。

トリス緩衝液

トリス緩衝液(pH 7.2～9.0)は，一般的にトリス（Tris）と呼ばれているトリス（ヒドロキシメチル）アミノメタンを用いた緩衝溶液である。0.1 M トリス水溶液と 0.1 M 塩酸を混合し，望みの pH に調整して用いている。金属イオンを全く含まないため，金属イオンが影響をおよぼす可能性の高い生化学などの分野でよく用いられている。

Britton-Robinson 緩衝液

Britton-Robinson 緩衝液は，pH 2～12 の広い pH 範囲で用いられている。0.04 M ホウ酸（H_3BO_3），0.04 M リン酸（H_3PO_4）と 0.04 M 酢酸（CH_3COOH）の混合溶液に 0.2 M 水酸化ナトリウム（NaOH）水溶液を混合して望ましい pH に調整している。また，他の成分を含む場合もある。

演習問題

問題 1

微量のルテニウムは1-ニトロソ-2-ナフトールとの錯形成を利用して，定量することができる。645 nm における錯体のモル吸光係数は 1.83×10^4 である。20.2 mg の亜鉛・マンガン鉱を処理したのち，含有するルテニウムを RuO_4 として分離した。分離したルテニウムを含む 25 mL の測定液を 2 cm のセルを用いて吸光度を求めると 0.250 となった。鉱石中のルテニウム含量（重量パーセント）を求めよ。ただし，Ru ＝ 101.07 とする。

問題 2

透過パーセント（T%）で読みとった値を吸光度（A），（$A = 2 - \log T$）に換算するとき，透過パーセントの読みとりの誤差は吸光度にどのような影響を及ぼすかを考えよ。（ヒント：透過率 36.8%（吸光度 0.434）のとき誤差が最小になる）

問題 3

次のデータはある吸光光度法の実験結果である。最小自乗法によりこの方法のモル吸光係数を求めよ。

濃　度（M）	0.8×10^{-6}	1.6×10^{-6}	2.4×10^{-6}	3.2×10^{-6}	4.0×10^{-6}
A	0.118	0.243	0.363	0.517	0.622
濃　度（M）	4.8×10^{-6}	5.6×10^{-6}	6.4×10^{-6}	7.2×10^{-6}	8.0×10^{-6}
A	0.748	0.882	1.005	1.113	1.250

問題 4

色素（X）の 1.0×10^{-3} M 溶液は 450 nm で吸光度 0.20，620 nm で 0.05 を示す。一方色素（Y）の 1.0×10^{-4} M 溶液は 450 nm で 0.00，620 nm で 0.42 の吸光度を示した。両色素が混合された系のそれぞれの波長における吸光度が 0.38 および 0.71 であるとき，色素 X，Y の濃度（c_X，c_Y）を求めよ。ただし，測定はすべて 1 cm のセルを使用している。

問題 5

鉛のジチゾン錯体は安定な化合物で 510 nm に強い吸収をもっている。錯体の鉛：ジチゾン比を決定するため連続変化法を採用し，次の実験結果がえられた。鉛（Pb）とジチゾン（Dz）との結合比を求めよ。

Pb のモル分率	ジチゾンのモル分率	吸光度	Pb のモル分率	ジチゾンのモル分率	吸光度
0	1.0	0.00	0.6	0.4	0.48
0.1	0.9	0.24	0.7	0.3	0.36
0.2	0.8	0.48	0.8	0.2	0.24
0.3	0.7	0.70	0.9	0.1	0.12
0.4	0.6	0.69	1.0	0	0.00
0.5	0.5	0.60			

問題 6

ある酸塩基指示薬の吸収極大が 615 nm にある。1.0×10^{-5} M の溶液（濃度を c とする）の各 pH における吸光度は次のとおりであった。

pH	1.00	2.00	3.00	3.75	4.00	4.50	5.00	6.00	7.00
吸光度	1.10	1.08	1.04	0.96	0.84	0.32	0.11	0.08	0.06

1,2-ジアミノ-4,5-ジメトキシベンゼン

アルデヒド標識の代表的な発蛍光試薬であり，4,5-ジメトキシ-o-フェニレンジアミンとも呼ばれている。酸性の条件で，芳香族アルデヒドと反応し強い蛍光性物質を生成するため，ベンズアルデヒドなどの高感度蛍光試薬として用いられる。また，食肉製品および魚肉ハム・ソーセージ中の亜硝酸塩の簡便・迅速なフローインジェクション分析などへの応用研究がある。

この指示薬の pK_a を求めよ。測定はすべて 1 cm のセルを用いている。

問題 7

蛍光光度法において蛍光の消光が測定しようとする物質の濃度に比例する場合がある。金属（X）が配位子（L）の蛍光を消光するとした場合，次のデータより X と L とから生成する錯体の組成を求めよ。また，蛍光強度（F）26.8 を示す場合の X の濃度を求めよ。

溶　液	蛍光強度（F）
ブランク	0.0
5.0×10^{-6} M(L)	84.0
5.0×10^{-6} M(L)$+1.0\times10^{-6}$ M(X)	67.2
(L)$+2.0\times10^{-6}$ M(X)	50.5
(L)$+3.0\times10^{-6}$ M(X)	33.6
(L)$+4.0\times10^{-6}$ M(X)	16.9
(L)$+5.0\times10^{-6}$ M(X)	0.5
(L)$+6.0\times10^{-6}$ M(X)	0.0

3 赤外吸収・ラマンスペクトル分析法

原　理

赤外吸収スペクトル分析法：試料に赤外線をあて，双極子モーメントが変化する分子骨格の振動，回転に対応するエネルギーの吸収を測定する。有機化合物を構成する基はそれぞれほぼ固有の振動スペクトルを与えるので，吸収波数より試料の定性分析が，また吸収強度から定量分析ができる。

ラマンスペクトル分析法：試料に単色の可視，紫外光線をあてると，分子の分極率が変化する分子骨格振動に起因して散乱光が観測できる（ラマン散乱）。散乱光のあらわれる波数は入射光線の波長に無関係であり，有機化合物を構成する基に特有である。したがって，散乱光の波数の位置から定性分析が，また散乱強度から定量分析ができる。

特　徴

赤外吸収スペクトル分析法：固体，液体，気体を問わず迅速に測定ができる。有機化合物を構成する基の特性吸収帯を用いて，未知試料の同定や定量，構造解析によく用いられる。

ラマンスペクトル分析法：赤外吸収スペクトル分析法の用途のほかに，偏光解消度を利用した構造解析や共鳴ラマン効果による微量元素の定量にも用いられる。

赤外, ラマンスペクトルはそのスペクトルの観測される振動に相違があるので相補的に用いられる。

赤外およびラマン分光法は固体，液体，気体状態の分子の構造や化学結合についての情報を与える重要な分析法である。両手法とも分子骨格の振動，振動-回転，あるいは回転によって引き起こされる共鳴現象の情報を与えるが，入射光と分子との相互作用の機構は両者で異なり，量子力学的選択律も異なる。したがって，一方の方法で観測される分子運動のすべてが常に別の方法でも観測されるとは限らない。これらは分子中の電荷分布や構造によりどちらの手法で観測されるかが決まる。したがって，赤外・ラマン分光法は相補的な情報を与える。

3. 1 分子スペクトル

分子に光が当たると，ボーア（Bohr）の量子条件を満足するとき光のエネルギーの一部は分子に移行する。

$$\Delta E = h\nu$$

ここで，ΔE は2つの量子状態間のエネルギー差，h はプランクの定数，ν は光の振動数* である。ΔE は

$$\Delta E = E' - E$$

であり，E' は E より高いエネルギー状態を表わす。分子が E から E' へ励起されるとき，分子は ΔE のエネルギーの光を吸収し，E' から低いエネルギー

* 振動数 ν，波数 $\tilde{\nu}$，波長 λ，光の速度 c，光のエネルギー E とすると，これらの間には次の関係がある。

$$\nu = c\tilde{\nu} = c/\lambda$$
$$E = h\nu = hc/\lambda$$

（h はプランク定数）

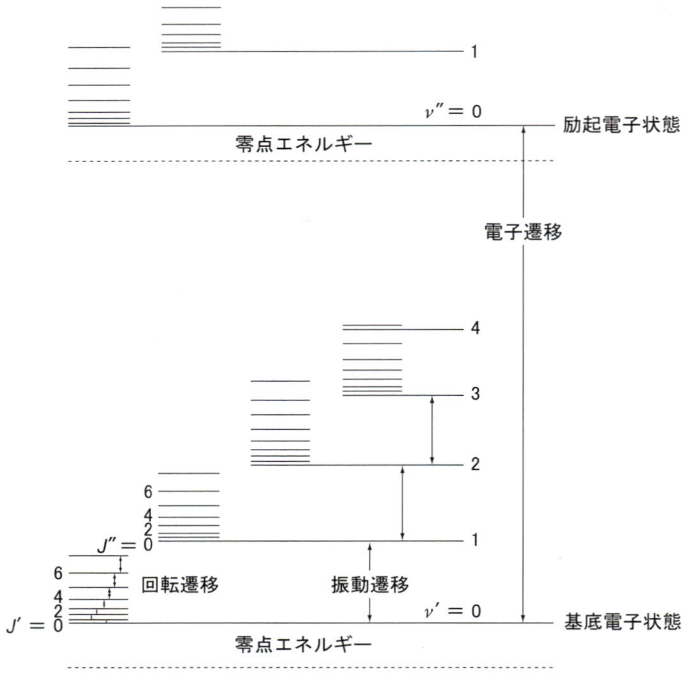

図 3-1　分子のエネルギー準位
（実際は，回転準位の幅はもっと小さく，電子準位は大きい）

E に落ちるとき，ΔE のエネルギーの光を放出する。

分子のエネルギーは，回転エネルギー，振動エネルギー，電子エネルギーからなっており，それらのエネルギー準位は図 3-1 のように表わされる。すなわち，回転エネルギー準位は一番近接しており，準位間の遷移は低振動数（長い波長）でおきる。事実，回転スペクトルは 1 cm^{-1}（10^4 μm）から 10^2 cm^{-1}（10^2 μm）の範囲で観測される。一方，振動エネルギー準位間はより大きく，遷移は回転に比べてより高い振動数（より短い波長）でおこる。この結果，振動スペクトルは 10^2 cm^{-1}（10^2 μm）と 10^4 cm^{-1}（1 μm）の領域で観測される。電子エネルギー準位間はさらに大きく，電子遷移は 10^4 cm^{-1}（1 μm）から 10^5 cm^{-1}（10^{-1} μm）で観測される（第 2 章参照）。このうち，赤外とラマンスペクトルはおもに振動エネルギー間の遷移による。

3. 2　分子の振動

分子は化学結合によりつなぎ合わされた原子から構成されている。それゆえ，分子の振動はおもりをバネで結んだものとみなせる（図 3-2）。フックの法則により，バネ振動の振動数は

$$\omega = \sqrt{\frac{f}{\mu}}$$

ここで，ω は振動数 (rad/sec)。また，$\omega = 2\pi\nu$ であるので

$$\nu = \frac{1}{2\pi}\sqrt{\frac{f}{\mu}}$$

ここで，ν は振動数，f は結合の強さを表わす定数（力の定数），μ は換算質量で

$$\mu = \frac{M_1 M_2}{M_1 + M_2}$$

と表される。M_1，M_2 はそれぞれ原子 1 と 2 の質量である。波数 $\tilde{\nu}$ で表わすと

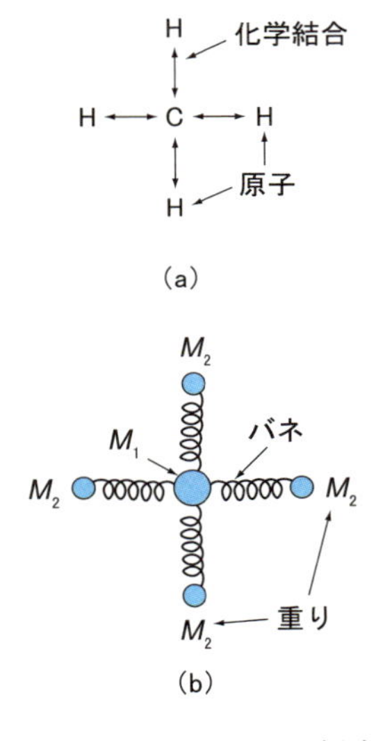

図 3-2　分子の振動はバネ振動とよく似ている

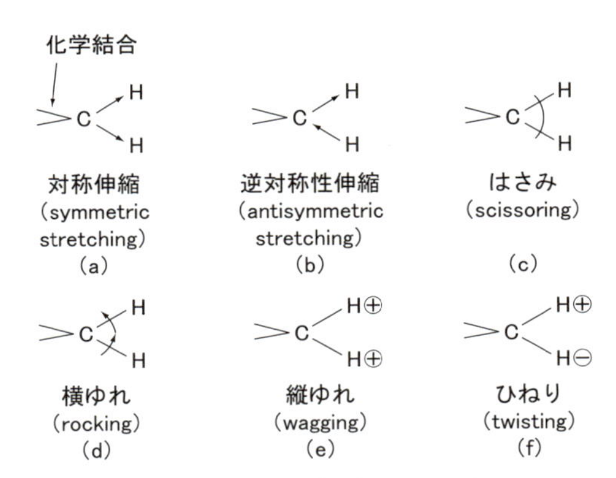

図 3-3　$-CH_2$ 基の振動モード

$$\tilde{\nu} = \frac{1}{2\pi c}\sqrt{\frac{f}{\mu}}$$

のように変換できる。

化学結合でつながった2つの原子も同じ式で表わされる。このとき，fは化学結合の強さ（力の定数）を表わし，結合次数（一重結合，二重結合など），振動している原子の電気陰性度，原子間距離に関係する量である。

有機化合物中の分子の振動モードの例を図3-3に示した。

3.3 赤外吸収スペクトル分析法

3.3.1 原　　理

分子が赤外線を吸収するためには，分子の双極子モーメント（電気双極子モーメント）μが振動により変化しなければならない。

$$\mu = qd$$

ここで，qは電荷，dは分子のある中心から各電荷までの距離を表わす。

分子の双極子モーメントは，分子を構成している個々の原子上に正と負の部分電荷が生じるとき発生する。分子が振動するとき，この双極子モーメントの変化量が大きいほど赤外線の吸収は大きい。双極子モーメントの変化量は，振動している原子間の距離が長いほど，また部分電荷が大きいほど大きく，強い赤外吸収が観測できる。

分子は通常，振動も回転もしている。分子に光を当てて分子の振動準位を励起したとき，励起前と励起後の分子の回転準位も異なることが多い。したがって，吸収された正味の光エネルギーは振動エネルギーに回転エネルギーを加えるか，あるいは減じたものに等しい。

以上のことから，赤外吸収はつぎのようにまとめられる。

① 入射光のエネルギーがボーアの量子条件を満足すること。

② 分子の振動により分子の双極子モーメントが変化すること。

③ 吸収強度は双極子の変化量の2乗に比例する。

④ 振動エネルギー準位間のエネルギー差は回転エネルギー準位の変化だけ増減がある。

分子が振動すると，分子の構造により中心からの各電荷分布は変化する場合としない場合がある。したがって，赤外分光法で分子の振動のすべてが観測できるわけではなく，双極子モーメントが変化する振動のみが赤外線を吸収する（赤外活性という）。

たとえば，CO_2分子の対称伸縮振動モードを考えてみる。対称伸縮運動は

$$\longleftarrow O{=}C{=}O \longrightarrow$$

2つの酸素原子の運動である。C原子についてみると，この運動は同じ電気陰性度をもつO原子の運動であり，双極子モーメントは変化しない。それ故，

この運動は赤外吸収に不活性である。しかしながら，分子の分極率は外部電場により大きく変化する。したがって，3. 4 節で述べるようにラマン活性となる。

3. 3. 2 装　　置

図 3-4 に典型的なシングルビーム赤外分光光度計の原理図を示す。光源から出た光は試料を通過した後，入口スリットを通り，分光部に入る。光はここで目的の波長に選択され出口スリットを通過後，検出器で，透過強度として測定される。試料を入れない場合の透過強度と比較することによって，試料により吸収された光の量が各波長ごとにわかる。しかしながら，入射光の強度は時間とともにわずかずつ変化するので，透過度（I/I_0）を精密に測定するのが困難である。また，検出器の感度や分光部が時間とともに変化するために誤差も入ってくる。これらはシングルビーム方式では避けられないものである。これらの問題を克服するのがダブルビーム方式である（図 3-5）。この方式では光源からの光をビームスプリッターで，試料側と参照側の 2 つにわける。試料側には試料を，参照側には参照試料，たとえば溶媒などを置く。各試料を通過した光は再び重ね合わせられて分光部に導かれ検出器に入る。この方式では入射光の強度が変化しても透過度は変化しないので，シングルビーム方式より優れている。

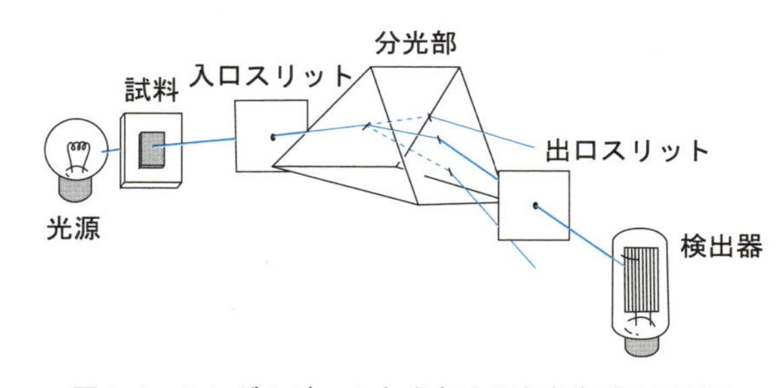

図 3-4　シングルビーム方式赤外分光光度計の原理図

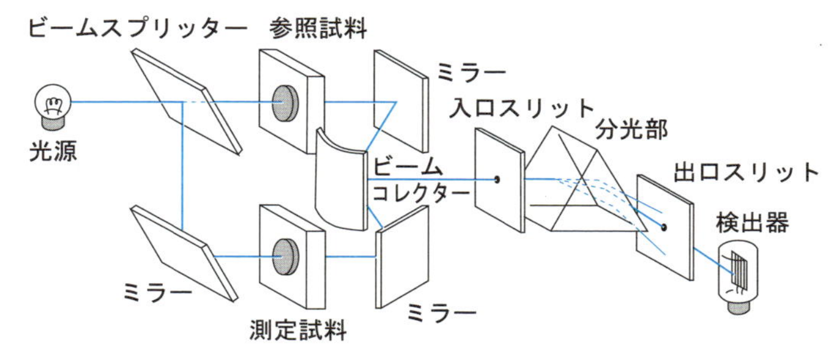

図 3-5　ダブルビーム方式赤外分光光度計の原理図

(1) 光　　源

赤外線の光源としてよく用いられているのは，ネルンスト（Nernst glower）とグローバー（Globar）である。ネルンストは酸化ジルコニウム，酸化セリウムと酸化トリウムからなる棒であり，1,000 から 1,800℃の温度で熱せられる。グローバーは焼結したシリコンカーバイトの棒であり，同様の温度で熱せられる。電熱ニクロム線も光源として使われる。これらの光源は，使用する波長領域で連続した強度をもち，長時間安定である。実際はある波長領域では光の強度はわずかずつ変化するが相対強度の測定，たとえば透過度の測定には影響しない。

(2) モノクロメーター

光源から放出される光はさまざまな波長の光を含んでいる。しかしながら，試料はある特定の波長のみを吸収する。したがって，この吸収波長を調べるためには目的の波長を選び出す必要がある。このために用いられるのがプリズムと回折格子である。

a. プリズム

プリズムを作る材料は注意して選ぶ必要がある。第一に赤外光に対して透明でなければならない。普通のガラスや石英は 3.5 μm より長い波長の光に対して透明ではないのでプリズムとして使えない。第二に研磨やカットができるような強い材質でなければならない。よく用いられる材質は臭化カリウム，フッ化カルシウム，塩化ナトリウム（岩塩），臭化タリウム（I）などの金属塩である。これらの金属塩のプリズムが使用できる波長範囲を表 3-1 にまとめてある。金属塩の結晶はできるだけ大きいものを用い，結晶面をよく研磨し，表面からの散乱をなくする。たいていの金属塩は水に溶けるので，プリズムはできるだけ乾燥した状態に保つ必要がある。したがって，分光器を空調室に置き，プリズム部を温めておく。このため分光器のスイッチは測定していないときでも on にしておく。

b. 回折格子

近年はプリズムより回折格子の方がよく使われている。この理由は，回折格子の材料がアルミニウムでできており，湿気に強く，広い波長範囲で使用できるからである。また，操作領域で一定の分解能をもち，特に長波長での波長校正に便利である。回折格子の欠点は格子面から散乱する光にいろいろの次数の波長をもつものが混ざることである（第 5 章参照）。この高次光を除くために，回折格子には小さいプリズム，またはフィルターが付けられている。

(3) 検　出　器

赤外線を吸収する検出器は，熱的検出器と量子的検出器に大別される。

熱的検出器にはボロメーター（bolometer），熱電対，サーミスター，ゴー

表 3-1　プリズムの材質と適用波長範囲

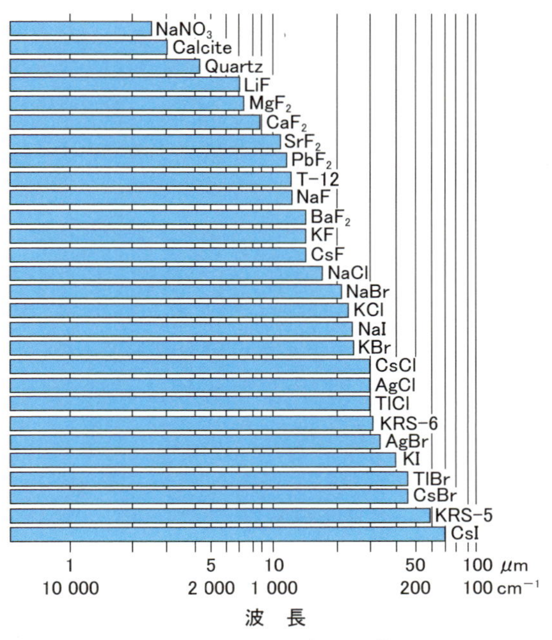

(H. H. Bauer, G. D. Christian and J. E. O' Reilly, "Instrumental Analysis", Allyn and Baker, p. 212.) KRS (TlBr と TlI の結晶)

レイ (golay) 検出器，パイロ検出器などがある。これらは一般に感度の波長特性が平坦で，室温で使用可能であるが，量子的検出器に比べて応答速度が一般に遅く感度も劣る。従来の分散型分光計では，熱起電力を利用した熱電対が用いられていたが，最近の FT-IR 分光計では応答速度が速いパイロ検出器が用いられている。

量子的検出器としては半導体検出器が最もよく用いられている。これは応答速度は早いが，低温で使用しなければならない欠点がある。

a. パイロ検出器

誘電体を電場の中に置くと分極する。電場を取り除くと分極はなくなるが，磁性をもつ化合物は分極したままである。この残余分極は温度依存性がある（焦電効果–pyroelectric effect）。パイロ検出器は細い導電性のフレーク状物質（0.25～12.0 mm^2）からできており，その表面に電荷が生じ，物質の温度が変わるとその物質の表面に電荷が生じる。

よく使われるものは TGS (triglycerine sulfate) である。しかしながら，TGS の応答時間は 45℃以上からだんだん遅くなり，キュリー点の 49℃以上では全く応答しなくなる。このため液体窒素温度で使われる。最近，重水素化した TGS が得られ，これは室温でも使える。

b. 半導体検出器

半導体は光が当たらなければ絶縁体であるが，光が当たると導電体になる物質である。光にさらすと電気抵抗が急激に変わるので赤外線に対する応答は速い。PbTe，InSb，Cu や Hg をドープした Ge などの半導体が検出器として使われており，ほぼすべての赤外波長領域で使用できる。応答時間は半導体が絶縁体から導電体に変わるのに必要な時間が主であり，約 1 nsec である。この速い応答時間のおかげで今日の迅速スキャン測定が可能になっている。

赤外線検出器の性能は比検出能 D^* により比較される。比検出能とは 1 cm^2 の検出素子に 1 W の赤外線を照射したとき 1 Hz の周波数幅をもつ増幅回路に規格化した S/N 比で，D^* が大きいほど検出器の性能は良い。図 3-6 に半導体検出器の比検出能を示した。比較的広い波長領域で使用できる MCT（HgCdTe）が広く用いられている。

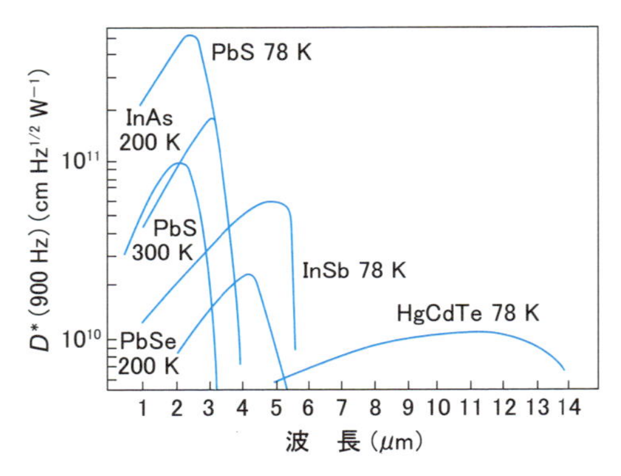

図 3-6　半導体検出器の比検出能 D^*

c. フーリエ変換（Fourier transform）システム

光は波動性をもち，同じ波長をもつ 2 つの光は位相が同じであれば強めあい，位相がずれれば干渉する（180° 位相がずれる場合が一番干渉が大きい）。このシステムはマイケルソン - モーレーの干渉計の原理に基づいている。装置の概念図を図 3-7 に示した。装置は普通互いに直角に向き合った 4 つの光学部から成り，その中心にビームスプリッターがある。いま，光が右側の光源から出て，ビームスプリッターに当たり，直角方向の，同じ強さをもつ 2 つのビームに分けられて上と左の光学部に入る。これらの光学部には鏡があり，この 2 つの光は反射して再びビームスプリッターに集まる。これらは位相が一致しているとき強めあい，検出器に入る。もし，一方の鏡を 1/4 波長だけ動かすと，この鏡で反射する光は 1/2 波長だけ位相がずれ，もう一方の光とビームスプリッターで干渉を起こす。検出器に入る光を光路差に対してプロットすると，振動数が $2v/\lambda$（v は可動鏡の速度，λ は光の波長）をもつ余弦波が得られる。鏡の可動速度はレーザー光を用いて制御されている。光源から出るすべての波長の光が干渉し，検出器の前に置かれた試料を通り検出器に入る。フーリエ変換システムは表3-2に示す特徴がある。

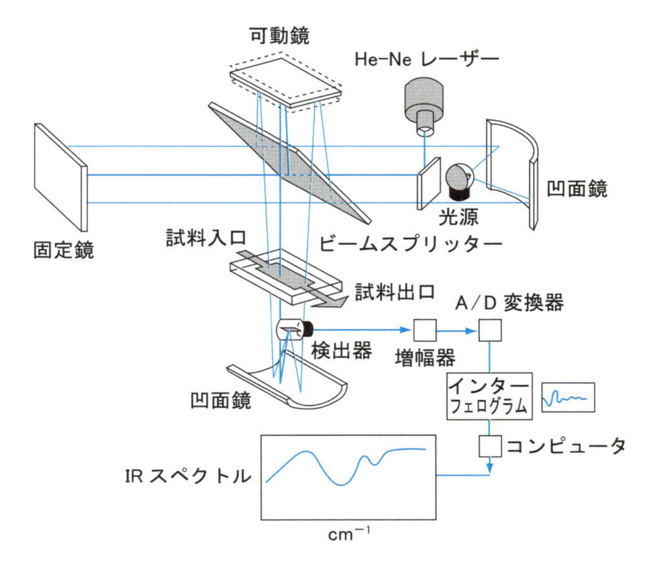

図 3-7　FT-IR 分光装置の原理図

表 3-2　フーリエ変換（FT）IR の特徴

1. 光学系が単純で，可動鏡のみが動く。
2. レーザーで波数を校正するので波数精度が高い（0.01 cm^{-1} 程度）。
3. すべてのシグナルが変調しているので，検出器は迷光の影響を受けない。
4. 一度に多量の赤外線が使える。データ収集が容易である。
5. すべての波長のシグナルを同時に検出する。
6. 迅速に多試料測定が可能である。
7. 試料は熱の影響を受けない。
8. 試料から出るどんな赤外線も検出されない。

3.3.3　試 料 セ ル

赤外スペクトルを測定する試料は固体，液体，気体のいずれでもよい。これらの試料を入れるセルの材質は赤外線に対して透明であることが必要であるので表3-1に示したものが使われる。

(1) 固 体 試 料

固体試料を測定する方法は大体3通りある。いずれも液体試料の場合ほど精度よい定量分析をすることは難しい。

a.　ヌジョール（nujoul）法

固体試料を砕いて粉末にする。この粉末をヌジョール（パラフィン油）あるいはクロロフルオロカーボングリースなどと混ぜて，濃いスラリー状にする。この方法は定性分析には向くが，定量分析には向かない。

b. KBr ペレット法

細かく砕いた粉末試料を KBr 粉末と混ぜる。混合した粉末を高圧をかけてディスクに成形する。このディスクは赤外光に透明である。

c. 薄　膜　法

固体試料を溶媒に溶かして，KBr あるいは NaCl セルの表面に滴下した後，溶媒を蒸発させて粉末試料の薄膜を得る。定性分析，半定量分析に向く。

(2) 液体試料セル

液体試料は，表 3-1 で示した材料でできた窓をもつセルに入れて測ればよい。

a. 液　膜　法

2 枚の窓の間に試料溶液を滴下して，固定し，測定する。

b. セ　ル　法

図 3-8 に示すようなセルに溶液を入れて測定する。適当なセル長はスペーサーを間に挟み調節する。セル長をいろいろ変えることができるセル（可変セル）と，1 つのセル長だけの固定セルとがある。セル窓は水溶性であるため，水の混入を避けなければならない。有機溶媒は十分乾燥する。水があると窓はオパール色に濁り，分析に誤差を生じる。特に，ランベルト-ベール則に基づく定量分析では光路長が変化すると分析が不可能になる。

(3) 気 体 セ ル

気体セルは，試料の濃度が薄いため，光路長が長くなるように工夫されており，普通 10 cm の長さ（1 m のもある）がある。図 3-9 は多重反射を利用しており，5 m の光路長に匹敵する。

(4) ATR (attenuated total reflectance) 法

塗料のような透明でない試料や，ドアや壁の塗料や絵画など堅くてセルに入らないものを測定する場合は ATR 法を用いる。原理図を図 3-10 に示した。

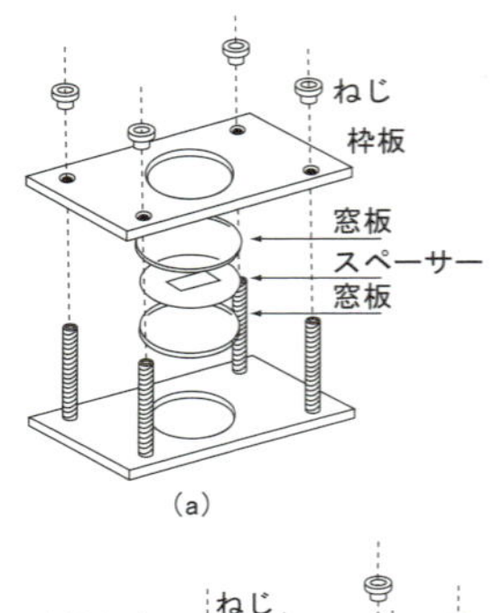

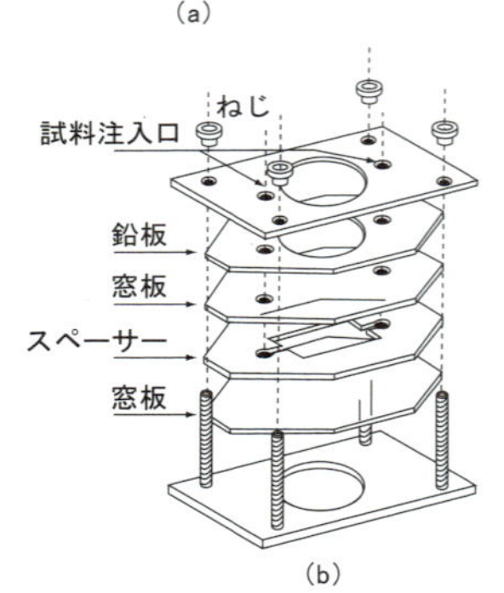

図 3-8　液体試料赤外セル

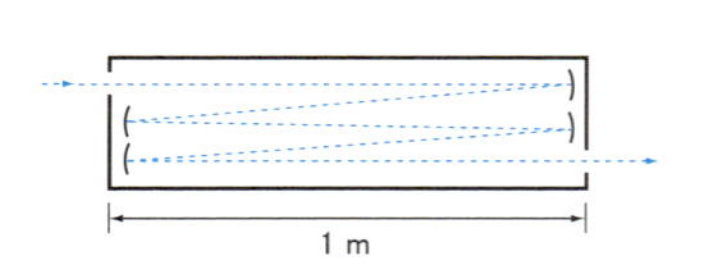

図 3-9　気体試料赤外セル

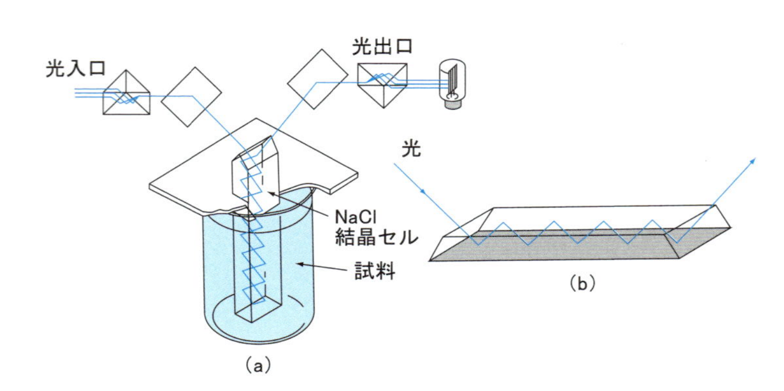

図 3-10　ATR セル

NaClあるいはKBrのような赤外光に透明な材質からなるプリズム（屈折率が大きいもの）を用いる。赤外光をプリズムに斜めに入射するとき，入射角を壁に対して全反射を起こすようにすれば，赤外光は全反射をおこしながら通り抜け再び赤外装置に返る。プリズムの両表面に試料を圧着しておくと，全反射を起こしているとき一部は試料に侵入して返ってくるので吸収スペクトルが測定できる。

3.3.4　特性吸収帯

化学分析で最もよく使われるのは中赤外領域（2.5～50 μm あるいは4000～200 cm^{-1}）であり，このエネルギー領域でたいていの分子振動（液体や気体中）や振動 - 回転（気体中）がおこる。回転のみの運動は通常遠赤外領域（50～1000 μm あるいは200～10 cm^{-1}）でみられる。しかし，これ以外の領域で観測できる振動をもつ分子もある。近赤外領域の光は，中赤外領域の光に比べてエネルギーが高く，物体を透過しやすいために，非破壊的に物質内部を測定できる。近赤外分光は食品分析に広く応用されており，小麦等の穀物中のタンパク質や果物の糖度の評価に用いられている（Y. Ozaki, W. F. McClure, A. A. Christy Eds., "Near-Infrared Spectroscopy in Food Science and Technology", (2006), Wiley-Interscience.）。これらの領域において赤外吸収スペクトルから得られる情報を表3-3にまとめた。

表3-3　吸収波長領域と得られる情報

1. 遠赤外領域，50～1,000 μm（200～10 cm^{-1}）
   - A. 回転定数，核間距離，原子の配置
   - B. 比熱における回転の寄与
   - C. 同位体効果
   - D. 分子の対称性
   - E. 核スピン
   - F. 重原子の基準振動モード

2. 中赤外領域，2.5～50 μm（4,000～200 cm^{-1}）
   - A. 基準振動
   - B. 振動-回転
   - C. 比構造熱における振動の寄与
   - D. 分子内の力場
   - E. 結合の特性振動数
   - F. ポテンシャル関数の力の定数
   - G. 解離熱
   - H. 構造
   - I. 同位体効果
   - J. 振動振幅

3. 近赤外領域，0.7～2.5 μm（14,285～4,000 cm^{-1}）
   - A. X-H 伸縮の基準振動
   - B. X-H 伸縮の倍音，あるいは結合バンド

3. 3. 5　分析の応用

(1) 定 性 分 析

赤外吸収スペクトル分析法は特に有機化合物の構造を推定するのによく使われる。ある分子によって吸収される赤外光の振動数はその分子に特有なものである。また，分子中の官能基はほぼ独立した基として振動するので，官能基に特有な振動数を示す。分子の振動数は分子を構成する原子の質量や構造に依存する。したがって，未知化合物の振動数をさまざまな既知構造の振動数と比較することにより，未知化合物中にある官能基を同定し，さらに未知化合物の構造を推定することもできる。さまざまな官能基の特性振動数を表 3-4 に示す。現在，以下のような赤外スペクトルデータ集が出版されている。

日本赤外データ委員会編，『IRDC カード』，南江堂（1977）．

“The Sadtler Handbook of Reference Spectra”（Infrared Handbook），Sadtler Research Lab. Inc.（1978）．

図 3-11 はいずれも分子式 C_6H_{12} で示される炭化水素の赤外スペクトルであり，シクロヘキサン，1-ヘキセン，4-メチル-トランス-2-ペンテンのいずれかであるとする。表 3-4 を参照すると，(a)では 910 と 990 cm^{-1} に末端メチレン基の面外変角振動の吸収，3,090 cm^{-1} に末端メチレン基の C-H 伸縮振動の吸収が現れているので，(a)は 1-ヘキセンと同定できる。(b)では 960 cm^{-1} にトランス-オレフィンの C-H 面外変角振動の吸収が，また 1,375 と 1,385 cm^{-1} にイソプロピル基の吸収が特徴的であるので，4-メチル-トランス-2-ペンテンのスペクトルであることがわかる。

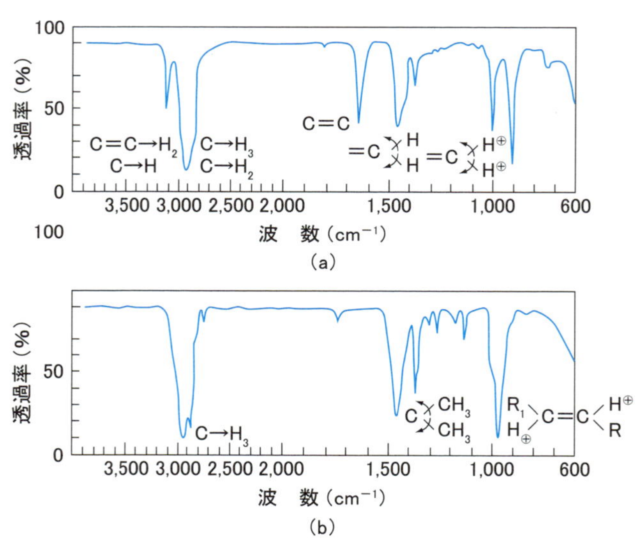

図 3-11　分子数（C_6H_{12} の IR スペクトル）

表 3-4　各原子団の赤外吸収スペクトルの特性吸収波数

（N. B. Colthup, *J. Opt, Soc. Am.*, 40, 397（1950）より）

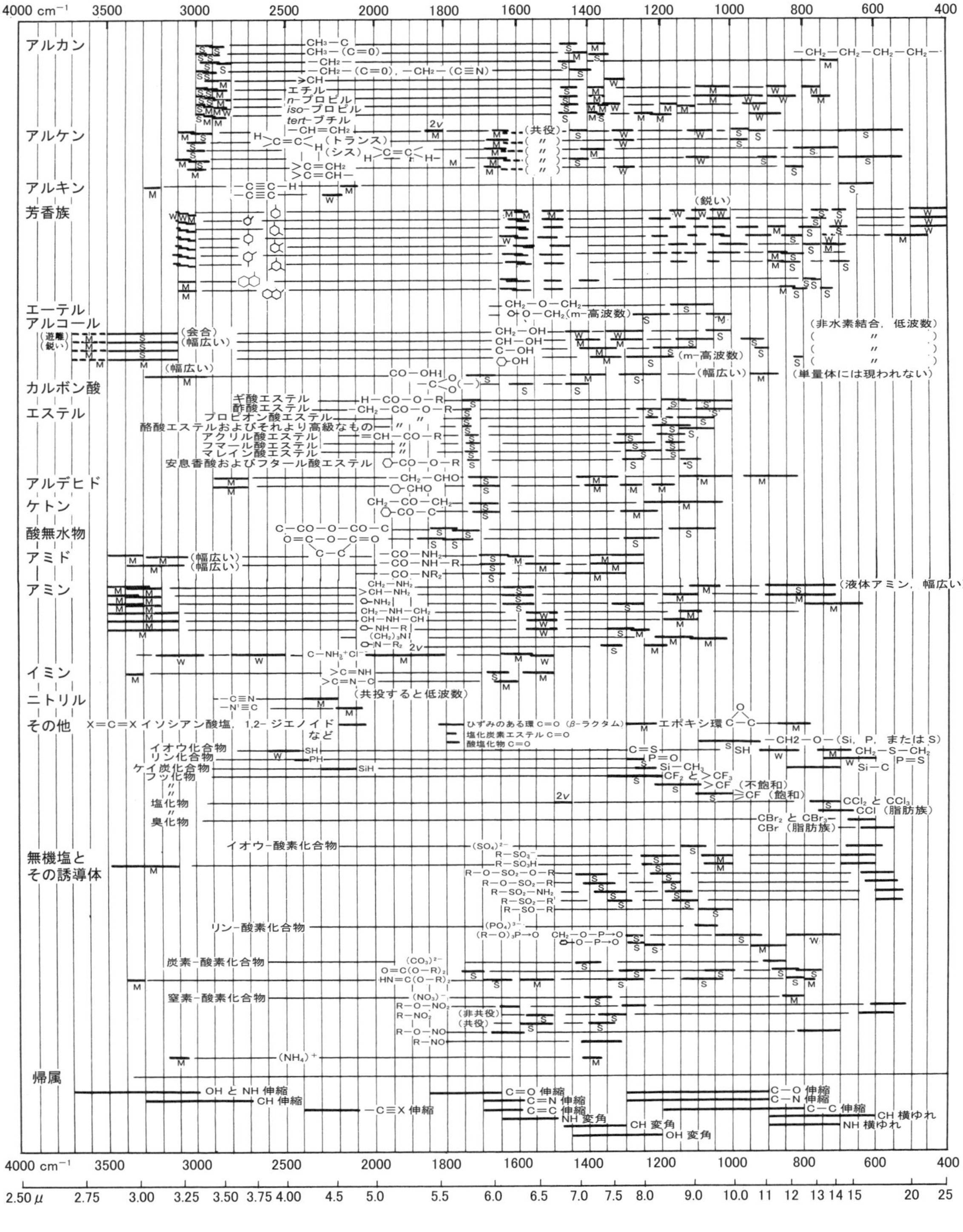

4000 cm⁻¹　3500　3000　2500　2000　1800　1600　1400　1200　1000　800　600　400

アルカン
CH₃−C
CH₃−(C=O)
−CH₂−
−CH₂−(C=O), −CH₂−(C≡N)
>CH
エチル
n-プロピル
iso-プロピル
tert-ブチル
−CH₂−CH₂−CH₂−CH₂−

アルケン
−CH=CH₂
H>C=C<H（トランス）
（シス）
>C=CH₂
>C=CH−
（共役）
2ν

アルキン
−C≡C−H
−C≡C−

芳香族
（鋭い）

エーテル
CH₂−O−CH₂
⌬−O−CH₂（m-高波数）

アルコール
（遊離）（鋭い）
（会合）
（幅広い）
CH₂−OH
CH−OH
C−OH
⌬−OH
（m-高波数）
（非水素結合，低波数）
（単量体には現われない）
（幅広い）

カルボン酸
CO−OH
−C<O>(−)

エステル
ギ酸エステル　H−CO−O−R
酢酸エステル　CH₂−CO−O−R
プロピオン酸エステル　〃
酪酸エステルおよびそれより高級なもの　〃
アクリル酸エステル　=CH−CO−R
フマール酸エステル　〃
マレイン酸エステル　〃
安息香酸およびフタール酸エステル　⌬−CO−O−R

アルデヒド
−CH₂−CHO
⌬−CHO

ケトン
CH₂−CO−CH₂
⌬−CO−C

酸無水物
C−CO−O−CO−C
O=C−O−C=O
C−C

アミド
（幅広い）
（幅広い）
−CO−NH₂
−CO−NH−R
−CO−NR₂

アミン
CH₂−NH₂
>CH−NH₂
⌬−NH₂
CH₂−NH−CH₂
CH−NH−CH
⌬−NH−R
(CH₂)₃N
⌬−N−R₂
C−NH₃⁺Cl⁻
2ν
（液体アミン，幅広い）

イミン
>C=NH
>C=N−C
（共役すると低波数）

ニトリル
−C≡N
−N⁺≡C

その他
X=C=X イソシアン酸塩，1,2- ジエノイドなど
ひずみのある環 C=O（β-ラクタム）
塩化炭素エステル C=O
酸塩化物 C=O
エポキシ環
−CH2−O−（Si，P，または S）
イオウ化合物　SH
リン化合物　PH
ケイ炭化合物　SiH
フッ化物
〃
〃
塩化物
〃
臭化物
C=S
P=O
Si−CH₃
CF₂ と >CF₃
>CF（不飽和）
>CF（飽和）
SH
CH₂−S−CH₂
P=S
Si−C
CCl₂ と CCl₃
CCl（脂肪族）
CBr₂ と CBr₃
CBr（脂肪族）
2ν

無機塩とその誘導体
イオウ-酸素化合物　(SO₄)²⁻
R−SO₃⁻
R−SO₃H
R−O−SO₂−O−R
R−O−SO₂−R
R−SO₂−NH₂
R−SO₂−R′
R−SO−R
リン-酸素化合物　(PO₄)³⁻
(R−O)₃P→O
CH₂−O−P→O
⌬−O−P→O
炭素-酸素化合物　(CO₃)²⁻
O=C(O−R)₂
HN=C(O−R)₂
窒素-酸素化合物　(NO₃)⁻
R−O−NO₂
R−NO₂（非共役）
（共役）
R−O−NO
R−NO
(NH₄)⁺

帰属
OH と NH 伸縮
CH 伸縮
−C≡X 伸縮
C=O 伸縮
C=N 伸縮
C=C 伸縮
NH 変角
CH 変角
OH 変角
C−O 伸縮
C−N 伸縮
C−C 伸縮
CH 横ゆれ
NH 横ゆれ

（S, M, W：吸収強度）

4000 cm⁻¹　3500　3000　2500　2000　1800　1600　1400　1200　1000　800　600　400

2.50 μ　2.75　3.00　3.25　3.50　3.75　4.00　4.5　5.0　5.5　6.0　6.5　7.0　7.5　8.0　9.0　10.0　11　12　13　14　15　20　25

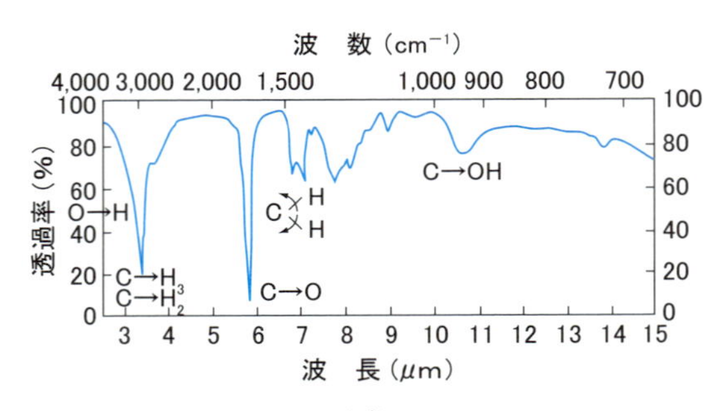

図 3-12 未知化合物の IR スペクトル

図 3-12 はある未知化合物の赤外スペクトルである。表 3-4 から，3,300 cm^{-1} に O–H の伸縮振動，2,950 cm^{-1} の $-CH_3$，$-CH_2$ 基の C–H の伸縮振動，1,700 cm^{-1} の $-C=O$ 伸縮振動，1,450 cm^{-1} の $-CH_2$ 基の横ゆれ振動，950 cm^{-1} の C–OH 基の振動の吸収が現れていることがわかる。それゆえに，この化合物は

$$CH_3(CH_2)_nC(=O)OH$$

と表わすことができる。脂肪族の鎖の長さは正確には決められない。しかし，730 cm^{-1} 付近に $-(CH_2)_n-$ $(n > 4)$ の横ゆれ振動の吸収がみられるので $-CH_2$ 基は少なくとも 4 個はつながっていると結論できる。分子量の測定や他の方法からの情報があれば正確に構造が決定できる。

最近は，いろいろの化合物の赤外吸収スペクトルデータ（吸収波数や強度）をコンピュータに入力した赤外スペクトルデータバンク（IRDC や SDBS など）も整備されており，自分の測定した試料のピークの波数値とピーク強度の相対値を入力すれば自動的に検索され，試料を同定することができる。

表 3-4 にあげた特性振動数の値は分子全体の影響（隣接する原子や結合の状態，溶媒との相互作用など）を受けて少しずつずれる。また，特定の官能基や結合を同定するのは比較的容易であるが，まったく構造がわからない場合は，他の測定方法（NMR，マススペクトル，クロマトグラフィー，UV）により未知化合物に関する情報をできるだけ多く集めて，赤外スペクトルの結果と合わせて検討することが必要となる。

(2) 定 量 分 析

赤外吸収スペクトル法による定量分析では化合物中の官能基の 1 つの特性吸収帯を利用して濃度を決定することができる。たとえば，ヘキサンとヘキサノールの混合物中のヘキサノールの濃度を決定する場合は O–H 吸収帯の強度を測定する。このとき，両化合物の吸収が共存したり，影響を受け合っている吸収帯を避けて，定量する化合物に特有な吸収帯を利用することが大切である。

赤外吸収スペクトルに対しても，可視/紫外吸収スペクトルと同様にランベルト-ベールの法則が成立する。すなわち

$$T = \frac{I_1}{I_0}$$

$$A = -\log\left(\frac{I_1}{I_0}\right)$$

$$= abc$$

ここで，T は透過率，I_0 は入射光の強度，I_1 は試料透過後の光の強度，A は吸光度，a は試料の吸光係数，b はセルの長さ，c は溶液の濃度である。同じ試料セルを使い，特定の吸収帯のみを測る場合には，a と b は定数になり，吸光度は濃度に比例する。定量分析では，既知の濃度の溶液を測定して検量線をつくり，未知濃度の溶液の吸光度を比較して濃度を決定する。

しかしながら，赤外光を通過させるセルの材質（表 3-1）は柔らかく，曲がりやすいうえに，セル表面は試料により腐食されるので，セルの透明度や長さを精度良く維持することが困難である。それゆえに，赤外吸収スペクトル法による定量分析の精度は可視/紫外吸収スペクトルの場合ほど良くはない。

(3) FT-IR-ATR 法のラングミュア・ブロジェット膜への応用

一層の厚さが約 28 Å のアラキジン酸カドミウム膜を，清浄なガラス板上に単分子膜から 9 分子膜まで累積させて，ATR 法により赤外吸収スペクトルを測定した。図 3-13 は単分子膜と 9 分子膜のスペクトルを示している。これは，ガラス板上の累積膜のスペクトルからガラス板のスペクトルを差し

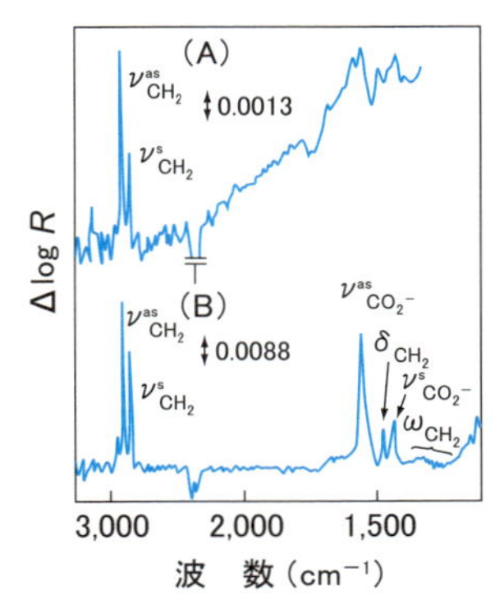

(a)　FT-IR-ATR 法によって得たアラキジン酸カドミウムのラングミュア・ブロジェット膜
(A) 単分子層，(B) 9 分子層のスペクトルと吸収帯の帰属を示す。

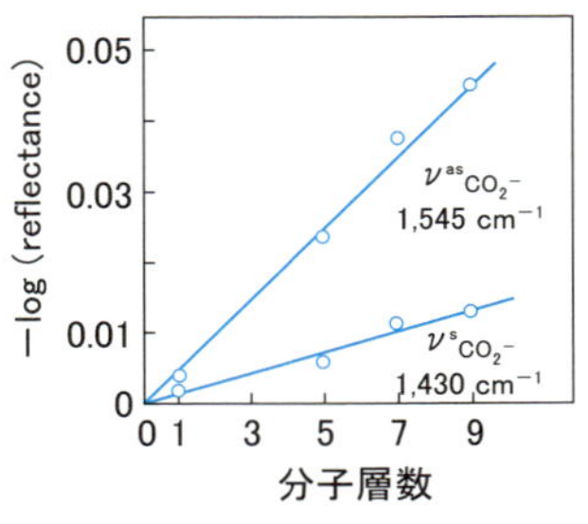

(b)　ラングミュア・ブロジェット膜の分子層数とスペクトル強度の直線性

図 3-13

(T. Ohnishi, A. Ishitani, H. Ishida, N. Yamamoto and H. Tsubomura, *J. Phys. Chem.*, **18**, 1989 (1978))

ν (cm^{-1})	帰　属	
2,920	CH_2 antisym stretch	$\nu^{as}{}_{CH_2}$
2,860	CH_2 sym stretch	$\nu^{s}{}_{CH_2}$
1,545	CO_2^- antisym stretch	$\nu^{as}{}_{CO_2^-}$
1,430	CO_2^- sym stretch	$\nu^{s}{}_{CO_2^-}$
1,470	CH_2 scissoring	δ_{CH_2}
1,350–1,200	CH_2 wagging	ω_{CH_2}

引いて得られたものである。また，単分子膜のスペクトルは625回の積算を行ったものである。図からわかるようにカルボン酸基（-CO_2-）の吸収が2本に分裂していることから，アラキジン酸カドミウム中のカルボン酸基はガラス表面のシラル基と強い相互作用をしていることが示唆される。また，それぞれの吸収帯は表のように帰属されている。

また，カルボン酸基の吸収強度を分子膜の層数に対してプロットすると，(b)のような良い直線性が得られ，膜厚を容易に推定，評価することができる。

(4) 分離分析との結合

FT-IRは高感度分析が可能であり，GC（ガスクロマトグラフィー），HPLC（高速液体クロマトグラフィー），GPC（ゲルパーミェーションクロマトグラフィー），TLC（薄層クロマトグラフィー）などで分離される微量の化合物に対してもS/N比の良い赤外スペクトルを得ることができる。最近は，FT-IRとこれらの分離機器をオンラインで結び，分離と同定を同時に行う方法が開発され，GC-IR，LC-IR，GPC-IRなどとよばれている。

図3-14にGC-IRの原理図を示す。GCで分離されたガスは熱管を通して気体セルに導かれる。気体セルは径2～3 mm，長さ数十cmである。石英管の内壁は金メッキしてあり，セルに入った赤外線は多重反射して試料で吸収

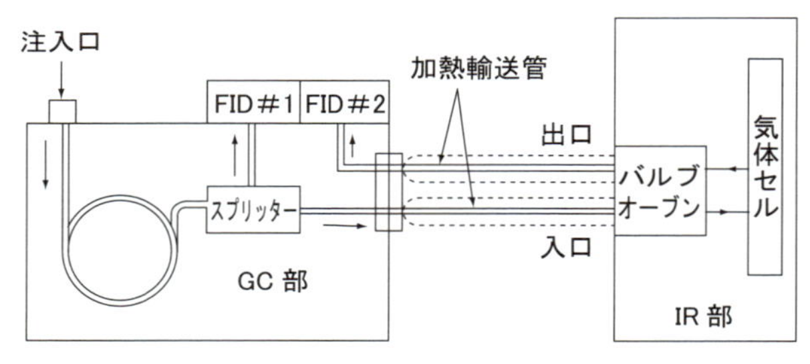

図3-14　GC-IRの原理図

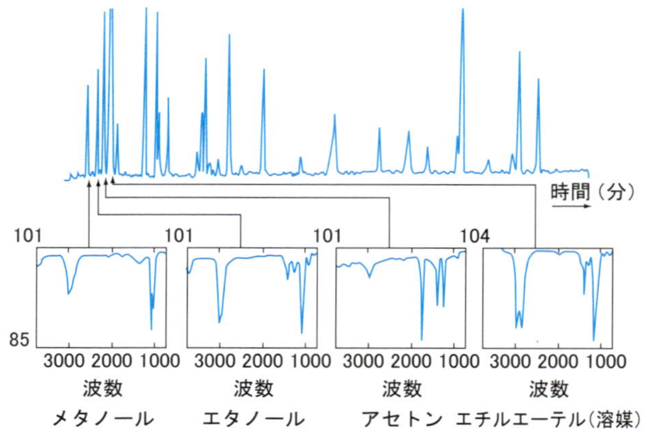

図3-15　キャピラリーカラムGC-IR（DIGILAB社データ）

される。図3-15はGCから得られた時間毎の成分の赤外スペクトルを示したものである。

3.4 ラマンスペクトル分析法

1928年にインドのRamanによりラマン効果が発見されて以来，ラマンスペクトル分析法はいろいろの化合物中の官能基の同定や分子構造の解明，最近では複雑な生体化合物中の主成分の分析などに重要な手段となっている。ラマンスペクトルも分子の振動にかかわる点で赤外スペクトルと共通であるが，その発生の機構はまったく異なり，赤外吸収スペクトル分析法と相補的な働きをする。

3.4.1 原　　理

ラマン効果は分子による光の非弾性散乱（第5章参照）である。もし，光量子が分子により非弾性的に散乱されると，光量子はエネルギーをもらい入射光の振動数（エネルギー）より高い振動数で散乱されるか，あるいは分子にエネルギーをわたし，入射光の振動数より低い振動数で散乱される。この過程を図3-16に示した。入射光量子のエネルギー$h\nu$は基底状態（$v=0$）かあるいは第一振動準位（$v=1$）にある分子を擬励起状態（第一電子準位よりずっと下にある）にあげる。もし分子が最初$v=0$にあり，励起された後エネルギーを失い$v=1$の準位に落ちる場合は，振動数（$\nu_L-\nu_1$）が生じる。$v=1$から散乱されて$v=0$の準位に落ちる場合は，振動数（$\nu_L+\nu_1$）が生じる。

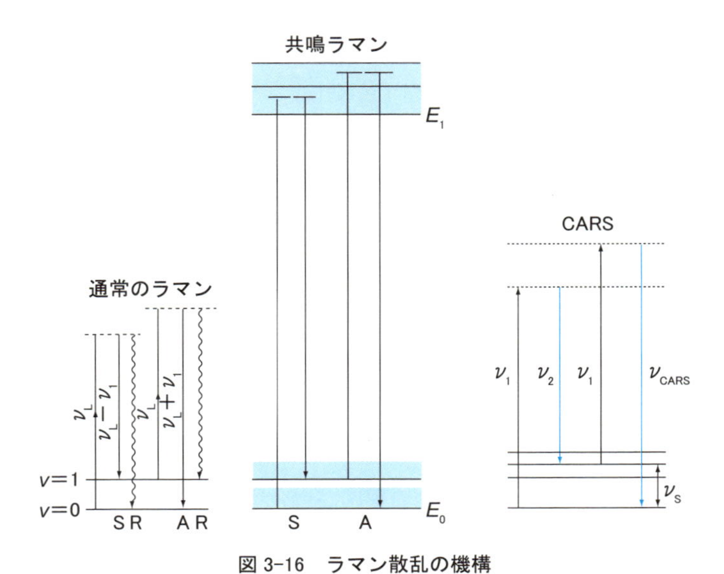

図3-16　ラマン散乱の機構
S：ストークス線，A：反ストークス線，R：レーリー線
破線は擬励起準位を，影を付けた部分は回転・振動準位を示す。

入射光のエネルギーが分子を第一電子準位に励起するほど十分大きいとき（図 3-16），共鳴ラマン線が観測できる。共鳴ラマン散乱の強度は通常のラマン散乱の強度に比べてきわめて大きいので試料の濃度が 10^{-3}〜10^{-5} M でも測定できる特徴がある。

励起振動数（入射光の振動数，レイリー線という）より低い振動数をストークス線，高い振動数を反（アンチ）ストークス線とよぶ。いずれの場合も，励起線からの振動数のシフト値（ν_1）は分子のある特定の振動モードにより一定値をとる。室温では大抵の分子は基底状態にあるため，ストークス線の強度は反ストークス線の強度より大きい。したがって，ストークス線を測定するほうが高い S/N 比が得られる。ストークス線は常に蛍光との競争となるため，蛍光が強い試料ではラマン測定が困難になる。一方，反ストークス線では，強度は弱いが蛍光の障害はない。入射光と分子との衝突はほとんどが弾性的であり，$1/10^6$ が非弾性的であるので，レイリー線の強度はきわめて大きい。

波長の異なる 2 つのレーザー光（ν_1, ν_2 光）を試料に当てたとき，2 つのレーザー光の振動数の差 $\nu_1 - \nu_2$ が試料分子の持つ振動モード ν_s と一致すると，多数の試料分子の振動モードが共鳴的に励振されて，非常に強く，かつ指向性のよいコヒーレントなラマン散乱光を得ることできる。この現象は coherent anti-stokes Raman scattering（CARS）と呼ばれており，生きた細胞内の分子分布やその運動を非染色・非破壊で高速に可視化することに利用されている。

金や銀など貴金属ナノ粒子の凝集体に吸着した分子のラマン散乱が，10^3〜10^6 程度の散乱強度の増大が観測される現象は，surface-enhanced Raman scattering（SERS）と呼ばれている（図 3-17）。近赤外領域のレーザーが貴金属ナノ粒子に照射されると，貴金属粒子内の伝導電子の集団振動により局在表面プラズモン共鳴が生じて，貴金属粒子は強い電場に覆われる (a)。強い電場に覆われた貴金属粒子が近づくと，その接点付近で極めて強い増強電場が生じる。その部分に分子が吸着すると SERS シグナルが観測される。SERS 効果によるラマン散乱強度は 1 分子でも観測できるほど強い。

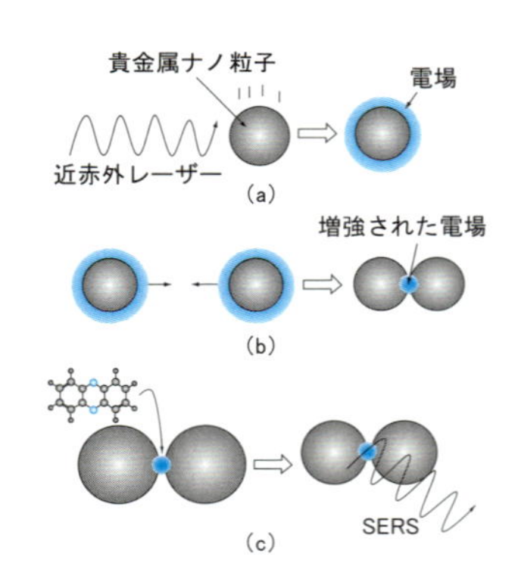

図 3-17　SERS の機構
（尾崎幸洋，Readout, **32**, 32 (2006) より）

SERS の利点は，1) 感度が通常のラマン散乱より千倍〜百万倍散乱強度が増大するので極めて高感度である，2) 表面に吸着した分子のみ観測できる選択性をもつ，3) 貴金属表面に吸着した分子の蛍光が消光するため蛍光を出す分子の測定ができる点である。

分子は，分子振動により分子の分極率が変化する場合にラマン線を散乱する。分極率は分子の座標の関数である。分子が振動すると，双極子モーメントあるいは分極率，あるいは両方が変化するので，赤外吸収あるいはラマン散乱が観測されたりする（対称中心のある分子に対して，これを交互禁制律という）。

たとえば，3. 3. 1節で述べたCO_2分子の対称伸縮振動モードでは，分子の振動により分子の分極率は変化する。それ故，この振動モードはラマン活性となる。

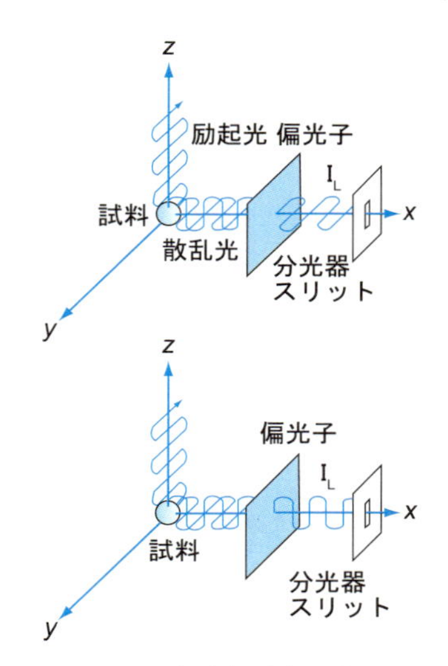

図 3-18　偏光解消度測定法

3. 4. 2　偏光解消度

ラマン線の電場ベクトルはその方向における分子運動の対称性に応じて電磁波が一部あるいは全部が偏光する。したがって，特別な振動モードの対称性がラマン線の偏光の程度（偏光解消度という）を調べることによりわかる。

いま，図3-18で入射光の電気ベクトルがy軸方向に偏光しているとすると，試料から散乱されるラマン光は偏光子により入射光の電気ベクトルと平行なy軸方向の成分（$I_{\parallel}$）と，それに垂直なz軸方向の成分（$I_{\perp}$）とに分けることができる。このとき，偏光解消度ρは

$$\rho = I_{\perp}/I_{\parallel}$$

で与えられる。レーザー光のように直線偏光した入射光を用いた場合，ρは次式で表される。

$$\rho = \frac{3\beta^2}{45\alpha^2 + 4\beta^2}$$

ここで，αは分極率の等方成分を，βは異方成分をあらわす。非全対称振動では$\alpha = 0$となるので，偏光解消度ρは3/4になる。全対称振動の場合はαは0でないので，偏光解消度は3/4より小さくなる。したがって，偏光解消度が$0 \leqq \rho < 3/4$の振動バンドは全対称振動に帰属できる。全対称振動の偏光解消度の精密な値は基準振動解析により求められる。

3. 4. 3　装　　置

図3-19に測定装置の概略を示した。光源から出た励起光（レイリー散乱光）は試料に当たる。試料から出たラマン散乱光は，レイリー光除去フィルターを通過して，モノクロメーターで分光された後，分光した光を波長毎にCCD検出器で検出する。検出された信号はラマンシフト値に変換されてパーソナルコンピュータ（PC）に送り表示される。

(1) 光　　源

古くには，励起光源として水銀アークが用いられていたが，前に述べたようにラマン光は入射光に比べてきわめて弱いので，最近ではレーザーが使われている。表3-5に通常よく用いられている気体レーザーと励起波長をまとめた。また，これらの気体レーザーを色素に当てて，色素から出る別の波長を利用する色素レーザーもある。また，最近N_2レーザーやN_2レーザー励起の色素レーザーはパルスレーザーとして用いられている。

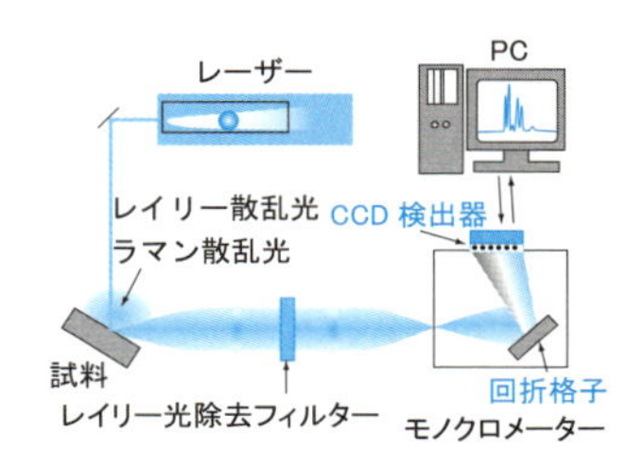

図 3-19　ラマン散乱装置の構成
（日本分光のホームページより）

表 3-5　ラマンスペクトル分析に用いられるレーザーと励起波長

レーザー	励起波長（Å）	出力（mW）
He-Ne レーザー	6,328	50
Ar^+ イオンレーザー	5,145	800, 1400
	5,017	140, 250
	4,965	300, 400
	4,880	700, 1300
	4,765	300, 500
	4,727	60, 150
	4,658	50, 100
	4,579	250
Kr^+ イオンレーザー	6,764	120
	6,471	500
	5,682	150
	5,309	200
	5,208	100
	4,825	50
	4,762	70
He-Cd レーザー	4,416	50
	3,250	15
N_2 レーザー（パルス）	3,371	10〜100 kW

(2) モノクロメーター

ラマン散乱光を波長毎に分光するために回折格子が用いられる（赤外吸収スペクトル分析法の回折格子の項を参照のこと）。赤外吸収スペクトル分析法と異なり，ラマンスペクトル分析法ではラマン散乱光がきわめて弱いため，迷光（塵などによる散乱光）を十分除去しなければならない。従来は検出器に光電子増倍管が用いられていたために，レイリー散乱光が光電子増倍管に直接入らないように，また迷光を除去するために，モノクロメーターを 2 個（グブルモノクロ），あるいは 3 個（トリプルモノクロ）使用した。現在では，レイリー散乱光除去フィルターの開発により，30〜50 cm 長さの回折格子を用いたシングルモノクロメーターが主流になっている。

(3) 検　出　器

a. 光電子増倍管

光電子増倍管の概略図を図 3-20 に示す。陰極である光電面に光が入射すると，光電効果により光電子が発生する。光電子は光電面と第 1 ダイノード間の印加電圧により加速されて，ダイノード面に衝突する。このとき，衝突した 1 個の光電子あたり数個の光電子が発生し，それぞれの光電子はさらに加速されて第 2 ダイノードに衝突する。この過程を繰り返すことにより，光電子の数は 10^5〜10^7 個にもなり，このとき陽極部の抵抗に生じるパルス電圧を増幅し，記録する。

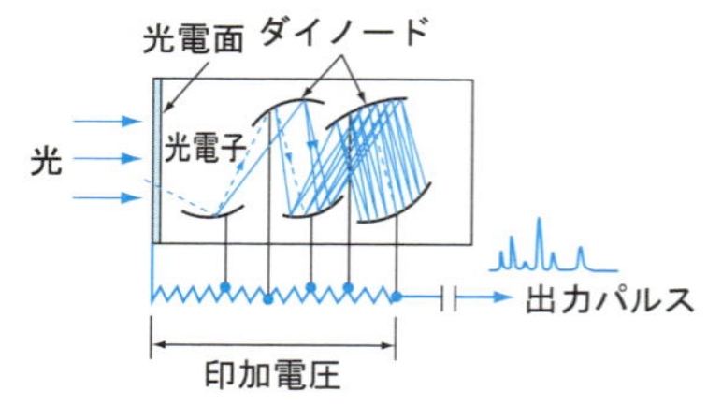

図 3-20　光電子増倍管の動作原理

陽極部には，光電子による陽極電流のほかに，光電子が光電面やダイノードに衝突するときに生じた熱電子による微弱な電流（暗電流という）が流れる。このため，熱電子の発生を抑え暗電流を少なくするために，光電子増倍管を0～－10℃に冷却して使用する。

また，光電子増倍管の検出感度は，ダイノードの材質や光電子の波長により大きく変化する。図3-21に示した増倍管については，6,328Åの波長を用いた場合の検出感度は，4,880Åの波長を用いた場合に比べて約1/2になることがわかる。

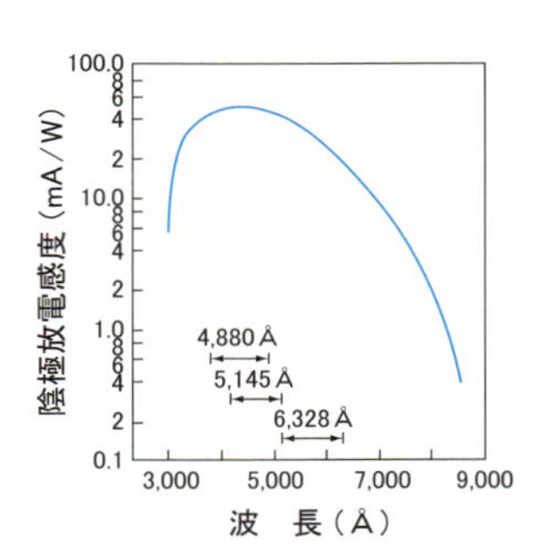

図3-21　光電子増倍管（S-20タイプ）の感度曲線
（浜松テレビ株式会社のカタログより）
矢印は各励起波長における測定範囲を示す

b. 光ダイオードアレイ検出器

これまで述べた方法では，回折格子により分光したラマン光の1つの波長のみを光電子増倍管で検出し，回折格子を回転することにより他の波長も連続的に測定する。光ダイオードアレイ検出器は回折格子で分光したラマン光のいろいろの波長を一列に並べた光ダイオードにより各波長別に同時に検出するものである（図3-22）。各ダイオードに溜った電気を取り出し，コンピュータ処理をしてスペクトルを測定する。この方法では全測定スペクトル領域を同時に測定するので，高速測定が可能であり，短寿命の試料の測定に向いている。

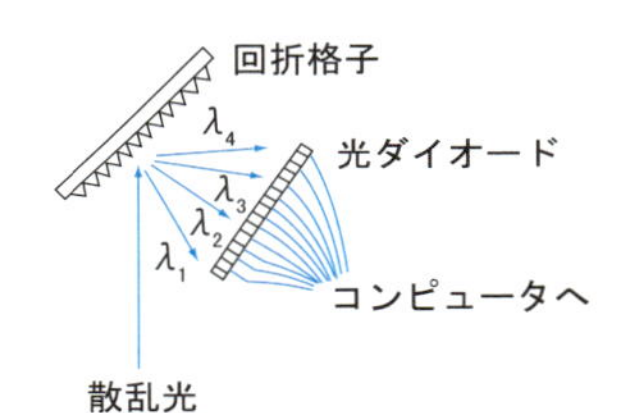

図3-22　ダイオードアレイ検出器を用いた多波長同時測定の原理図

(4) CCD検出器

CCDはcharge coupled deviceの略称であり，その電荷転送方法を指す名称である。CCD検出器では光ダイオードが画素として二次元に並べられているために，光ダイオードアレイ検出器と同様に多数の波数を一度に測定できる。各画素は受光と転送の2つの役割を果たす。電荷転送方法には，インターライン（interline）方式，フルフレーム（full frame）方式がある（図3-23）。インターライン方式では，光の受光部と光を遮断した電荷転送部が独立して交互に並んでおり，検出器で集積された電荷はまず電荷転送部に移され，読

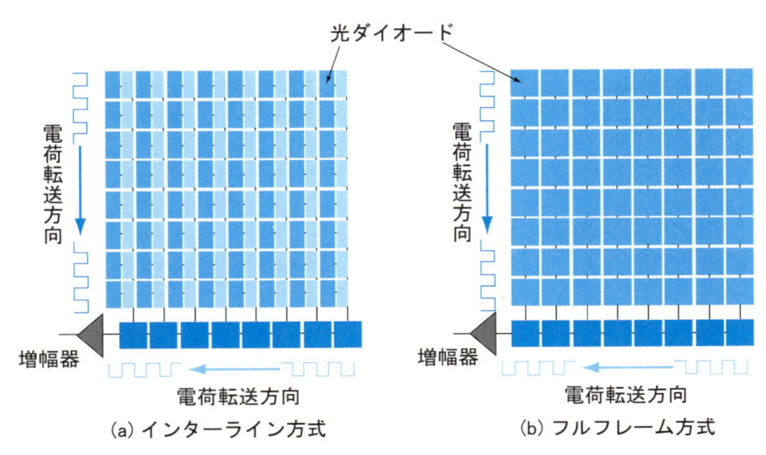

図3-23　CCD検出器の構造

み出し口の増幅器に移され，電荷数が十分に蓄積されたらデジタル量に変換される（A/D 変換）。受光部と転送部が独立しているために，次の画像の露出中に読み出しができるためにシャッターが不要である。フルフレーム方式では，画素全面を受光部と転送部として使用するために，電荷を転送しているときには，シャッターで画素に光があたらないようにする。CCD 検出器で必要な特性は，画素の量子効率が低温の方が高いために液体窒素などで冷却する必要がある。

3.4.4 試料セル

図 3-24 に液体（または溶液）セルの種類，および液体と固体試料に対するレーザー光の照射法をまとめて示した。

(1) 液体セル

液体試料については，底の平らな円筒セル(a)や内径 1〜2 mm のキャピラリーセル(b)が用いられる。試料が励起光を吸収して分解するような場合は，試料を回転させて光があたる部分を絶えず変化させる工夫が必要である。(f)は二重円筒セルを回転させて遠心力でガラス壁についた試料にレーザー光を当てるようになっている。

(2) 固体試料

粉末試料の場合は高圧をかけてディスク状にし，表面に対して約 60°の角でレーザー光を入射して測定する方法(c)，固体表面や電極に吸着した試料の測定の場合は(e)のようにする。また，レーザー光照射のため光分解や熱分解をする試料には(g)のような回転セルが工夫されている。

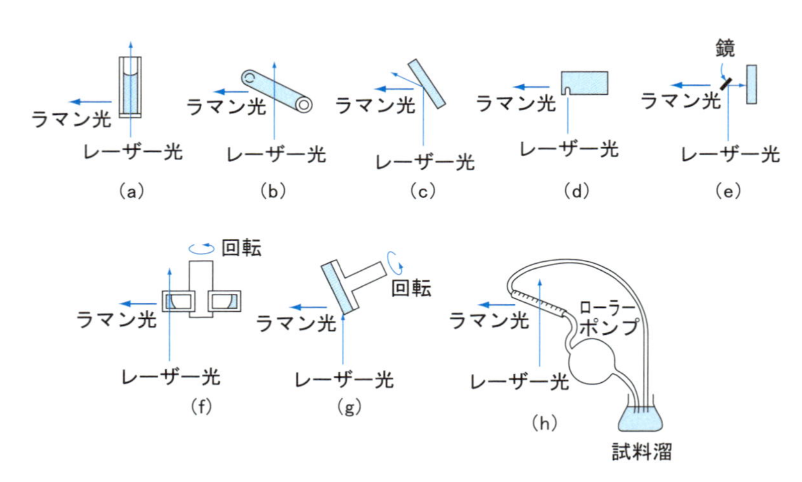

図 3-24　各種試料セルとレーザー光の照射法（伊藤，化学の領域，36-1，p. 61）

3.4.5　分析への応用

(1) 定性分析

ラマンスペクトル分析法による定性分析は赤外吸収スペクトル分析法の項で述べた方法とほぼ同じである。特に，ラマン測定でのみ得られる情報として，赤外吸収スペクトル分析法では測定しにくい水溶液試料の分析，偏光解消度を利用した振動モードの帰属，共鳴ラマン散乱を利用した方法があげられる。

(2) 定量分析

ラマンスペクトル分析法による定量分析も赤外吸収スペクトル分析法の場合とほぼ同じであるが，ラマン散乱強度と物質の濃度との間の関係式は異なり

$$I = scVI_0$$

と表される。ここで，I はラマン散乱強度，c は試料の濃度，V は試料の容積，I_0 は入射光の強度，s は散乱係数とよばれる比例定数である。また，注目しているラマンバンドに n 個の成分が共存する場合は

$$I = \sum_{i=1}^{n} s_i c_i V I_0$$

と表される。共鳴ラマン散乱を用いれば，きわめて微量の分析も可能である。

ラマン散乱強度を精密に求めるには最小二乗法によるピーク分離を行う。バンドの形はガウス関数，ローレンツ関数，あるいはそれらを組み合わせた関数で近似する。よく使われるガウス-ローレンツ関数は次の式で表される。

$$I(\nu) = I(\nu_0)[\exp\{-4\ln 2((\nu-\nu_0)/\sigma)^2\}\{1+(\nu-\nu_0)/\sigma\}^{-1}]^{1/2}$$

ここで，ν_0 はピーク位置の波数，$I(\nu_0)$ は波数 ν_0 におけるピークの高さ，σ はバンドの半値幅を表す。$I(\nu_0)$，ν_0，σ を独立パラメーターとして，実測値と計算値が一致するように計算機を用い最小二乗法により最適化する。

図3-25は水銀（II），カドミウム（II），亜鉛（II）のテトラチオシアナト錯体の水溶液のラマンスペクトルである。チオシアン酸イオン（SCN^-）はS原子とN原子のどちらでも金属イオンに配位することができる。各錯体のC-S伸縮振動に帰属されるバンドの波数シフトを調べることにより，各金属イオンに配位している原子を同定することができる。各バンドを最小二乗法でピーク分離した結果，遊離のチオシアン酸イオンでは747 cm^{-1} に，水銀（II）イオンでは低波数側710 cm^{-1} に，亜鉛（II）イオンでは高波数側821 cm^{-1} にC-S伸縮振動のピークが観測された。このことから，チオシアン酸イオンは，水銀（II）イオンにはS原子で，亜鉛（II）イオンにはN原子で結合していることがわかる。一方，カドミウム（II）イオンでは，高波数側779 cm^{-1} と低波数側732 cm^{-1} にC-Sバンドが観測されるので，チオシアン酸イオンがカドミウム（II）イオンにN原子で結合しているものとS原子で結合しているものとの両方存在することがわかる。

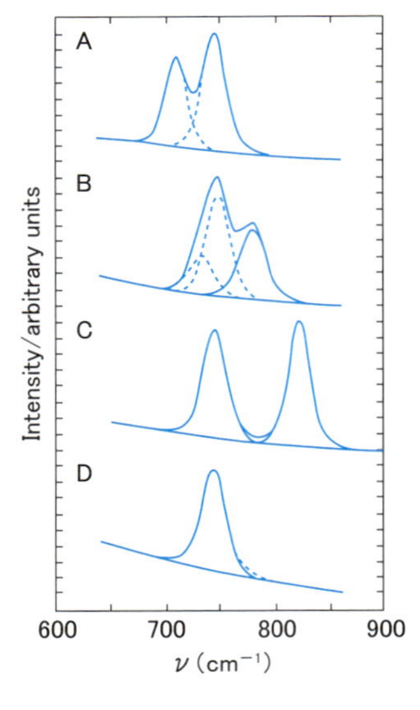

図 3-25　テトラチオシアナト-水銀（Ⅱ）(A)，-カドミウム（Ⅱ）(B)，-亜鉛（Ⅱ）(C)，およびアンモニウムチオシアナト（D）各水溶液のC-S 伸縮振動バンドのラマンスペクトル
（T. Yamaguchi, K. Yamamoto and H. Ohtaki, *Bull. Chem. Soc. Jpn.*, **58**, 3235 (1985)）

(3) アルミナ担持モリブデン（Mo）触媒表面の評価

モリブデン酸アンモニウム水溶液をアルミナに含侵し乾燥した触媒と，これを500℃で熱処理した触媒のラマンスペクトルをそれぞれ図 3-26 と図 3-27 に示す。熱処理前の Mo 触媒の表面に存在するモリブデンは $Mo_7O_{24}^{6-}$ に近い構造を示し，モリブデンが表面で凝集していることがわかる。熱処理後のスペクトルには新しく MoO_3 に由来するピークが 667，819，および 995

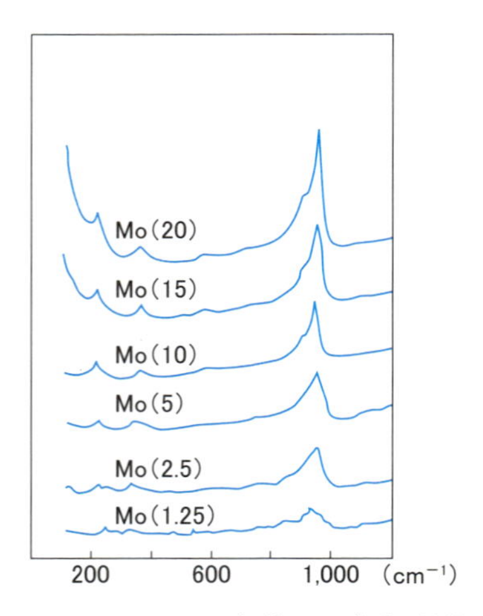

図 3-26　アルミナ担持モリブデン触媒の乾燥後のラマンスペクトル
（　）内は Mo の % を示す。5～1.25 % Mo 試料は感度を 3 倍にして測定。

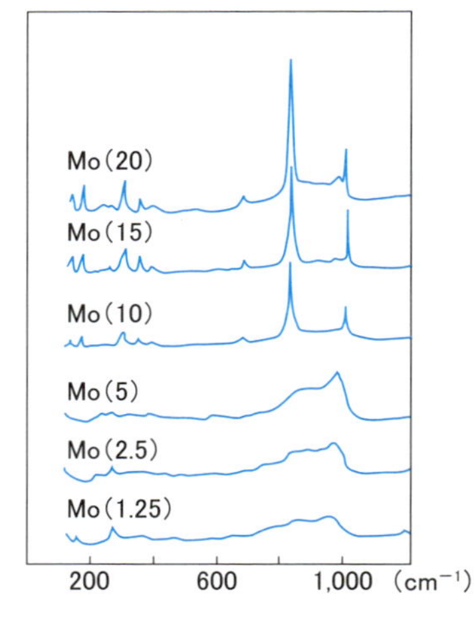

図 3-27　アルミナ担持モリブデン触媒 500℃熱処理後のラマンスペクトル
（　）内は Mo の % を示す。5～1.25 % Mo 試料は感度を 3 倍にして測定。
（C. P. Cheng, J. D. Ludowise, G. L. Schrader, *Appl. Spectr.*, **34**, 146 (1980)）

cm^{-1} に現れている。これらのピークはモリブデンの濃度の増加とともに成長していることがわかる。

赤外吸収スペクトル分析法では触媒自身の強い吸収のため低波数領域の測定ができないが，ラマンスペクトル分析法ではこの例のようにかなり低波数領域でも測定できるので触媒や固体の表面のキャラクタリゼーションが可能である。

(4) ヘモグロビンの共鳴ラマンスペクトル

血液中にあるヘモグロビンは分子量約64500のヘムタンパク質である。ポルフィリンの鉄(Ⅱ)錯体であるヘムの第6配位部に酸素を可逆的に結合して，血液中における酸素運搬体としての役割を果たしている。ヘムグループは400 nm付近と550 nm付近に π-π^* 吸収帯をもつので，これらの波長領域に近い波長の励起光をヘモグロビンにあてれば共鳴ラマンスペクトルが観測できる。図3-28は，アルゴンレーザーの514.5 nmと457.9 nmの波長を用いて測定した，オキシ型（ヘム濃度は0.68 mM）とデオキシ型（ヘム濃度は0.34 mM）のヘモグロビンの共鳴ラマンスペクトルである。図中の括弧の中の記号p，dp，apは，それぞれ偏光解消度 ρ が $0 < \rho < 3/4$（全対称振動），

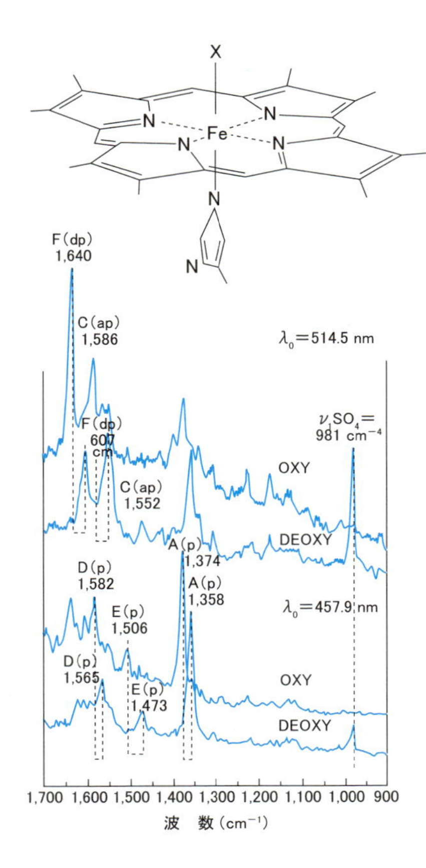

図3-28　514.5 nmと457.9 nm（いずれも出力約40 mW）によるオキシ型ヘモグロビン（ヘム測定で0.68 mM）とデオキシ型ヘモグロビン（0.34 mM）の共鳴ラマンスペクトル（デオキシ型ヘモグロビン溶液には0.4M $(NH_4)_2SO_4$ を含み，981 cm^{-1} のラマン線は，その SO_4^{2-} 全対称伸縮振動（ν_1）に帰属される）
（T. G. Spiro, T. C. Strekas,, *J. Am. Chem. Soc.*, **96**, 338 (1974)）

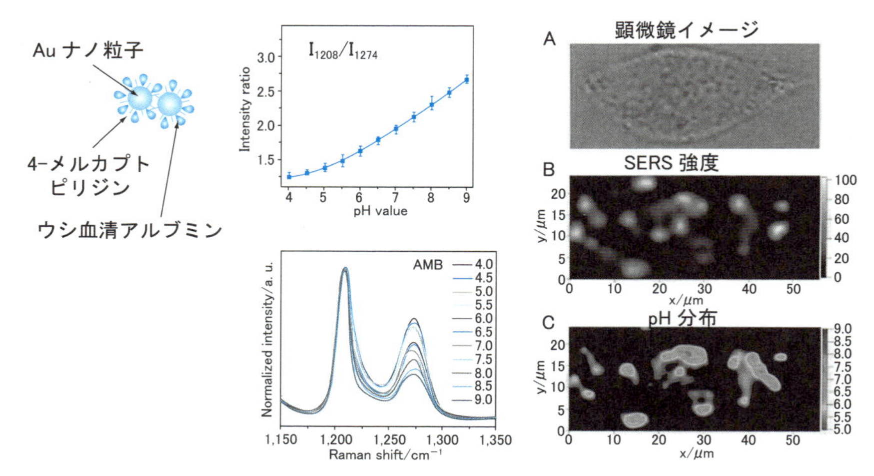

図 3-29　BSA で保護した金ナノ粒子 SERS スペクトルによるがん細胞内 pH の測定
(XS. Zheng, P. Hu, Y. Cui, C. Zong, JM. Feng, X. Wang, B. Ren, *Anal. Chem.*, **86**, 12250 (2014))

$\rho = 3/4$, $3/4 < \rho < \infty$（非全対称振動）を表す。図中に A, C～F のラマン線は，オキシ型からデオキシ型にかわるとかなり低波数側にシフトしていることがわかる。これらのシフトの原因は，低スピン型（オキシ型）では鉄イオンはヘム面内に位置するのに対して，高スピン型（デオキシ型）では鉄イオンは第 5 配位子であるヒスチジン残基の方向に約 0.6 Å 変位することや，結合していた酸素の離脱によってポルフィリン環の電子密度が変化することによると考えられている。このように共鳴ラマンスペクトルは生体試料のような微量成分の同定，構造解明に役立っている。

(5) BSA で保護した金ナノ粒子 SERS スペクトルによる癌細胞内 pH の測定

図 3-29 は，pH 応答分子として 4-メルカプトピリジンと，生体適合性を持たせるためのウシ血清アルブミン（BSA）を表面に結合させた金ナノ粒子（AMB）を用いて，生体細胞中の pH 測定を試みた研究結果を示す。AMB を含むバルク溶液中の pH を変化させた SERS スペクトルを示す。SERS スペクトルの強度は 1208 cm^{-1} の強度に規格化されている。1274 cm^{-1} バンドは顕著な pH 依存性を示している。癌細胞は正常細胞に比べて pH が低いことが知られており，細胞内 pH を測定することは医学的にも極めて重要である。AMB を 4 時間培養した子宮頚部癌細胞(A)の SERS スペクトルから得られた 1208 cm^{-1} と 1274 cm^{-1} とのピーク強度比のイメージング(B)と，ピーク強度 *vs* pH の検量線を用いて得られた細胞内の pH 分布のイメージング(C)が示されている。

(6) 分裂酵母生細胞のマルチプレックス CARS イメージング

図 3-16 の CARS において，ストークス光 ν_2 に広い振動数分布をもつ光源を用いると，$\nu_s = 2\nu_1 - \nu_2$ より試料分子のもつ複数の振動モード ν_s に共鳴す

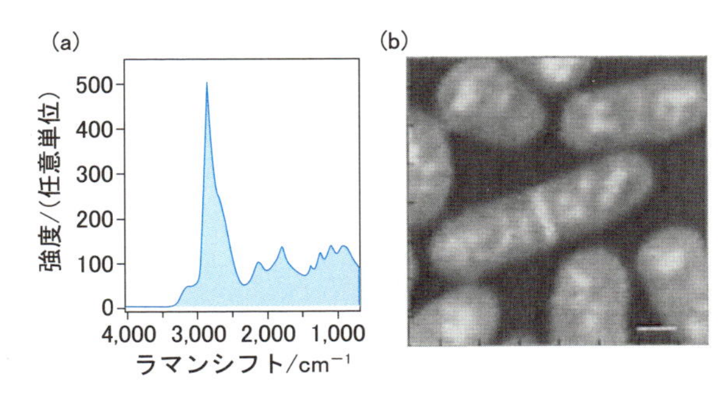

図 3-30　(a)分裂酵母生細胞のマルチプレックス CARS スペクトル，(b)2850 cm^{-1} の C-H バンド成分を分離しイメージング．右図下のスケールバーは 2 μm.
（加納英明，濱口宏夫，ぶんせき，**6**, 270 (2008)）

るマルチプレックス CARS 光が発生する。図 3-30(a) に，分裂酵母 (Schizosacharomyces pombe) 生細胞のマルチプレクス CARS スペクトルを示す。露光時間は 100 ms である。2,850 cm^{-1} に観測されるピークは，リン脂質，タンパク質，多糖類に含まれる C-H 伸縮振動に帰属される。この CARS 信号強度をイメージングしたものが図 3-30(b) である。白い部分が信号強度の強い部分であり，これらは細胞中で，リン脂質を多く含むミトコンドリア等の膜系オルガネラに由来している。また，細胞中心部には，多糖類からなる隔壁が存在することがわかる。また，CARS スペクトルは高速測定が可能であり，分裂酵母生細胞の細胞分裂過程も可視化されている。

演　習　問　題

問題 1

振動準位 (v) 間のエネルギー差が 10^3 cm^{-1} である二原子分子において，室温における $v=0$ および $v=1$ の状態での分布の割合をしらべ，この条件での赤外線吸収スペクトルを $v=0$ から $v=1$ への遷移に基づくものとして取り扱うことの可否を述べよ。

問題 2

ホルムアミド (H_2NCHO) の赤外線吸収スペクトルを測定し，その吸収帯の一部を次に示す。

3,300，3,190，2,880，1,688，1,605，1,092，600 cm^{-1}

これらの振動数は次のどの振動モードに対応すると考えられるか。

1) C=O 伸縮　2) C-H 伸縮　3) NH_2 対称伸縮　4) NH_2 逆対称伸縮
5) NCO 変角　6) NH_2 変角　7) NH_2 横ゆれ振動

また，重水素化ホルムアミド (D_2NCDO) では ND_2 伸縮および CD 伸縮振動による吸収はどのあたりにあらわれると予想されるか。

問題 3

原子 A と B からなる分子 AB_2 の分子構造として直線状の B—A—B か B—B—A が考えられるとき，

1）これらの分子の基準振動モードを示し

2）赤外およびラマンスペクトルを用いて

どのように構造決定しうるかを述べよ。

問題 4

次頁のスペクトル A〜E はいずれも分子式 $C_6H_{12}O$ で示される化合物のものである。どのスペクトルがつぎのどの化合物に相当するか解析せよ。

1）2-ヘキサノン，2）ヘキサナール，3）1-ヘキセン-3-オール，

4）シス-3-ヘキセン-1-オール，5）***n***-ブチルビニルエーテル

3,400 cm^{-1} 付近（OH），1,700 cm^{-1} 付近（C=O），1,200 cm^{-1} 付近（ビニルエーテル）

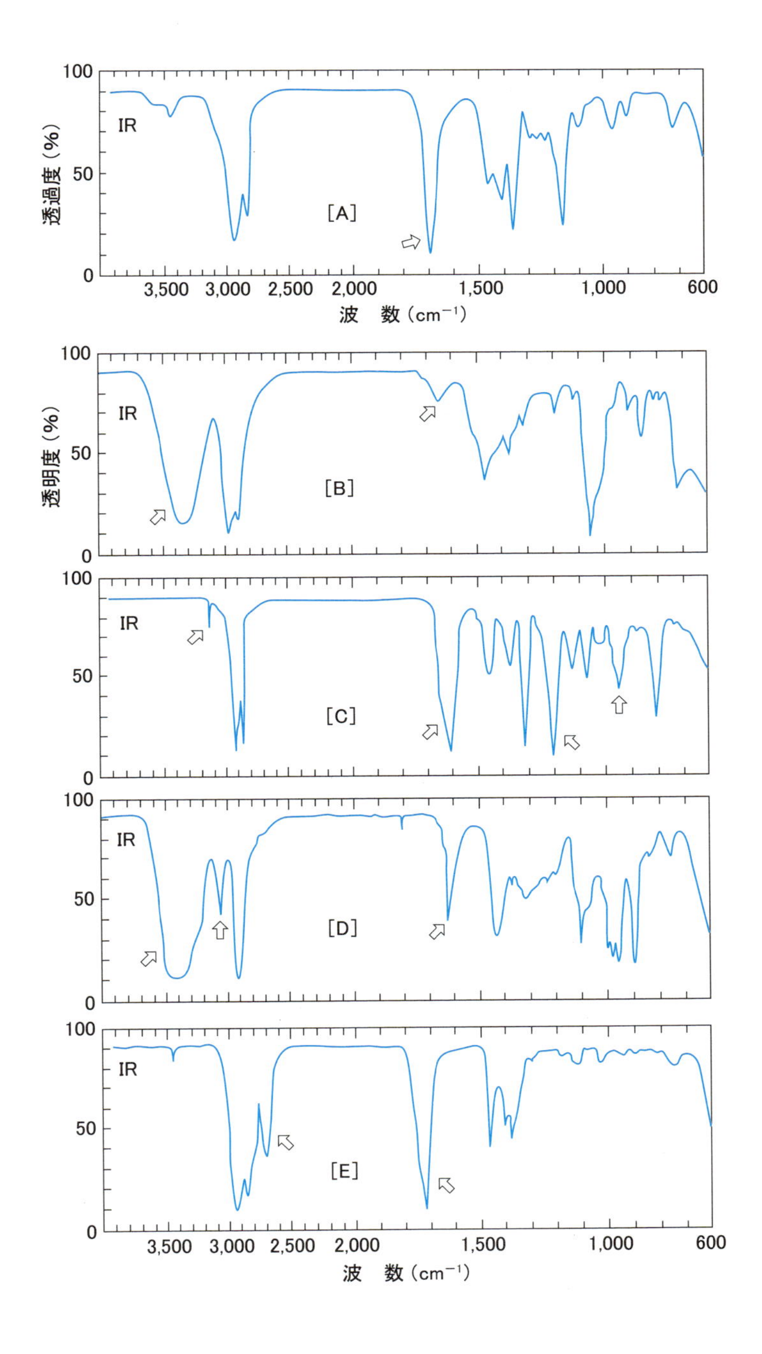
100
IR
透過度（%）
50
[A]
0
3,500 3,000 2,500 2,000 1,500 1,000 600
波　数（cm⁻¹）
100
IR
透明度（%）
50
[B]
0
100
IR
50
[C]
0
100
IR
50
[D]
0
100
IR
50
[E]
0
3,500 3,000 2,500 2,000 1,500 1,000 600
波　数（cm⁻¹）

4 原子吸光分析，フレーム分析および発光分光分析（ICP 発光分析）および ICP 質量分析

原　理

原子吸光分析：試料を化学炎などで熱解離し，生成した基底状態の原子蒸気に，特定波長の光を照射したとき起こる原子の吸光現象を利用して分析する。

フレーム分析：試料を化学炎で熱解離したとき，生成した励起状態の原子（分子を含む）が，より低いエネルギー状態に戻る際に放射する発光スペクトル線の波長位置と発光強度から定性・定量分析する。

発光分光分析：試料をアーク，スパークまたは ICP 放電により励起状態の原子またはイオンを生成し，これらが放射する発光スペクトル線の波長位置と発光強度から定性・定量分析する。

ICP 質量分析：ICP 放電により生成したイオンを質量分析器で定性・定量分析する。

特　徴

原子吸光分析：共存イオンの妨害が少なく，選択性がよいため，ほとんどの金属元素の高感度分析に用いることができる。

フレーム分析：化学炎の温度が低いため，励起エネルギーの低いアルカリおよびアルカリ土類金属元素の分析に適している。

発光分光分析：放電法では高温が得られるためほとんどの金属元素が励起され，多元素同時分析ができる。とくに，ICP 発光分析法は高感度で，微量から極微量の多元素同時定量分析に適している。現在，無機分析の最も汎用的手法の 1 つとして幅広く利用されている。

ICP 質量分析：高感度で極微量分析法として最も優れた分析法であり，質量分析計を用いるために，ppt レベルの超高感度分析が可能である。

基底状態の原子はその原子がとりうるエネルギー状態に対応したエネルギー（光）を吸収して励起状態の原子になる。逆に励起状態にある原子は，そのエネルギーに対応した光を放射して基底状態に戻る。ここで，原子は量子化された種々の励起状態をとりうるので，数多くの原子固有のスペクトル線を与える。

さて，原子による吸光現象はすでに19世紀のはじめ，太陽スペクトル線の吸収線（暗線），すなわちフラウンホーファー線（Fraunhofer lines）として知られていたが，この原理が，原子吸光分析装置として開発されたのは1950年代のことである。すなわち原子吸光分析法は，分析目的元素を含む試料を炎あるいは電気熱により解離し基底状態の原子を生成し，この原子蒸気層にこの原子と同種の元素から放射された光を照射して，この原子によって吸収された光の強度を測定することにより，試料中の元素の濃度を求める方法である。

一方，フレーム分析および発光分光分析は炎または電気放電（アークおよびスパーク放電）によって生成した励起状態の原子（イオンを含む）が放射する原子スペクトル線の波長位置から定性分析を，特定波長のスペクトル線の発光強度から定量分析を行う方法である。フレーム分析法はBunsenとKirchhoffによって19世紀中頃，炎色反応でよく知られているように金属元素の定性分析に用いられたのがはじまりである。また，発光分光分析法は19世紀後半，スパーク発光法により定量分析にも用いられたが，おもに定性分析用の装置として利用されてきた。その後，原子の電子構造に関する理論の進展と，発光強度を測定する写真測光法や光電測光法が開発され，多元素同時定性・定量分析法として発展してきた。近年，ICP放電を用いると安定な発光が達成されることから，微量元素の高感度分析が可能となり，ICP発光分析法が多用されている。

さらに，ICP放電に質量分析器を組み合わせたICP質量分析法は，生成したイオンを対象としており，ICP発光分析による定量下限を飛躍的に向上させている。

4.1 原子吸光分析

4.1.1 概　　要

基底状態にある原子はその原子に特有の波長の光を吸収して励起状態に励起される。原子吸光分析法はこの現象を利用している。すなわち，フレームなどにより試料を原子蒸気化し，その原子蒸気層に適当な波長の光を照射する。その際原子によって吸収された光の強さを光電測光などにより測定し，これより試料中の元素濃度を定量する方法である。

この方法はほとんどの金属元素の微量から極微量の定量分析に使用でき，

試料の形態に依存しない特徴をもっている。また，共存元素やイオンの影響は比較的小さく，選択的な分析法であるが，多元素を同時に分析できないので定性分析には適さない。

4.1.2 原　　理

原子吸光分析における吸光度と濃度との関係は吸光光度分析と同じく，ランベルト-ベールの法則が成り立つ。

いま，振動数 ν，強度 I_0 の光源からの放射が厚さ l（cm）の原子蒸気層を透過して，原子の吸収により強度が I になったとすると

$$I = I_0 e^{-K_\nu l} \tag{4-1}$$

の関係がある。ここで，K_ν は振動数 ν における吸収係数で，ν によって異った値をもつ。透過光の強さは振動数分布をすることから，K_ν は ν の関数となる。そこで K_ν に関する積分吸収係数 $\int K_\nu \mathrm{d}\nu$ の値は次式で表わされる。

$$\int K_\nu \mathrm{d}\nu = \frac{\pi e^2}{mc} N_\nu f \tag{4-2}$$

ここで，e は電子の電荷，m は電子の質量，c は光速度，N_ν は $\nu \sim \nu + \mathrm{d}\nu$ の範囲で吸収にあずかる原子数（原子数/$\mathrm{cm^3}$），f は振動子強度で基底状態と励起状態との間の遷移確率であり，この値が大きくなるほど遷移が起こりやすくなる。元素に固有の定数と考えてよい。

一方，フレームなどにより原子化された原子は一部励起状態（N_j）にあり，基底状態の原子数（N_0）とはボルツマン分布に従う。

$$N_j = N_0 \frac{g_j}{g_0} e^{-E_j/kT} \tag{4-3}$$

ここで，g_0，g_j は基底状態と励起状態の統計的重率，E_j は励起エネルギー，k はボルツマン定数，T は絶対温度である。

さて，温度が高くなると励起状態にある原子数は多くなるが，原子吸光分析で用いるフレーム温度は3000℃以下の場合がほとんどであるため，励起状態にある原子数は基底状態にある原子数に対して無視することができる。それゆえ，N_0 は全原子数 N に等しいとみなせる。さらに，原子吸光分析では光源として原子吸光スペクトルよりも線幅の狭い輝線スペクトルを用いるので，積分吸収率 $\int K_\nu \mathrm{d}\nu$ を求める代わりに原子吸光スペクトルの中央における吸収率 K_{max} を測定して N を求める。試料中の目的元素の濃度 c とフレーム中の原子数 N とは測定条件が一定であれば比例関係にあるから，N が求められれば，濃度 c が求まる。

原子吸光分析において，原子蒸気による吸収の度合は吸光光度法と同じく吸光度または透過パーセントで表わす。

$$\text{吸光度}\quad A = \log(I_{0\nu}/I_\nu) \tag{4-4}$$

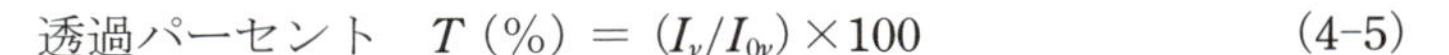

$$\text{透過パーセント} \quad T\,(\%) = (I_\nu / I_{0\nu}) \times 100 \qquad (4\text{-}5)$$

式 (4-1) と (4-4) から

$$A = 0.4343\,K_\nu \cdot l$$

K_{max} を用いると

$$A = K_{max} \cdot l \qquad (4\text{-}6)$$

K_{max} を試料中の目的元素の濃度 c で除した値を原子吸光係数 E_{AA} で表わすと，式 (4-6) は

$$A = E_{AA} \cdot c \cdot l \qquad (4\text{-}7)$$

で与えられる。E_{AA} は振動数 ν において，原子に固有の定数であるから，l が一定であれば A を求めることにより濃度 c が決定できる。

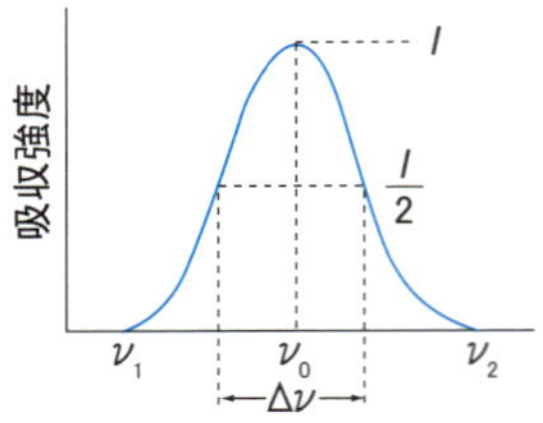

図 4-2　原子吸光スペクトルの形

4.1.3 装　　置

原子吸光分析装置は，光源部，試料原子化部，分光部および測光部から構成されており，単光束型と複光束型とがある。市販装置では単光束型のものが多い。フレームを用いた装置の概略図を図 4-1 に示す。分光部・測光部は分光光度計に用いられているものと共通する部分が多い。

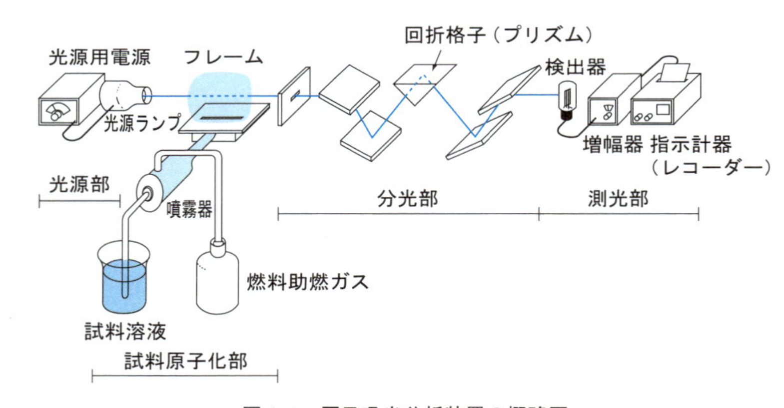

図 4-1　原子吸光分析装置の概略図

(1) 光　源　部

原子蒸気に連続光を照射したとき，原子の運動に基づくドップラー効果（約 0.001 nm）や原子間の衝突に基づく効果（約 0.002 nm）によって原子吸光線（約 10^{-5} nm）は，ある程度の幅をもった原子吸光スペクトルが得られる（図 4-2）。いま，光源として連続光を用いた場合，普通のモノクロメーターでスリットを最小にしてもスペクトル透過幅は原子吸光スペクトルの幅よりもかなり大きく，吸収された光を検知する効率は非常に悪くなる。そこで，原子吸光分析においては，光源として吸光スペクトルの線幅よりも狭い共鳴線を放射する中空陰極ランプ（hollow cathode lamp）（図 4-3）や，放電ランプが用いられる。

中空陰極ランプ

図に中空陰極ランプの一例を示す。これには陽極，中空陰極，および低圧（数 mmHg）の不活性ガス（Ne または Ar ガス）が封じ込まれており，陰極は分析対象の単一元素あるいはその元素を含む合金で作られている。ここで，電極間に 300〜800 V の電圧をかけると放電が起こり，生じた希ガスイオンが陰極をたたいて，金属原子が陰極から遊離する。これがさらに希ガスイオンと衝突し励起原子が生成する。この励起原子が基底状態に戻る際に，金属原子に固有の発光スペクトル（輝線スペクトル）を生じ，これを光源として用いている。なお，ランプを点灯する電源として直流式と交流式がある。直流式では，フレームや目的元素の発光に基づく妨害を除くために，光源とフレームとの間にチョッパーを入れて変調し，得られる交流部分を増幅する方法がとられている。

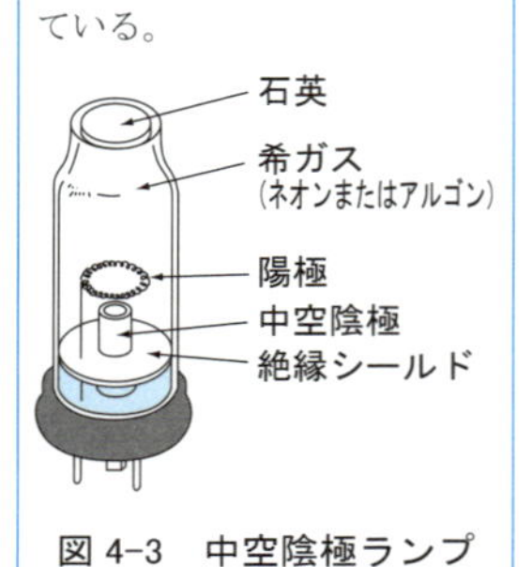

図 4-3　中空陰極ランプ

(2) 試料原子化部

原子吸光分析では試料中に存在するイオンまたは分子を熱解離させ，原子蒸気を生成させる。試料を原子化する方法はバーナーを用いた化学炎によるフレーム法と，黒鉛炉または金属アトマイザーを用いるフレームレス法に大別できる。

1) フレーム法

バーナー　溶液状態の試料をフレーム中に噴霧して原子蒸気を生成する方法で，バーナーとして予混合バーナーと全噴霧バーナーがある。一例を図 4-4 に示す。静かで安定なフレームが得られる予混合バーナーが多く用いられている。試料溶液は噴霧器内に助燃ガスで吸入され霧状となる。そのうちの微粒子のみが混合された助燃ガスと燃料ガスとともにバーナーヘッドに導入される。なお，粗い粒子は噴霧室に残りドレインとして排出される。バーナーヘッドには感度を高くするため光束方向に 50～100 mm の長さをもったスリット（幅 4～10 mm）があり，ラミナー状のフレームが得られる。スポイラーはできるだけ均一な微粒子をバーナーに送るために設けてあるが，この方式では試料溶液のかなりの部分が排液となる。また，試料を効率よく霧状にするため噴霧室を加熱できるようにした装置もある。

一方，全噴霧バーナーでは，試料溶液を直接バーナーのフレーム中に導入する方式で，試料の導入率は高いが安定なフレームが得られない欠点がある。

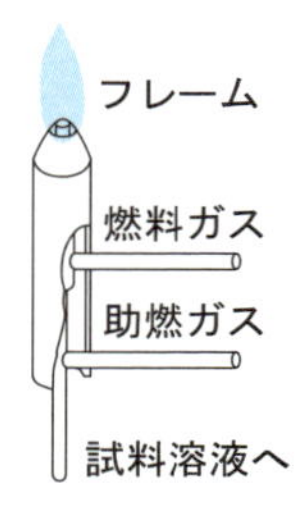

(a) 全噴霧バーナー

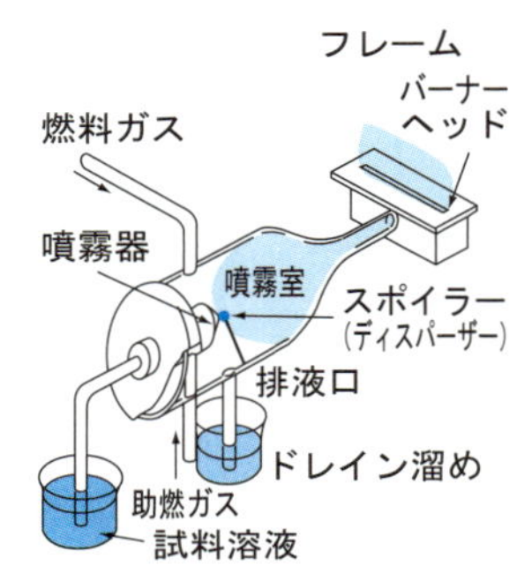

(b) 予混合バーナー

図 4-4　バーナーの例

2) フレームレス法

化学炎の代わりに電気的に加熱して試料を原子化する方法で，一般に黒鉛炉が用いられる。一例を図 4-5 に示す。注入された試料溶液をまず 100℃近くで蒸発乾固させる。さらに温度を上げて高沸点の溶媒や塩類を蒸発させ，有機物を熱分解させる。続いて急速に温度を上昇させて原子化する。この際，黒鉛炉の内部にアルゴンガスを流して黒鉛の酸化を防ぐ。この原子化装置では原子蒸気がフレーム法の場合のように希釈されないので，少ない試料量にもかかわらず定量下限は低い。ただし，黒鉛炉を均一に加熱することが難しく，炭化物の生成による原子化効率の低下や，バックグラウンドが大きいなどの欠点がある。これを改良するため，高融点金属（タンタルやタングステン）を用いた金属アトマイザーが開発されている。

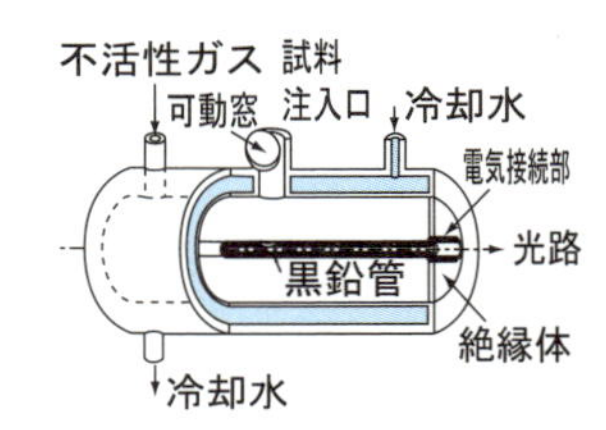

図 4-5　黒鉛炉原子化装置の一例

3) その他の原子化装置

水銀の蒸気圧は室温でもかなり高いので，水銀を含む試料を塩化第一スズ（$SnCl_2$）で還元したのち，水銀蒸気を原子吸光分析装置の光路に導いて，室温で分析する方法がある。これを還元気化法とよんでいる。

(3) 分　光　部

光源ランプから放射される輝線スペクトルの中で目的元素の共鳴線だけを分離するために，プリズムや回折格子を備えた分光器が用いられる。

放電ランプ

ナトリウム，カリウム，カドミウム，ヒ素，水銀などの低沸点元素では，無電極放電ランプも光源として用いられる。これは金属あるいは金属塩と低圧の不活性ガスを石英管中に封入し，高周波をかけることによって励起金属原子を生成するようになっており，放射強度は高い。

その他の光源

連続光源として光強度の高い重水素放電管やキセノンランプが用いられるが，吸光感度を上げるために高分解能の分光器を用いる必要がある。

フレームの種類と温度

助燃ガスと燃料ガスの組み合わせにより，表 4-1 に示すような温度のフレームが得られる。一般には空気-アセチレンと酸化二窒素-アセチレン系がよく用いられる。

表 4-1　フレームの種類と温度

助燃ガス	燃料ガス	最高温度 (℃)
空　気	プロパン	1700
空　気	水　素	2100
空　気	アセチレン	2300
酸　素	アセチレン	3100
酸化二窒素	アセチレン	3000

(4) 測　光　部

検出器，増幅器および指示計器から構成されており，原子蒸気によって吸収された光の吸収強度を測定する装置で，分光光度計に用いられているものとほとんど同じである。検出器としては光電子増倍管が最もよく用いられる。

4.1.4 測　定　法

(1) 試料の調製

フレーム法では試料は溶液として測定される（フレームレス法では固体試料も可能である）。一般に溶媒として水がよく用いられるが，可燃性の有機溶媒も用いることができる。

分析試料が水溶液の場合には適当な濃度に希釈してそのまま測定することができる。固体試料の場合は適切な前処理（湿式または乾式分解など）をしたのち可溶化して溶液とし測定する。

標準溶液は分析試料中の目的元素の濃度に応じて適当な濃度をもつ標準溶液列数個を調製する。また，液性（pH，粘性）が分析試料溶液と似ているように調製する。共存物質が含まれているときも，干渉を避けるためよく似た組成の標準溶液とするのがよい。さらに，原子吸光分析法は高感度分析法であるから，用いる試薬，溶媒，器具や環境からの汚染をできるだけ除去することが大切である。

(2) 測定条件の選定

フレームを用いた原子吸光分析では次のような点に注意して測定条件を選定する。各元素に対しよく用いられる分析線の波長とフレームの種類および感度を表 4-2 にまとめて示す。

1) フレームの選定　試料溶液をフレームに導入すると，次のような過程で原子蒸気が生成する。

まず，試料溶液は噴霧室で微細な液滴となりフレーム中で溶媒の蒸発が起こり，固体微粒子となる。続いて熱解離により原子蒸気が生成する。この際，一部はイオン化されたり，存在するイオンや燃料ガスから由来する酸素ラジカルなどと再結合して酸化物や水酸化物分子が生成し，これらの平衡状態にあると考えられる。本法は原子蒸気による吸光を測定するのであるから，できるだけイオン化や分子化合物の生成を抑制し，効率よく原子蒸気を生成するような条件を選定する必要がある。高温のフレームを用いると，イオンや励起原子の生成する割合が高くなるから，目的元素の性質に応じたフレームを選ぶことが大切である。

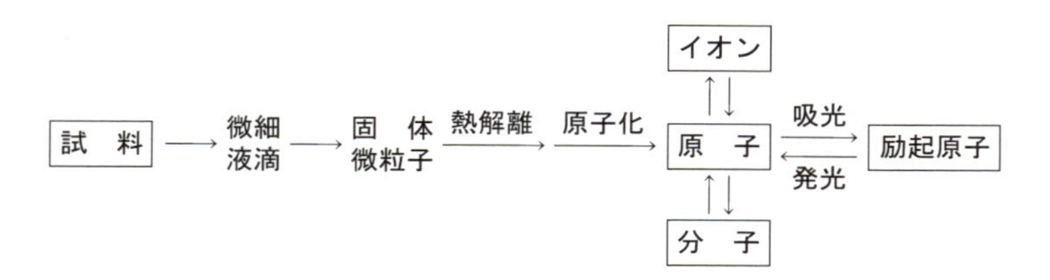

表 4-2　原子吸光分析の分析線，感度とフレームの種類

元素	波長 (nm)	感度[1] (μg/mL)	フレーム[2]	元素	波長 (nm)	感度[1] (μg/mL)	フレーム[2]
Ag	328.1	0.08	A	Mo	313.2	0.4	B
Al	309.3	1.0	B	Na	589.0	0.04	A
As	193.7	1.0	C	Nb	334.4	20	B
Au	242.8	0.5	A	Nd	463.4	10	B
B	249.8	30	B	Ni	232.0	0.1	A
Ba	553.6	0.2	B	Os	290.9	1.0	B
Be	234.9	0.03	B	Pb	217.0	0.3	A
Bi	223.1	0.7	A	Pd	247.6	0.3	A
Ca	422.7	0.03	A	Pr	495.1	13	B
Cd	228.8	0.04	A	Pt	265.9	2	A
Co	240.7	0.1	A	Rb	780.0	0.2	A
Cr	357.9	0.1	A	Re	346.0	15	B
Cs	852.1	0.5	A	Rh	343.5	0.4	A
Cu	324.7	0.1	A	Ru	349.9	2	A
Dy	421.2	0.7	B	Sb	217.5	1.0	A
Er	400.8	0.9	B	Sc	391.2	1.0	B
Eu	459.4	0.8	B	Se	196.0	2	C
Fe	248.3	0.1	A	Si	251.6	1.0	B
Ga	287.4	1.0	A	Sm	429.7	10	B
Gd	368.4	20	B	Sn	224.6	0.5	B
Ge	265.2	2.0	B	Sr	460.7	0.2	A
Hf	307.3	10	B	Ta	271.5	10	B
Hg	253.7	1.0	A	Tb	432.6	7.5	B
Ho	410.4	2.0	B	Te	214.3	2	A
In	303.9	0.4	A	Ti	364.3	1.0	B
Ir	264.0	0.8	A	Tl	276.8	0.2	A
K	766.5	0.1	A	V	318.4	1.0	B
La	550.1	30	A	W	400.9	35	B
Li	670.8	0.07	A	Y	407.7	2.0	B
Lu	331.2	15	B	Yb	398.8	0.2	B
Mg	285.2	0.008	A	Zn	213.6	0.04	A
Mn	279.5	0.05	A	Zr	360.1	20	B

1）1%の吸収を示す濃度。
2）A：空気-アセチレン，B：酸化二窒素-アセチレン，C：空気-水素

一般に空気-アセチレンのフレームがよく用いられ，多くの元素が検知できる。また，分析線の波長が短波長にあるヒ素やセレンなどに対しては，空気-水素フレームが適している。酸化二窒素-アセチレンのフレームは高温が得られるため，解離エネルギーの高い耐火性酸化物を生成する元素に用いられる。さらに，助燃ガスと燃料ガスの流量比を調節することによりフレーム温度をコントロールすることも可能である。

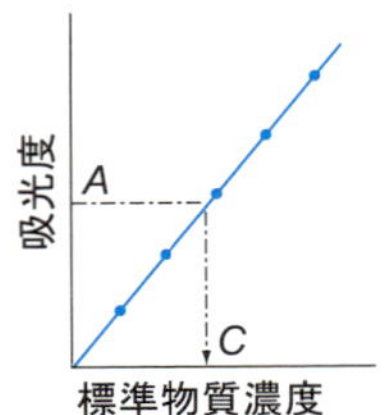

（a） 絶対検量線法

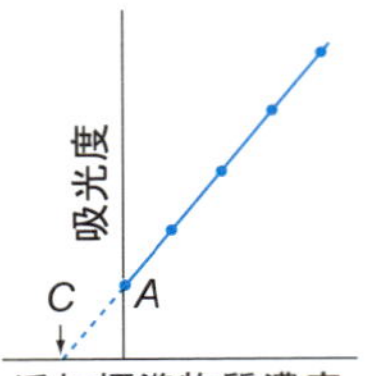

（b） 標準添加法

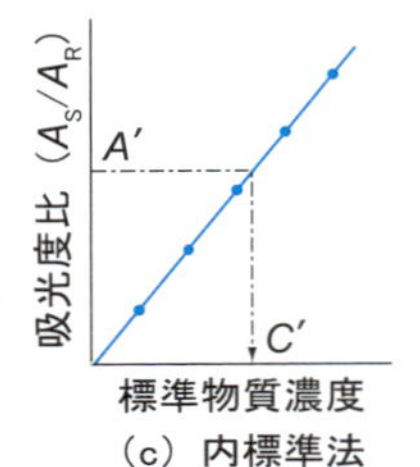

（c） 内標準法

A ：分析試料溶液の吸光度
A'：分析試料溶液の吸光度比
C ：目的元素の濃度
A_S：目的元素の吸光度
A_R：内標準元素の吸光度

図 4-6　各種検量線法

絶対検量線法

試料中の目的元素の濃度（推定）に応じて，既知濃度の標準溶液を段階的に数個調製し，これらの吸光度を測定して濃度との関係をプロットして検量線を得る。標準溶液はできるだけ分析試料の液性に近いようにする。目的元素以外の元素が多量含まれているときは，干渉による妨害を相殺するために，標準溶液にも添加する。

2）分析波長線の選択　スペクトル線の中で共鳴線が最も感度が高いので分析線とする場合が多いが，共存物質の吸収が近接しているときには他の波長のスペクトル線を用いる。また，目的元素が比較的高濃度で存在するときは，感度の低いスペクトル線を分析線とするとよい。たとえば，Ni の 232.0 nm 線は最も感度が高いが，231.6 nm の Ni イオン線との分離が難しいので感度の低い Ni 341.48 nm 線を分析線とすることがある。

3）光源ランプの電流値　ランプの電流値を大きくすると発光強度は増すが，自己吸収のため逆に感度が悪くなる。また，ランプの劣化を速めることになるので，安定で変動のない発光強度が得られる最小の電流値で作動するとよい。

4）分光器のスリット幅　スリット幅は分析線を分離できる範囲内で広い方が良好な S/N 比（シグナル/ノイズ比）が得られる。

5）光路位置　フレーム中の原子蒸気は濃度分布をもっているので，光源からの光束が最適位置を透過するようにバーナーの位置を調節する。実際には吸光度を測定しながら調節する。

（3） 検量線の作成

原子吸光分析では，試料中の目的元素の濃度は標準溶液を用いて作成した検量線から決定する。（図 4-6）に示す三種類の方法がある。

（4） 干　　渉

測定値に影響を与える現象を干渉といい，原子吸光分析では，その原因から分光学的干渉(p. 67 参照)，物理的干渉(p. 68 参照)および化学的干渉(p. 68 参照)に大別される。

4. 1. 5　原子吸光分析の応用

ほとんどの金属元素が感度よく定量できることから，原子吸光分析法は広い分野で用いられている。たとえば，環境分析においては JIS K 0102 工場排水試験方法で，銅，亜鉛，鉛，カドミウム，鉄，マンガン，クロムなど 15 種類の金属元素の分析法として採用されており，河川水，海水ならびに土壌中のこれら金属元素の定量法が記述されている。また，化学工業の工程分析として金属の成分分析や，化学製品中の金属元素，岩石や鉱石中の重金属元素の分析にも用いられている。さらに農作物，食品および生体試料中の金属元素の分析にも用いられている。最近では，臨床分析の一環として，高速液体クロマトグラフやフローインジェクション装置と組み合わせることにより，前者では生体試料中の重金属の関与する系の状態分析が，後者では血清や尿中の金属元素の定量分析の自動化が進み，短時間で多数の検体を分析することが可能となっている。一方で，多元素同時分析が可能なことと検出感度に優れた ICP 発光分析や ICP 質量分析法が多く用いられている。

ただし，いずれの場合にも微量から極微量金属元素の定量であるから，試料の前処理や共存物質の干渉の有無など試料に応じた適切な分析操作を確立することが重要である。

4.2　フレーム分析

4.2.1　概　　要

フレーム分析法は発光分光分析法の一種であり，試料の励起法にフレームの熱を用いている。この方法は炎色反応でよく知られているように，初期には定性分析法として用いられ，続いて光電測光装置の開発とともに，定量分析法として発展し，おもにアルカリおよびアルカリ土類金属元素の分析に用いられる。他の金属元素に対しては感度が低いことや原子吸光分析装置やICP発光分析装置の発展などにより，最近ではあまり用いられなくなっている。

4.2.2　原　　理

金属塩の溶液を霧化してフレーム中に導入すると，4.1.3項に記述したように，原子蒸気，励起状態の原子，イオンなどが熱的平衡状態で生成する。原子吸光分析法はこのフレーム中に適当な波長の光を照射し，フレーム中に存在する基底状態の原子による光の吸収を測定する方法である。これに対し，フレーム分析法はフレーム中で生成した励起原子（または分子）が下位の準位（おもに基底状態）に遷移するときに生じる元素固有の発光スペクトル線を測定して，スペクトル線の波長位置と強度から定性・定量分析する方法である。すなわち，フレーム中の励起状態の原子も含んだ原子蒸気の濃度は，フレーム条件をほぼ一定に保てば試料中の目的元素の濃度に比例することを利用している。

4.2.3　装　　置

フレーム分析に用いられる装置はバーナーを含む試料導入部，分光部，測光部から構成されている。図4-7にその概略図を示す。

(1) バーナー

バーナーは全消費型と噴霧室を備えた噴霧室型があるが，一般に後者が用いられる。特徴は前節で記したのと同じである。

(2) 光学系とスリット

フレーム中からの発光スペクトルを効率よく分光部に導くため，バーナーの後部に反射鏡を設けてある。フレームからの直接発光と反射鏡で反射された光が集光レンズとスリットを通って測光部に導かれる。スリットは分光器の前後に設けてあり，分光器の前に設けたスリットはフレーム自身の発光などをカットし，目的元素の発光スペクトル線を選光する役目をし，分光器の

標準添加法

試料溶液の一定量を数個分取し，これらに標準溶液の異なる量をそれぞれ加えて目的元素の濃度の異なった溶液列を調製し，吸光度を測定する。添加した標準溶液の濃度と吸光度をプロットして検量線を作成し，吸光度の零の点から試料中の目的元素の濃度を求める。この方法は検量線が良好な直線性を示し，零点を通る場合に適用できる。共存物質の影響が除かれるため，複雑なマトリックスの試料の分析に適している。

内標準法

目的元素の濃度の異なる標準溶液列に，目的元素と物理的・化学的性質の類似した元素の溶液を内標準として一定量添加し，これら二元素の吸光度を同時に測定する。目的元素濃度に対し，二元素の吸光度比をプロットして検量線を作成する。試料溶液にも内標準元素の溶液を同一量加え，吸光度比を測定して分析値を得る。複光路式（2チャンネル）の装置を用いる必要があるが，精度・再現性が向上する。Cu，Mg，MnなどのＭ測定にCdが，またKの測定にLiが内標準として用いられる。

分光学的干渉

測定に用いる分析線（おもに共鳴線）が，ⅰ）他の近接線と完全に分離できないときや，ⅱ）目的元素以外の共存物質によって吸収される場合に生じる干渉である。ⅰ）の場合には他の分析線を用いることで，ⅱ）の場合は標準溶液の組成を試料溶液に近づけることで干渉を抑えるようにする。

物理的干渉

試料溶液の粘度・比重・表面張力など物理的性状によって生じる干渉で，たとえば粘度が高くなると噴霧効率が悪くなり吸光度が減少する。この場合も標準溶液と試料溶液の液性を近づければ干渉を抑えられる。

化学的干渉

フレーム中で起こる化学反応により目的元素の原子蒸気濃度が変化することから生じる干渉で，元素および試料組成に特有のものである。たとえば，イオン化電位の低いアルカリおよびアルカリ土類金属元素の場合，高温フレームを用いると原子の一部は熱エネルギーによりイオン化されて，フレーム中の原子濃度の減少をもたらす。このような場合はフレーム温度の低い化学炎を用いるか，目的元素よりもさらにイオン化されやすい元素を添加してイオン化を抑制する。また，目的元素が共存物質と難解離性の化合物を生成したり，フレーム中で解離エネルギーの大きな酸化物を生成して原子濃度が減少する場合がある。このようなときは，干渉抑制剤の添加，共存物質の除去（溶媒抽出，イオン交換樹脂）などにより妨害を抑制する方法がとられる。

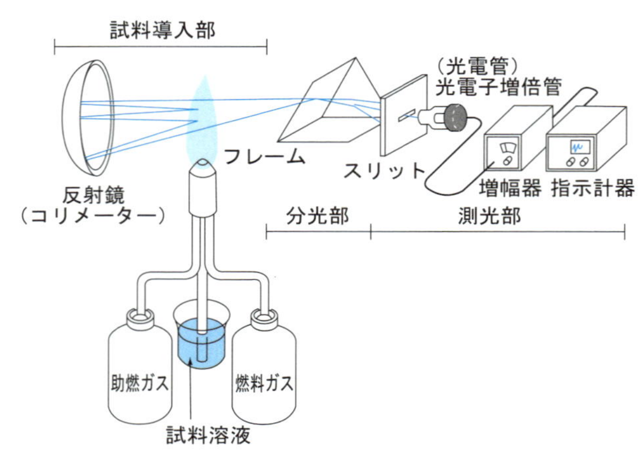

図 4-7　フレーム分析装置の概略図

後に設けたスリットは分光された目的元素の発光スペクトル線のうち，分析波長線を選択する役目をする。

(3) 分　光　部（選光部）

分光器として光学プリズム（ガラスまたは石英プリズム）や回折格子が用いられる。フレーム分析法では，分析対象元素が限られていることおよび比較的励起エネルギーが低いために発光スペクトルの輝線の数が少ないことから，干渉フィルターを用いて選光しても満足な結果が得られる場合が多い。

(4) 測　光　部

測光部では，選光部を透過してきた特定波長の光の強度を電気信号に変換・増幅したのち計測する。高感度な測光を要求されるときは光電子増倍管を検出器として用いるが，光電池を用いた装置もある。

単光路式と複光路式があり，後者では標準試料と目的元素の発光強度を同時に測定できるので，両者の強度比から内標準法による定量分析ができる。

4.2.4 フレームとフレーム中での反応

フレーム分析法では，原子吸光分析法と同様に，助燃ガス（空気，酸素または酸化二窒素）と燃料ガス（水素，アセチレンまたはプロパン）との組み合わせが用いられる。また，試料溶液のフレーム中で起こる現象も同じである。一般に高温フレームを用いると原子化および励起状態の原子の生成割合が増加し，発光強度が高くなるが，イオン化電位の低いアルカリ金属元素に関してはイオン化が容易に起こるため，逆に発光強度が低下する。それ故，これらの元素では比較的温度の低いフレームを与える組み合わせを選択する。さらに，助燃ガスと燃料ガスの混合比も大切で，たとえば助燃ガスが多過ぎると金属酸化物が多量に生成し，発光強度の低下の原因となる。

分子発光

原子発光スペクトル以外に分子発光スペクトルも観測される。たとえば，カルシウムの分析において，CaO や CaOH に基づく発光スペクトルが帯スペクトルとして観測される。原子発光スペクトルに比べると，強度は低いが分析に利用することも可能で，Ca 以外に Ba，Sr，Mn や希土類元素の分析に用いられている。

4.2.5　測定法と応用

(1)　試料の調製

フレーム分析法では試料は溶液とする。固体試料の場合は，原子吸光分析法と同じく，前処理したのち溶液とする。塩酸を用いるのが最もよく，硫酸やリン酸の使用は避けた方がよい。また，ナトリウムやカリウムを目的元素とする場合が多いから，容器や環境からの汚染に十分注意し，必ず空試験値を求めて補正した方がよい。

(2)　標準溶液の調製

検量線作成用に目的元素の高純度試薬を用いて段階的に濃度の異なる数個の標準溶液列を調製する。この際，分析試料の共存物質を含めた液性になるべく近い溶液とし，干渉作用を相殺するようにする。

(3)　検量線の作成

原子吸光分析法の章に記述したのと同様に，ⅰ）検量線法，ⅱ）標準添加法，ⅲ）内標準法のうち，適切な方法を選んで作成する。

(4)　応　　用

フレーム分析法は先に記したように，アルカリおよびアルカリ土類金属元素に高感度であるため，これら元素を含む岩石，鉱石，窯業製品，食品や生体試料などの分析に用いられている。とくに血清や尿中のナトリウムとカリウムの定量に応用されている。上記金属元素以外の金属元素はフレーム中での発光強度が弱く感度が悪いため，原子吸光分析法を用いる場合が多い。

バックグラウンド

フレーム自身やフレーム中に存在する溶媒や目的元素以外の試料成分に基づく発光をバックグラウンド発光とよんでいる。この発光は測定の妨害となるので，一定周期で回転する反射板を設けて交流信号に変換し，目的元素による発光とバックグラウンド発光とを交互に測光し，バックグラウンド発光を補正する装置が用いられている。

4.3　発光分光分析

4.3.1　概　　要

発光分光分析法は試料をアーク，スパークまたは高周波放電により励起し，得られる発光スペクトルの波長位置から定性分析を，発光強度から定量分析する方法である。数多くの無機元素が少量から微量まで定量でき，多元素同時分析が可能なことが大きな利点である。ただし，複雑な発光スペクトル線の解析ならびに良好な再現性を得るためには，多くの経験と熟練を必要とする。

4.3.2　原　　理

最も安定な低エネルギー状態（基底状態）にある原子に熱などにより適当なエネルギーを与えると，原子の最外殻軌道の電子（原子価電子）が空の軌道に移り，より高いエネルギー準位の状態（励起状態）の原子となる。与えるエネルギーの強さによって，量子化された多くのエネルギー準位に励起されるが，これらはいずれも不安定な状態であるため，非常に速く（10^{-8}～10^{-7} 秒程度）エネルギー準位のより低い状態，最終的には基底状態に戻る。

この際，各エネルギー準位のエネルギー差に対応した光を幅射する。これが原子の発光スペクトルであり，元素によってとりうるエネルギー準位が定まっているから，元素に特有の発光スペクトル線が得られる。このスペクトルの波長位置から元素を同定することができる。

また，一定の測定条件においては，発光強度は原子の濃度，すなわち試料中の目的元素の濃度と比例関係にあることから，特定のスペクトル線の発光強度を適当な方法により測定すれば，定量分析ができる。測光法としては写真測光方式と光電測光方式とがある。

4. 3. 3 装　　置

発光分光分析装置は，試料を蒸発・発光させる発光部，発光スペクトル線を分光する分光部，およびスペクトル線を測光記録する測光部から構成されている。

(1) 発　光　部

試料を蒸発・発光させる方法として，1) アーク放電，2) スパーク放電，および最近開発された 3) 高周波誘導結合プラズマ放電が用いられており，以下に高周波誘導結合プラズマ放電について詳しく述べる。

高周波誘導結合プラズマ*

＊ ICP : inductively coupled plasma

原子の励起を高周波で誘起されたアルゴンガスの高熱プラズマで行う方法で，発光装置を図 4-8 に示す。

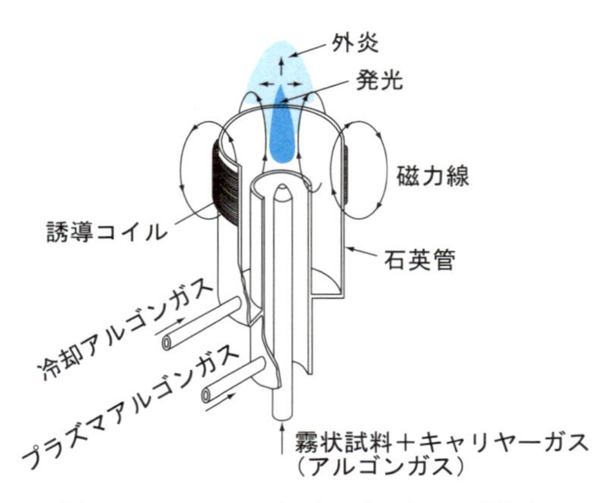

図 4-8　ICP トーチとプラズマ炎による発光

放電管は石英製で外径約 18 mm の三重管から成っている。5〜75 MHz（通常は 27.1 MHz）の高周波電流を誘導コイルに通じると，高周波磁場が誘起される。これにテスラーコイルであらかじめわずかにイオン化したアルゴンガスを流すと，アルゴンガスの高温プラズマ炎が生成する。このプラズマ炎は中心部より周辺部の温度の方が高くドーナツ状をしている。あらかじめネブライザー（霧化装置）で試料溶液を霧化してこれをキャリヤーガス（Ar）によってプラズマ炎に導入すると，蒸発・原子化につづいて励起され発光する。このプラズマ炎は温度が高く（6000～10000 K）安定であり，さらにドーナツ状で外炎の温度の方が高いことから，導入された試料の励起効率が高く高感度が得られる。また，発光強度は自己吸収が起こり難いため広い試料濃度範囲で直線性を示し，少量から極微量まで同時に分析できる特徴がある。

（2）分　光　部

発光分光分析法では多元素を同時に分析することに特長がある。それ故，近接した多くの発光スペクトル線を分離するために分解能のよい水晶または溶融石英のプリズムや回折格子の分光器が用いられている。図 4-9 に代表的な光学系を示す。(a)，(b)，(c) では写真乾板により測光する方式で，(a) に比べて (b) の方が分散能は優れているが，バックグラウンドがやや大きい。(c) は平面回折格子を用いており高分解能が得られる。(d) は凹面回折格子を用いており，光電子増倍管によって測光する。

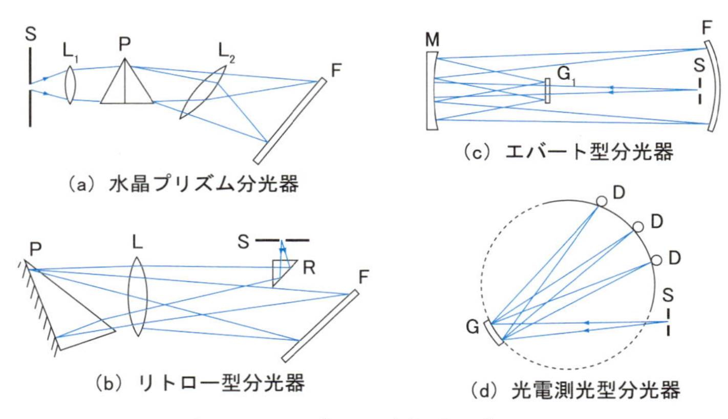

S：スリット，L：レンズ，R：直角プリズム，M：ミラー，
F：フィルムまたは乾板，G：回折格子，D：光電管

図 4-9　発光分光分析に用いられる各種分光光学器の概略図

（3）測　光　部

写真測光と光電測光に大別されるが，写真測光が用いられることは少ない。

光電測光方式では検出器は入射した光をその強度に応じた電気信号に変換するもので，光電子増倍管（PMT : photomultiplier tube）または半導体検出器が用いられる。写真測光の場合と比較して波長依存性が少なく，現像などの処理が必要でないため，誤差が小さく，また分析所要時間が著しく短縮されることから，定量発光分析法では，ほとんどこの方式が用いられるようになっている。PMT はシングルチャンネルであるから，ICP 発光分析装置では，シーケンシャル型（単一の PMT を用い回折格子を動かして特定の波長を選択する形式, 図 4-10）とマルチ型（多数の PMT を用いて多元素同時分析を行う, 図 4-9(d)）がある。前者は波長操作に時間がかかるので試料量を多く必要とする欠点があるが, 分析線を自由に選べ, 安価である利点がある。後者は短時間で分析でき, 試料量が少なくて済む利点がある。同じような液性の試料を定常的に分析するのに向いている。

4. 3. 4 ICP 発光分析装置の構成

ここにあらためて ICP 発光分析装置の概略図を図 4-10 に示す。

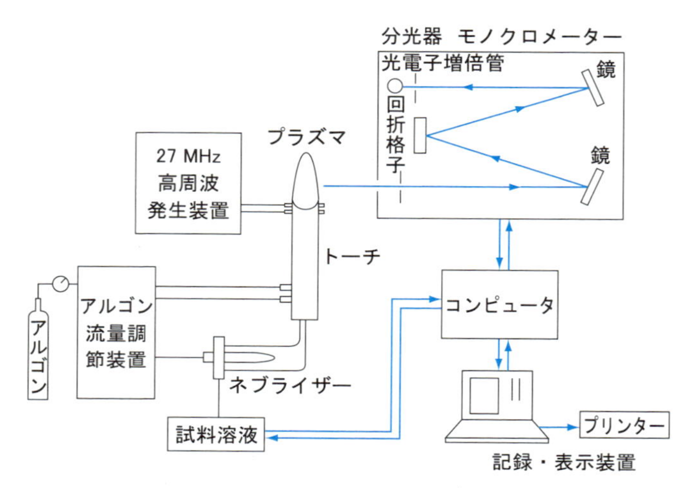

図 4-10　ICP 発光分析装置の概略図

ICP 発光分析装置は, 先に記述した励起源部, 試料導入部, 発光部, 分光測光部に加えて, データ処理部および制御システム部から次のように構成される。

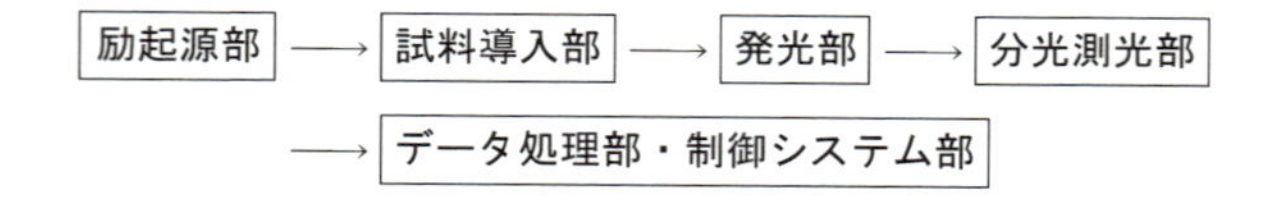

a. 励起源部　　発光部を維持するために電気エネルギーを供給・制御する電源回路および制御回路からなる。

b. 試料導入部　　発光部に試料を導入するための部分で, ネブライザー, スプレーチャンバー, ドレントラップから構成される。ドレントラップはキャリヤーガスが流出しないものを用いる。

c. 発光部　　発光部は試料中の分析対象元素を励起・発光させるための部分で, トーチおよび誘導コイルからなる。トーチは三重管からなり,中心の管から試料が導入される。プラズマを形成するためのガスにはアルゴンを用いる（図4-8）。

d. 分光測光部：分光測光部は発光部から放射された光を効率よく分光部に導く集光系，スペクトル線を分離する分光部および検出器で構成される。検出器は，入射した光をその強度に応じた電気信号に変換するもので，光電子増倍管または半導体検出器が用いられる。真空紫外領域（波長190 nm以下）のスペクトル線を測定する場合には，集光系および分光器を真空にするための構造，またはアルゴンもしくは窒素で空気を置換する構造となっている。

e. データ処理部：データ処理を行い，検量線，測定結果などを表示する。表示にはCRT，プリンターなどを使用する。データ処理には正確さなどを向上させる目的でバックグラウンド補正，分光干渉補正，内標準元素による補正などを行う機能をもつものもある。

f. 制御システム部：最適な条件下で装置を使用するために，ガス流量，トーチ測光位置，励起源部の電力などを制御する。なお，付属装置として以下のような装置が開発され利用されている。

① オートサンプラー（または自動試料導入装置）――多数の試料を自動で順次試料導入部に供給するための装置。オンラインでの自動希釈，自動内標準液添加および検量線作成用溶液添加の機能をもつものもある。

② 超音波ネブライザー――液体試料を超音波振動子によって霧化した後，加熱・冷却して脱溶媒し，キャリヤーガスによって発光部に導入する装置。

③ 水素化物発生装置――試料溶液中のヒ素，セレン，アンチモンなどの化合物をテトラヒドロホウ酸ナトリウムなどによって揮発性の水素化物に還元した後，気液の分離を行って気体成分だけをキャリヤーガスによって発光部に導入する装置。

④ 耐フッ化水素酸試料導入装置――試料導入部およびトーチに耐フッ化水素酸処理を施したもの。

⑤ フローインジェクション装置――細管内を流れるキャリヤー溶液に，バルブを切り替えて一定量の少量の試料溶液を注入し発光部に導入する装置，オンラインで化学反応させる場合もある。

⑥ 電気加熱気化導入装置――少量の試料溶液を黒鉛炉または高融点金属製ヒーターに注入した後，不活性ガス雰囲気中で溶媒および一部マトリックス成分などを選択的に除去した後，残った分析対象元素を瞬時に気化させて，キャリヤーガスによって発光部に導入する装置。

⑦　レーザーアブレーション装置——レーザー光を固体試料に照射したとき試料が気化して生じる微粒子などをキャリヤーガスによって発光部に導入する装置。

その他，クロマトグラフ，マトリックス分離カラム，スパークアブレーション装置などがある。

さらに，付加機能として，プラズマ出力最適化，測光高さ最適化，分析線自動選定，プロファイル測定，分光干渉補正，定性・半定量測定，検出下限測定，高次導関数測定などがあり，必要に応じて選択する。

4.3.5　測　定　法

発光分光分析法では多くの元素（おもに無機元素，ICP 発光分析法では C，P，S などの元素も可能である）の同時定性・定量分析ができる。しかし，原子吸光・フレーム分析法と同様に，試料の破壊分析であることから試料の状態に関する知見はほとんど得られない。

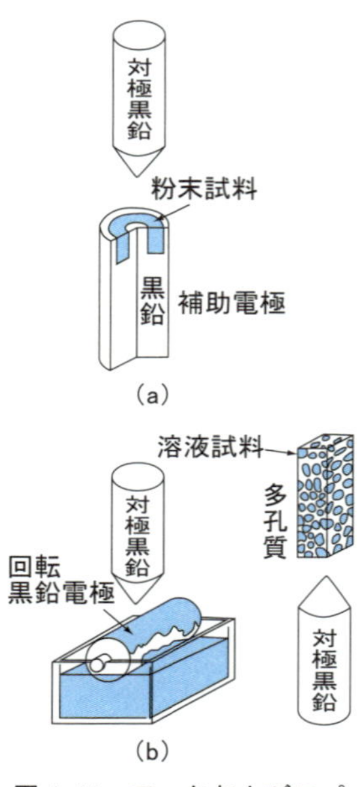

図 4-11　アークおよびスパーク放電に用いる補助電極

(1)　試　　料

試料の形態は固体(粉末を含む)・液体・気体でもよい。アークまたはスパーク放電では試料を含む電極が用いられる。すなわち，金属試料の場合は適当な大きさの棒状に加工してこれを一対の電極としてそのまま用いる。

粉末試料では黒鉛棒を加工して図 4-11(a)のように小孔を作り，この中に試料を充填し，これを下部補助電極とする。また，試料が溶液のときは図 4-11(b)に示すような回転黒鉛電極やポーラスカップ型補助電極を用いる。

ICP 発光分析では，試料はほとんどの場合溶液で，霧化装置を用いて微粒子としたのちプラズマ炎に導入する。

1）試料の調製　　発光分光分析法では使用する試料量は，数～20 mg 程度であるから，試料はできるだけ検体を代表するように採取する。また，粉末試料に標準試料や担体などを添加するときは均質に混ぜるようにする。金属・合金あるいは無機化合物を溶液試料とするときは，塩酸溶液とするのが最もよく，硫酸やリン酸溶液では感度が低下する。さらに，有機化合物中に含まれる金属元素を分析するときは，湿式あるいは乾式分解したのち粉末または溶液試料として用いる。

2）標準試料　　金属試料の分析では，目的成分にあった標準試料を選ぶ。粉末試料や溶液試料の分析では，できるだけ分析試料の組成に近い標準試料を調製する。

(2)　定 性 分 析

試料中の元素の確認には，少なくとも 2 本以上のスペクトル線が元素の波長表との比較で合致することが必要である。たとえば，複雑な混合試料では数多くの強度の異なるスペクトル線が観察される。いま 1 つの元素に注目すると，試料を希釈するにつれて強度の低い線から順次消失してゆき，最終的には最も強度の高いスペクトル線が残ることになる。すなわち，この元素が微量存在しても観測されるスペクトル線（おもに共鳴線）で，これらを用いて元素の確認をするのがよい。また，発光スペクトル線にその存在が確認されない場合も，用いた装置の検出限界の濃度以上に存在しないという結果を示していることに注意すべきである。

（3） 定量分析

試料中の元素の定量は，その元素固有のスペクトル線の強度を測定して行う。

発光スペクトル分析法は変動因子が多いので，内標準を用いた検量線法で行う。一方，図 4-9(d)に示すような光電子増倍管を用いた装置では，スペクトル線の強度が自動的に読み取れ，12〜50 の多元素を同時分析することができる。定量精度は高濃度（〜%）のとき約 1%程度，低濃度（〜ppm）のとき 5%程度で，試料が複雑な混合物のときは 20〜30%になる場合もある。さらに，定量分析においては次のような点に注意する。

試料マトリックスが異なると目的元素の蒸発速度が異なり，発光強度が著しく異なるため，標準試料のマトリックスを試料にできるだけ近づけるようにする。また，内標準法による定量では，標準物質が試料中に含まれず，目的元素と性質（沸点・反応性など）がよく似ていることおよび目的元素のスペクトル線の近くにスペクトル線をもっていることを基準に選択する。さらに，発光分光分析は多元素同時分析ができる特徴をもっているが，元素によって蒸発速度に差があるため，放電開始したのち何秒後に測光するかも重要な因子となる。以下に現在分析の主流となっている ICP 発光分析法について述べる。

4. 3. 6　ICP 発光分析法による測定法

ICP 発光を利用した分析法には，ICP-AES（OES）と ICP-MS の 2 種類がある。ICP-AES（ICP-atomic emission spectrometry）は，ICP によってサンプルを原子化・熱励起し，これが基底状態に戻る際の発光スペクトルから元素の同定・定量を行う方法である。原子吸光法と異なり，一度に何種類もの元素を分析することができる。感度はフレームレスの原子吸光法と同等またはそれ以上である。

ICP-MS（ICP 質量分析 : ICP-mass spectrometry）は，ICP によってイオン化されたイオンを質量分析計に導入することで，元素の同定・定量を行う方法である。73 種類の元素について使用可能であり，また質量分析計を用いるために，ppt レベルの超高感度分析が可能である。ただし，プラズマ内で一時的に生成される分子イオンの妨害を受けるため，分析には注意を要する場合がある。ICP-MS については 4.4 節で別途述べる。

（1）ICP-AES による定性・定量分析

1）試料溶液の調製

a．水　定性・定量分析に用いる水は，その水に含まれる不純物が分析対象元素に干渉しないことを確認した後に用いる。また，分析目的に応じて個別規格に水が規定されている場合は，それに従う。

b. 試薬類　分析に支障がない最上級のものを用いる。検量線用標準液は，日本工業規格で規定する標準液か濃度の確認された標準物質をその適用範囲で使用する。なお，市販の標準液を用いてもよい。

ガスは，通常，JIS K 1105 に規定する純度 99.99%（体積分率）以上のものを用いる。

試料溶液の調製は，試料別によりそれぞれ決められている。

① 金属試料――金属試料は，適切な強酸類に溶解し液化する。セラミックス試料は一般に酸分解法またはアルカリ融解法を用いる。生体関連試料（生体試料，医薬品，食品など）は酸分解を行い溶解する。環境水試料（表層水，地下水，雨水，排水など）は，懸濁物質を含んでいることが多い。試料中の溶存元素を測定するためには，試料を孔径 0.45 μm のフィルターによってろ過した後，硝酸を加えて pH 2 以下にして保存する。保存した試料に酸を加えて検量線作成用溶液の酸濃度とできるだけ一致させたものを試料溶液とする。地質学的試料（岩石，鉱物，土壌，石炭など）に含まれる分析対象元素の全量を定量する場合には，フッ化水素酸および硝酸を用いた酸分解に作物など）は，一般に硝酸を用いて溶解する。

② 大気粉じん（塵）試料――エアサンプラーを用いて，大気粉じんをフィルター上に捕集した後，フィルターとともに，フッ化水素酸および硝酸を用いた酸分解によって溶解する。得られた溶液をろ過し，試料溶液とする。

2）前処理における分離と濃縮　1）の操作で調製した試料溶液のマトリックス濃度が高く，分析対象元素の濃度が低い場合は，マトリックスからの分析対象元素の分離および濃縮を行う。分離・濃縮方法としては，イオン交換，溶媒抽出，共沈，水素化物発生法などがある。

3）測定条件の設定　トーチ位置の調整，高周波出力，キャリヤーガス流量および測光高さを調整などをすることによって測定条件の最適化行い，シグナル/バックグラウンドの値（S/B 比）が最も大きくなる条件に設定する。

4）分析線の選択　各元素の発光線のなかから目的とする定量範囲に適する発光強度を与える発光線を選択する。この場合，検出下限，測定精度などに関する検討を十分に行う。

5）干　渉　分光学的干渉，物理的干渉，イオン化干渉と化学的干渉があり，これらを軽減した測定条件を設定する（4.1.4(4)原子吸光分析の干渉の項参照）。

a．分光学的干渉　分析対象元素の分析線に種々の発光線およびバックグラウンドが重なり分析結果に影響を及ぼす。干渉を及ぼす要因はいくつかに分類できる。

① 他の元素の発光線による干渉――アルゴンの発光線または試料中に含まれる共存元素の発光線が分析対象元素と近接した波長をもつ場合に生じる。干渉を避けるためには，干渉を受けない別の分析線を選択する。

② 分子バンドによる干渉―― NO（200～240 nm），OH および NH（300～340 nm），CH（380～390 nm）などの分子バンドスペクトルが分析対象元素と近接した波長をもつ場合に生じる。分子バンドスペクトルは空気中または溶液中の N，O，H，C に起因するものであるから，観測位置におけるプラズマと空気の接触を少なくすることで干渉を軽減できる。

③ 再結合によるバックグラウンドの増加――試料中に高濃度で含まれる元素の発光によってバックグラウンドが増加する。バックグラウンド補正を行うことで干渉を除去できる。

b．物理的干渉　4.1.4(4)参照

c．イオン化干渉および化学的干渉――イオン化干渉とは試料溶液中に高濃度の共存元素が存在する場合，これらの元素のイオン化のときに発生する電子によってプラズマ内の電子密度が増加しイオン化率が変化する現象をいう。特に，アルカリ金属，アルカリ土類金属などのイオン化エネルギーの低い元素が多量に存在すると，分析対象元素のイオン化率が大きく変化する。化学的干渉は，分析対象元素が高沸点の難解離性化合物を形成することによって，原子化およびイオン化が抑えられ感度が低下する現象であるが，プラズマの温度が高いため通常の分析条件ではほとんど問題にならない。

6）定量分析

検量線法　検量線法には発光強度法と強度比法がある。強度比法は内標準法ともいう（4.1.4(3)原子吸光分析　検量線の作成の項参照）。

4.4 ICP–質量分析法*

* ICP-MS：ICP-mass spectrometry

4.4.1 原　　理

ICP 質量分析装置（高周波誘導結合質量分析装置）は 1980 年はじめに Houk, Gray らによって発表され，その数年後の 1983 年に製品化されて以来，現在まで急速に進歩発展してきた。その原理は次のようである。

アルゴンのプラズマをイオン化源とする質量分析法で，プラズマ中で生成したイオンはインターフェース（サンプリングコーン，スキマーコーン）を

通過して，高真空中に引き込まれる。このイオンは，イオンレンズで収束され，質量分析計で質量/電荷数（m/z）に応じて分離され，検出器で計測される。質量分析計には，四重極型と二重収束型のものが利用される。ICP-MSの開発は大気圧中で発生したイオンを高真空の質量分析器に導入できる技術の進展によってもたらされた。定性分析，半定量分析，定量分析が可能である。同様に，LC-MS，GC-MSが開発され，無機系から有機系まで極微量成分の分析手法が飛躍的に向上した。

四重極型ICP-MS（ICP-Q-MS）は，二重収束型に比較し質量分解能が低いため，分子イオンや同重体イオンのスペクトル干渉が問題となることがあるが，高感度分析が可能であり，最も広く使用されている。一方，二重収束型ICP-MS（ICP-SF-MS）は，扇形電場と扇形磁場を組み合わせた質量分析計であり，質量分解能が高い装置である。分解能数千～1万の測定が可能であるため，四重極型ICP-MSで問題となるスペクトル干渉を解決することが可能である。周期表上のほとんどすべての元素（73種）を同時に測定可能であり，測定元素についてng/L（ppt）の濃度レベルまで測定できる。さらに，質量分析であるから同位体の測定も可能である。

4.4.2 ICP-MS装置の構成

四重極型装置の概略図を図4-12に示す。一般に，液体試料はペリスタルティックポンプでネブライザーに導入され，そこでエアロゾル化する。ダブルパス型のスプレーチャンバーの採用により，安定したエアロゾルがプラズマに導入される。ICP-MS装置では，アルゴン（Ar）ガスは石英製トーチに導入され，ICP（誘導結合プラズマ）を形成する。トーチは，RFエネルギーが印加されたRFコイルの中心に横型に位置するのが特徴である。エアロゾ

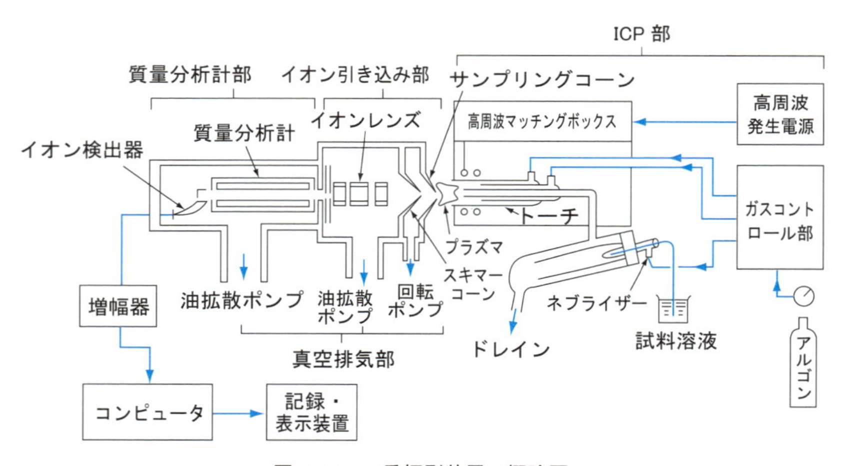

図4-12　四重極型装置の概略図

ル化された試料は，アルゴンプラズマ（温度は 6,000～10,000 K）内で瞬時に分解し，測定対象元素は原子化，そしてイオン化される。発生したイオンはプラズマから，高真空状態（通常は 10^{-4} Pa）に維持された質量分析部に送られる。この真空状態は，差動排気により維持され，測定対象のイオンはサンプリングコーンとスキマーコーンと呼ばれる一対のオリフィスを通って導かれる。次いで，測定元素イオンは，イオンレンズシステムにより四重極質量アナライザーに収束され，質量電荷比に基づいて分離される。最後に，検出器でイオンは二次電子増倍管で測定され，質量/電荷数（m/z）ごとの電気信号として出力される。ここで，出力信号に関しては，質量スペクトルの表示，検量線の作成，測定対象元素の濃度換算などのデータ処理が行われ，ディスプレイ，プリンターなどに分析結果として表示される。得られる質量スペクトルは，きわめてシンプルなもので，各元素の同位体の信号がそれぞれの質量数（たとえば Al は 27 amu）に現れ，その信号強度は，試料溶液内の測定対象同位体の濃度に比例する。リチウム（Li）からウラン（U）まで多数の元素を同時に分析でき，所要時間は通常 1～3 分程度である。ICP–MS を使用すると，ppt から ppm オーダーまでの濃度の種々の元素を一度に測定できる。

「四重極」という用語

質量アナライザーが基本的に 4 本の平行なロッドから構成され，そのロッドに RF 電圧と DC 電圧を組み合わせて印加することに由来している。この電圧の組み合わせにより，四重極質量アナライザーは，特定の質量電荷比を持つイオンのみを透過させることができる。

1）試料導入部　高周波プラズマに液体試料を導入するための部分で，ネブライザーおよびスプレーチャンバーから構成する。試料導入に用いるキャリヤーガスの流量または圧力は，ガス制御部によって精度よく制御する必要がある。ネブライザーは，液体試料を高圧高速のガス流によって霧に変えるための装置である。スプレーチャンバーは，ネブライザーから送られる霧を選別し小さい霧だけを通過させる。輸送のほかに，ネブライザーで生じるガス流のゆらぎに対する緩衝（ダンパー）の機能を果たす。

2）イオン化部　試料を原子に分解し，さらに励起・イオン化するためのイオン化源（高周波プラズマ）と，これを維持するための電源およびその制御回路とからなる。高周波プラズマは，誘導結合プラズマ（ICP）とマイクロ波誘導プラズマ（MIP）とがあり，電源周波数は，ICP において 27.12 MHz または 40.68 MHz であり，MIP においては 2.45 GHz を適用する。

3）インターフェース部　大気圧下のプラズマと真空状態の質量分離部とを結ぶ境界を形成し，サンプリングコーンおよびスキマーコーンならびにゲートバルブからなる 200～400 Pa 程度の準真空領域である。プラズマで生成するイオンを効率よく質量分離部へ導く役割を果たす。サンプリングコーンは，先端に直径 1 mm 程度のオリフィスをもった円すい形のもので，水またはガスで冷却する*。

4）イオンレンズ部　プラズマからイオンを効率よく引き出し，質量分離部へ導くための部分である。

* ニッケルまたは銅がよく用いられ，オリフィス近傍が白金製のものもある。白金製のものは，硫酸，リン酸および有機溶媒の導入に用いる。スキマーコーンは，先端に直径 0.3～1 mm 程度のオリフィスをもった円すい形をしている。円すい角は，一般にサンプリングコーンより小さい。サンプリングコーンと同様，ニッケル，銅，白金などで作られる。スキマーコーンの円すい角とオリフィス径とは分析感度に重要な影響を与えるので，一定に維持する必要がある。ゲートバルブは，装置が休止状態にあるときに，質量分離部の真空状態を保つための機構である。休止状態においては，インターフェース部は大気圧下にある。

5）質量分離部　イオンレンズ部から入射したイオンを，真空中のイオンに対する電場・磁場の電磁場作用を利用して，質量ごとに時間的・空間的に分離する部分であり，前述したように四重極型質量分析計，磁場型二重収束質量分析計がある。四重極型質量分析計では，測定対象元素のイオンだけが四重極電極を通過することができる。通過イオンの質量は，印加電圧に対して直線関係にあるため印加電圧を変化させて質量スペクトルを測定する。磁場型二重収束質量分析計の分離の原理は成書を参照されたい。

6）検出部　検出部は，質量分離部で分離されたイオンを検出し，読み取り可能な信号に変換する部分である。検出方式は，パルス検出方式およびアナログ検出方式がある。パルス検出方式は，測定対象元素のイオンを1つ1つ二次電子増倍管検出器で10^5〜10^6倍の数の電子，すなわち，電流パルスに増幅し，その電流パルスを検出回路で電圧パルスに変換した後，電圧パルスを一定時間計数してイオンカウント数とする方法である。アナログ検出方式は，測定対象元素のイオン電流を二次電子増倍管検出器で10^3〜10^5倍の電流に増幅した後，検出回路で直流電圧に変換し，その電圧を一定時間測定してイオンカウント数とする方式と，イオン電流をファラデーカップ検出器によって直接電流測定する方式とがある。

7）ガス制御部　ガス制御部は，プラズマを形成するためのアルゴン，窒素，ヘリウム，酸素などのプラズマガスおよび補助ガスならびにネブライザーから試料を導入するキャリヤーガスの流量または圧力を制御するために用いる。

8）真空排気部　真空排気部は，インターフェース部，イオンレンズ部，質量分離部および検出部を真空状態に保つために用い，通常3段の差動排気が行われる。インターフェース部の圧力は200〜400 Pa程度で，油回転ポンプ（またはドライポンプ）を，イオンレンズ部から検出部までの圧力は0.1〜10 mPa程度まで下げる必要があり，粗排気ポンプとターボ分子ポンプなどで2段階の排気を行う。

9）システム制御部　システム制御部は，装置の各部の動作を制御する部分である。

10）データ出力部　データ出力部は，検出部から制御部を通じて得られた信号を処理し，分析データとして検量線，測定結果などを表示・出力する部分である。表示は，ディスプレイおよびプリンターで行う。

＊　その他，以下の付属装置が備えられている。
　コリジョン・リアクションセル：測定対象元素以外のイオンが引き起こすスペクトル干渉を除去または低減するための装置であり，質量分離部の前に設ける。
　オートサンプラー（または自動試料供給装置），レーザーアブレーション装置，電気加熱気化試料導入装置，水素化物発生装置（水素化合物発生装置），超音波ネブライザー，脱溶媒試料導入装置，フローインジェクション装置，耐フッ化水素酸試料導入装置，クロマトグラフ，キャピラリー電気泳動装置，有機溶媒導入装置（有機溶媒をプラズマ内で燃焼して排出するために，酸素の供給口とその酸素の流量制御系とからなる）

4.4.3　測　　定

(1) 水，試薬類およびガス

ICP発光分析の項（p. 76参照）。

(2) 分析装置の最適化

1）装置の始動　プラズマを点灯し，暖機運転を 15～30 分間実施する。装置が安定した後，イオン化部，イオンレンズ部および質量分離部について，次の調整を行う。

① プラズマ位置――プラズマの中心とサンプリングコーンのオリフィスとの相対位置を調整する。調整は，測定対象元素のイオンカウント数が最大になるように，トーチ位置を移動して行う。

② 質量軸――測定する元素の質量数と質量分離部の質量軸とを一致させる。全質量範囲を調整することが望ましく，調整には低・中・高質量数の元素を含んだ調整用溶液を用い，3 質量数程度を同時にモニターしながら調整する。四重極型質量分析計の場合には，測定質量数に対して，±0.1 amu（原子質量単位）以内を目安とする。

③ 分解能――ある質量 $\boldsymbol{m}$ のピーク高さの 5% の高さにおけるピーク幅（amu）を $\Delta\boldsymbol{m}$ としたとき，分解能は $\boldsymbol{m}/\Delta\boldsymbol{m}$ で表される。四重極型質量分析計の場合には，各スペクトルの $\Delta\boldsymbol{m}$ が 0.65～0.8 amu の範囲内を目安とする。

④ アバンダンス感度――測定対象元素（質量 $\boldsymbol{m}$）のピークのすそが隣接した質量（$\boldsymbol{m}-1$，$\boldsymbol{m}+1$）の位置に重なる高さ（C_1 または C_2）をピーク高さ（d）で除した値。四重極型質量分析計の場合には，アバンダンス感度は 10^{-6}～10^{-7} である。

⑤ 感　度――感度の最適化は，イオン化部およびイオンレンズ部のパラメータを調整することによって行う。

(3) 測定試料の調製

ICP 発光分析の項（p. 76）に準じる。

(4) 分析条件の決定

1）スペクトル干渉

ICP-質量分析計では，次に示すスペクトルの重なりによる干渉が生じる。特に，四重極型質量分析計による測定のときには注意する。

① 同重体干渉――測定対象元素と妨害元素の原子量が近接している場合には，同重体イオンによる干渉が発生する。代表的な例としてはアルゴンプラズマをイオン化源とした場合の ^{40}Ca に対する ^{40}Ar の重なりおよび鉛同位体分析を行うときの ^{204}Pb に対する ^{204}Hg の重なりなどがある。

② 多原子イオン――アルゴンプラズマをイオン化源とする場合には，純水を試料として導入した場合でも ArO，ArOH，Ar_2 などのアルゴンに起因する多原子イオンのスペクトルが現れる。塩酸を添加した場合には，ClO，Cl_2，ArCl などの塩素原子を含む多原子イオンが生成し，硫酸を添加した場合には，硫黄原子を含む多原子イオンが，リン酸を添加した

場合には，リン原子を含む多原子イオンが生成する。これに対して，硝酸を添加した場合には，多原子イオンが純水の場合と比較して著しく増加することはない。したがって，止むを得ない場合以外は，試料処理に硝酸を使用することが望ましい。また，共存元素を含む多原子イオンが測定対象元素に干渉する場合もある。特に，アルカリ土類，希土類元素などは酸化物を生成しやすく，このため，これらの元素の質量数に16を加えた m/z の位置にスペクトルが現れる。共存元素によるその他の多原子イオンとしては，共存元素の二量体，アルゴンまたは酸の構成元素との間で生成する多原子イオンのスペクトルがある。これらの多原子イオンの生成割合は，試料導入部，イオン化部およびインターフェース部の設定条件によって大きく変動するので，設定条件を最適化することで干渉を軽減できる。アルゴンに基づく分子イオン種はバックグラウンドを大きくするので，次の元素の測定では注意が必要である。K(39)：$^{38}Ar^{1}H$，Ca(40)：^{40}Ar，Cr(52)：$^{40}Ar^{12}C$，Cr(53)：$^{40}Ar^{12}C^{1}H$，Mn(55)：$^{40}Ar^{14}N^{1}H$，Fe(54)：$^{40}Ar^{14}N$，Fe(56)：$^{40}Ar^{16}O$，Ni(58)：$^{40}Ar^{18}O$，Co(59)：$^{40}Ar^{18}O^{1}H$

③　二価イオン――二価イオンは，当該の一価イオンの1/2の m/z の位置にスペクトルが現れる。試料中に測定対象元素の2倍の質量数の同位体をもつ共存元素が存在する場合に問題となる。二価イオンは第二イオン化エネルギーの低い元素で生成しやすく，酸化物同様，アルカリ土類および希土類元素で顕著である。

スペクトル干渉の確認および測定質量数の選択

測定対象元素に2つ以上の同位体が存在する場合には，それぞれの同位体濃度または同位体比を調べることによってスペクトル干渉の有無を確認できる。測定対象元素の同位体比が既知（天然）の値と異なる場合には，何らかのスペクトル干渉が存在する可能性が高い。測定対象元素が単核種の場合には，酸およびマトリックス元素に起因する多原子イオン，二価イオンなどがスペクトル干渉を与えないか否かを考慮する必要がある。このため，測定対象元素の m/z から16を引いた m/z の位置と2倍の m/z の位置に大きなピークが存在しないかを確認する必要がある。

2）非スペクトル干渉

非スペクトル干渉には,マトリックス干渉などがある。なお物理的干渉（p. 68），イオン化干渉と化学的干渉（p. 70）を参照。

① マトリックス干渉（空間電荷効果）

多量の共存元素が存在すると測定対象元素のイオンカウント数が一般に減少する。この傾向は，共存元素と測定対象元素との相対原子量の差が大きいほど顕著に現れる。この原因としては，イオンレンズ部における空間電荷効果，サンプリングコーンとスキマーコーンとの間で生じる原子間の衝突と拡散などが考えられる。

② 非スペクトル干渉の有無の確認および補正法

非スペクトル干渉の大きさは，未知試料に対して一定量の測定対象元素を添加し，その回収率から推定し，回収率が低く干渉の存在が疑われる場合には，干渉の種類に応じて内標準法または標準添加法によって補正を行う。

3）メモリー効果

高周波プラズマ質量分析法の装置検出下限は，多くの元素に対して1 ng/L以下である。このため，主要元素の濃度が数100 mg/Lレベルであっても，装置検出下限の10^7～10^9倍に相当する濃度にもなる。測定対象元素が，過去に分析した試料中に高濃度に含まれることもあるため，注意が必要である。このような場合には，検量線ブランク液を分析して装置におけるメモリー効果の有無を確認する必要がある。

4.4.4　試料溶液の調製

ICP発光分析の項（p. 76）参照。

4.4.5　分　析　法

(1) 定 性 分 析

ICP質量分析法では，比較的短時間に全元素の質量領域を走査できるため，試料に対するスペクトルのm/zの値から試料中に含有する元素を定性分析できる。また，その強度から濃度を推定することもできる。定性または同定は，ⅰ）質量スペクトルの解析による方法とⅱ）質量演算による方法（二重収束型質量分析計）により行うことができる。

(2) 定 量 分 析

定量法は，ⅰ）検量線法，ⅱ）内標準法，ⅲ）標準添加法（4. 1. 4 (3) 原子吸光分析　検量線の作成の項参照）およびⅳ）同位体希釈法により行う。同位体希釈分析法は，天然と異なる同位体組成をもつ濃縮同位体（“スパイク”という）を試料に添加し同位体平衡に達させたのち，測定対象元素の同位体組成の変化から濃度を求める方法である。この方法は，2つ以上の同位体をもつ元素についてだけ適用される（成書を参照されたい）。

4.4.6　分析値の評価

極微量の定量分析であるから，得られた測定値に対する信頼性を得るために，検量線の作成，ブランクの測定，定期的な装置性能の確認を行う。測定データの解析（濃度算出）は，同一試料に対して全く同じ分析操作を3回以上行い，操作ブランクを差し引いた後，試料中の測定対象元素の平均濃度，標準偏差，変動係数を算出する。分析結果は，溶液試料に対しては体積に対する質量比（ng/L，μg/L，mg/L など）または質量に対する質量比（ng/kg，μg/kg，mg/kg など）で，固体試料に対しては質量に対する質量比（ng/kg，μg/kg，mg/kg など）で適切と考えられる単位を用いて濃度を決定する。

4.4.7 適用分野

超純水の分析，高純度試薬の分析，天然・合成石英中の不純物分析，シリコンウエハーの表面分析，各種溶出試験液の分析，クリーンルームなどの雰囲気の分析，各種微量試料の不純物分析に応用される。

演習問題

問題 1

原子吸光分析法が試料の定性分析にあまり用いられない理由について説明せよ。

問題 2

次に示す濃度の異なるカドミウムの標準溶液を原子吸光分析装置で測定したところ，表に示す吸光度が得られた。これらの結果から検量線を作成せよ。

Cd 標準溶液の濃度（ppm）	吸光度
0.5	0.043
1.0	0.086
1.5	0.129
2.0	0.172
2.5	0.215
3.0	0.258

問題 3

カドミウムを含む実験室廃液を，問題 2 と同一条件下で測定したところ，各試料について次の結果を得た。問題 2 で得た検量線を用いて各試料中のカドミウムの濃度を求めよ。

試料番号	吸光度	Cd 廃液の濃度（ppm）
1	0.071	
2	0.096	
3	0.130	
4	0.164	

問題 4

フレーム分析法におけるスリットの役割について説明せよ。

問題 5

フレーム分析法がアルカリおよびアルカリ土類金属元素の分析に有用である理由について説明せよ。

問題 6

カリウムを含む未知試料溶液をフレーム分析法により，標準溶液添加法で分析し次の測定結果を得た。これより，試料溶液中のカリウム濃度を算出せよ。

試　　料	発光強度
未知試料単独	4.2
未知試料＋標準溶液（0.1 ppmK）	5.4
未知試料＋標準溶液（0.3 ppmK）	7.8
未知試料＋標準溶液（0.5 ppmK）	10.2
フレーム単独	0.4

問題 7

フレーム分析法と発光分光分析法との相違点について説明せよ。

問題 8

原子吸光分析法における干渉とその抑制方法について説明せよ。

問題 9

ICP-AES および ICP-MS の応用について述べよ。

5 X 線 分 析 法

原　理

X 線回折分析：試料中の原子から散乱される X 線の回折角や強度は物質の構造に特有であり，その回折角から定性分析，強度から定量分析ができる。

蛍光 X 線分析：X 線照射により，試料中の原子の内殻軌道の電子が外にたたき出され，その空位に外殻軌道から電子が遷移する。このときに発生する固有 X 線（蛍光 X 線）の波長から定性分析，その強度から定量分析ができる。

X 線吸収分析：試料中の原子の内殻結合エネルギーを超えた付近の波長の X 線を照射すると光電子波が放出される（X 線吸収）。光電子波は吸収原子の周りの原子により散乱され干渉がおこる（EXAFS）。また，内殻準位から空いた軌道への電子の遷移が観測される（XANES）。

特　徴

X 線回折分析：無機・有機結晶，粉末，液体，アモルファス物質の同定や構造（原子間距離や配位数など）決定ができる。

蛍光 X 線分析：試料を破壊せずに，微量から多量まで迅速に数種類の元素を定性，定量分析できる。

X 線吸収分析：試料の状態（固体，液体，気体）によらずに測定でき，微量から多量まで特定原子のまわりの局所構造が選択的にわかる。

X線の発見で，1901年にレントゲン*1（Röntgen）が最初のノーベル賞を授賞して以来，今日にいたるまで，X線を用いた研究で実に14名に上る同賞の授賞者を出している。このことはX線が紫外線や赤外線などの領域の電磁波に比べて特異な性質をもっていることを示している。X線は電磁波の一種であり，波長が100〜0.1Å*2のように短いので，そのエネルギーは0.1〜100 keV（2.306×10^3〜2.306×10^6 kcal/mol）にもなる。そこで，波動性と粒子性との両性質を持つX線が物質に照射されると，大部分は透過するが*3，一部は散乱や回折し，一部は吸収されて蛍光X線を発生する。

X線分析法のうち通常良く用いられるものには，X線回折法，蛍光X線法，およびX線吸収法がある。

X線回折法では，X線を結晶性物質に照射したときに生じる回折X線を測定することにより，物質の同定をしたり，結晶の構造を決定することができる。また，非晶質物質や液体の短範囲構造を決定することもできる。

蛍光X線法では，X線の照射により物質から放出されてくる蛍光X線を測定する。蛍光X線の波長や強度から試料中に含まれている元素の種類や量を決定することができる。

X線吸収法は，最近，EXAFS*4分光法として注目されており，吸収スペクトルを測定することにより，ある特定の原子の周りの短範囲構造や電子状態を決定することができる。

*1　カットの写真はRöntgenの論文の表紙（福岡大学図書館蔵）

EINE NEUE ART
VON
STRAHLEN.
VON
DR. W. RÖNTGEN,
WÜRZBURG.

*2　オングストローム
1Å ＝ 1×10^{-8} cm

*3　物質の厚さに依存する。

*4　extended X-ray absorption fine structure（広域X線吸収微細構造）の略。近年は，XAFSとも略す。

5.1　X線の性質

X線の発生は通常図5-1に示す封入式管球を用いて行われている。フィラメント（陰極）から発生した熱電子は，陰極と陽極（対陰極）との間に印加された電圧によって加速され，ターゲットに衝突する。すると図5-2に示す波長分布を持つX線が発生する。このX線を一次X線という。

一次X線は，発生のメカニズムが異なる固有X線（A, characteristic X-rays）と連続X線（B, continuous X-rays）とから成る。

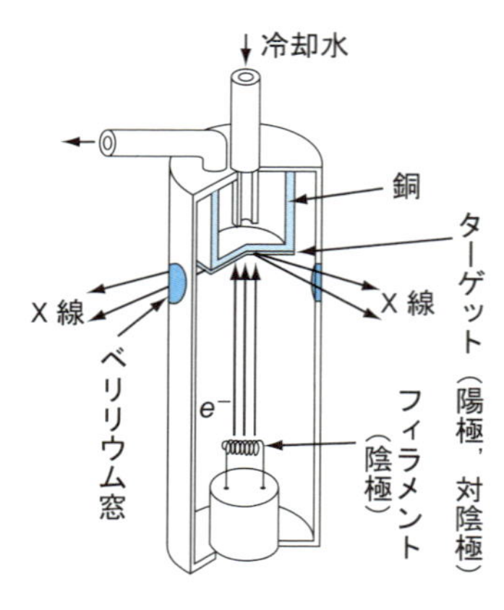

図5-1　封入式X線管の構造

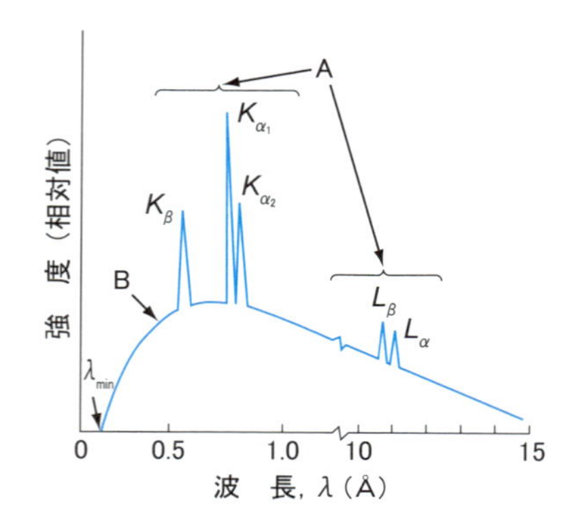

図5-2　X線スペクトル

5.1.1　固有 X 線

フィラメントから発生した電子が十分に加速され，その運動エネルギーが対陰極物質の元素の内殻軌道電子の結合エネルギー以上であれば，加速電子が軌道電子をたたき出す。K 殻，L 殻……の電子をたたき出すのに必要なエネルギーを K 吸収端，L 吸収端……という。このとき内殻軌道に生成した空位をうめるべく外殻軌道から電子が遷移し（図 5-3），その結果，外殻軌道と内殻軌道のエネルギー差に相当する X 線が発生する。この X 線が固有 X 線である。

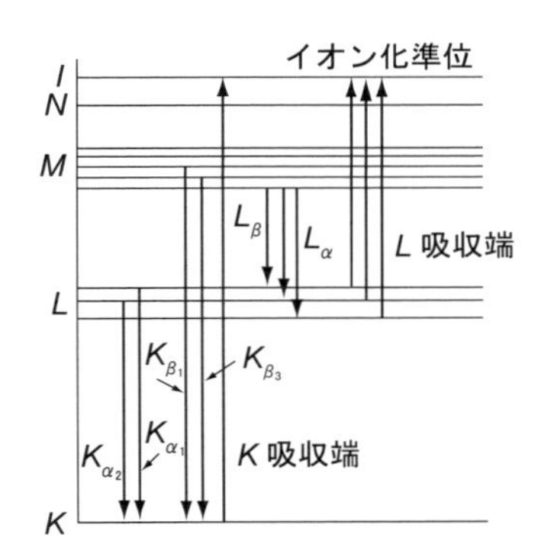

図 5-3　軌道エネルギー準位と固有 X 線スペクトル

いま X 線が K 殻の電子をたたき出し，L 殻の電子が K 殻の空位に落ちる場合，K 殻および L 殻のエネルギーをそれぞれ E_K，E_L とすると，特性 X 線のエネルギー E は

$$E = E_L - E_K$$

で与えられる。また，$E = h\nu$（h はプランク定数）であるから

$$\nu = \frac{E_L - E_K}{h}$$

が特性 X 線の振動数である。E_K および E_L はそれぞれ固有の値であるので，発生する X 線も固有のエネルギー（波長）をもつことになる。したがって，特性 X 線は図 5-2 の A に示すような線スペクトルとなる。電子が外殻軌道から K 殻，L 殻，M 殻，……へ落ちることにより発生する固有 X 線をそれぞれ K 線，L 線，M 線……とよぶ。また，K 殻に落ちる電子のうち，L 殻から落ちるのを K_α 線，M および N 殻から落ちるものを K_β 線などとよぶ。L 殻にはエネルギーがわずかに異なる 3 つの準位があるので，それぞれの準位に応じて $K_{\alpha1}$，$K_{\alpha2}$ 線とよぶ。一方，M および N 殻にはそれぞれ 5 つおよび 7 つの異なるエネルギー準位があるので，いろいろのエネルギーをもつ K_β 線が発生する。

モーズレーについて（1887 年生まれ）

ラザフォードのもとで研究をすすめる。はじめ放射性物質の研究からポロニウムの半減期を測定した。1912 年，様々な元素の特性 X 線の波長を測定し，モーズレーの法則を見出した。モーズレーの法則は単なる並びの序数にすぎなかった原子番号に，物理的実体をもつことを示した重要な発見である。

K 殻，L 殻，M 殻……のエネルギー準位は各元素に特有であるので，X 線のエネルギー（波長）は元素に固有である。波長と原子番号との関係式はヘンリー・モーズレー（Henry Moseley）により発見された。振動数を ν，光の速度を c，X 線の波長を λ，原子番号を Z とすれば

$$\nu = \frac{c}{\lambda} = a(Z-\sigma)^2$$

ここで，a は比例定数であり，σ は K 殻，L 殻，……によって決まる定数である（モーズレーの法則）。

表 5-1 にいくつかの対陰極物質の固有 X 線波長を示す。

表 5-1　よく使用される固有 X 線波長

ターゲット	$K_{\alpha1}$ (Å)	$K_{\alpha2}$ (Å)	K_{α} (Å)*	$K_{\beta1}$ (Å)	K 吸収端 (Å)
Ag	0.55941	0.56380	0.56084	0.49707	0.4859
Mo	0.70930	0.71359	0.71073	0.63229	0.6198
Cu	1.54056	1.54439	1.54184	1.39222	1.3806
Ni	1.65791	1.66175	1.65919	1.50014	1.4881
Co	1.78897	1.79285	1.79026	1.62079	1.6082
Fe	1.93604	1.93998	1.93735	1.75661	1.7435
Cr	2.28970	2.29361	2.29100	2.08487	2.0702

*分離されない場合，$K_{a} = (2K_{a1}+K_{a2})/3$

5. 1. 2　連続 X 線

フィラメントから発生され，印加電圧によって加速された電子は，対陰極に近づくと対陰極物質の電場により減速される。この減速により失われる運動エネルギーは大部分熱となるが，一部は X 線となる。失われるエネルギーは連続的な値を取り得るので，発生する X 線のエネルギー分布，すなわち，その波長分布も連続的となる。図 5-2 における連続 X 線の最小波長 $\lambda_{\min}$ (Å) は，対陰極に衝突する電子の全エネルギー（$E = eV$）が発生する X 線の全エネルギー（$E = h\nu$）に変わる場合であるので

$$eV = h\nu = h\frac{c}{\lambda}$$

すなわち

$$\lambda_{\min} = \frac{hc}{eV} = \frac{12{,}400}{V}$$

となる。ここで，V は印加電圧（volts）である。この式からわかるように $\lambda_{\min}$ は印加電圧 V のみに依存し，対陰極の元素には無関係である。

また，X 線強度 I はフィラメント電流を i，印加電圧を V，ターゲットの原子番号を Z とすると

$$I \propto V^2 Zi$$

となる。電圧と電流を変化させた場合の X 線強度の変化の例を図 5-4 に示す。

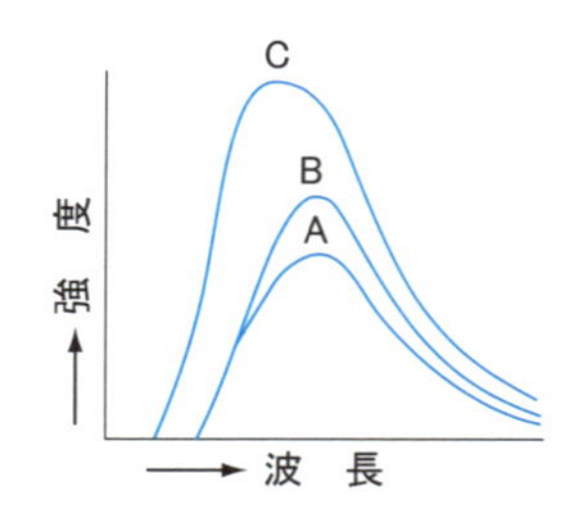

図 5-4　連続 X 線スペクトルの電流・電圧による変化

現在発生させているX線スペクトルをAとすると，フィラメント電流のみを上げた場合はBのスペクトルになり，管電圧を上げた場合はCのスペクトルになる。

5.2 装　　置

X線分析法で用いられるX線装置の光学系はそれぞれの分析法により異なるが，各構成部分はほとんど同じであるので，主たる構成部分について説明する。

5.2.1 光　　源

(1) 封入管・回転式陽極型

実験室で用いられるX線発生源は図5-1で述べた封入管（通常出力2 kW, 50 kV, 40 mA）のほかに，回転式陽極型（通常出力18 kW, 60 kV, 300 mA）がある（図5-5）。この方式では，陽極を冷却するだけでなく，高速回転させて電子ビームが当たる部分を常に変えることにより冷却効率を高めるように設計されており，高電流（市販されているもので最大1.5 A）を流して多量の電子を発生させ，強力なX線をとりだすものである（封入管に比べて20～60倍高輝度である）。

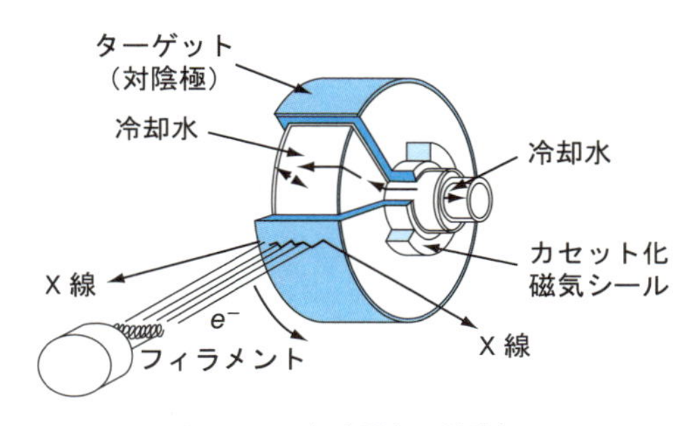

図5-5　回転式陽極（対陰極）

(2) 放　射　光

放射光とは，図5-6(a)に示すように，光速近くまで加速された電子を磁場で曲げるとき，その接線方向に出る電磁波（封入管に比べて百～数千倍の強度）のことである。電子の加速エネルギーが高いほど，また軌道を曲げる曲率が小さいほどより高いエネルギー（短波長）の光が出る。電子の進行方向を曲げる方法としては，通常の偏向電磁石（図5-6(a)）と，磁石を交互に並べた挿入光源がある。挿入光源には，電子を大きく複数回蛇行させることにより，より高強度で連続した短波長の光を取り出すウィグラー式（図5-6(b)）と，電子を小さく周期的に蛇行させ，蛇行毎に出る放射光の干渉作用を利用して，高強度の特定波長の光を取り出すアンジェレータ式（図5-6(c)）が

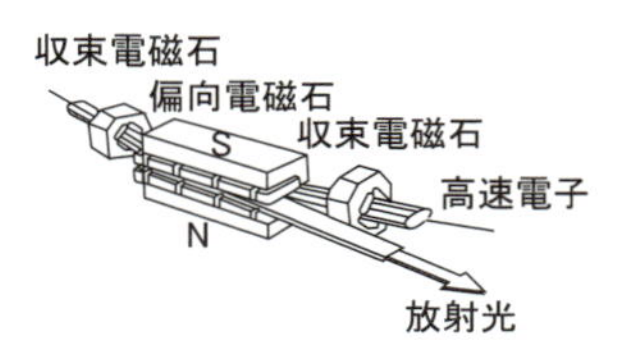

(a) 偏向電磁石式

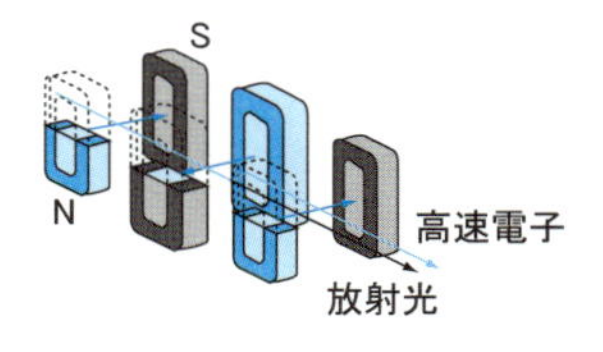

(b) ウィグラー式

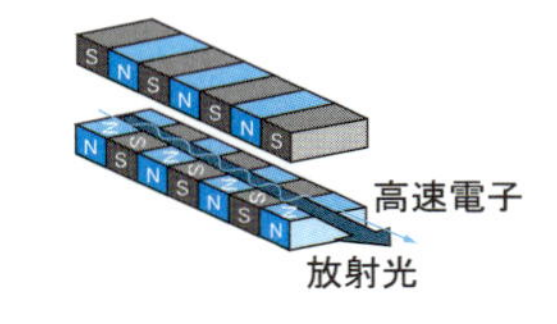

(c) アンジェレータ式

図5-6　放射光の取り出し方

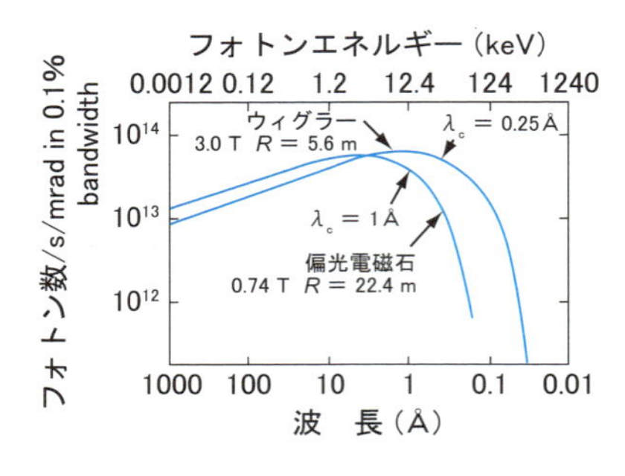

図 5-7 放射光の波長分布
ウィグラーとは，電子の軌道を強い磁場で曲げて，またもとにもどす装置で，波長の短かい強力な放射光を発生する。

ある。放射光は図 5-7 に示すような白色スペクトルであり，赤外線（〜10 μm）から X 線（〜0.1 nm ＝ 〜1 Å）までの波長領域の光である。また，放射光は高い指向性と偏向特性を持つので，スリットや後に述べる集光技術を用いることにより，数ミクロン（μm）オーダーの X 線マイクロビームとして利用できる。さらに，加速される電子束をパルス状で入射するために，放射光は連続光ではなくパルス光であり，この特性を利用して時間分解測定に

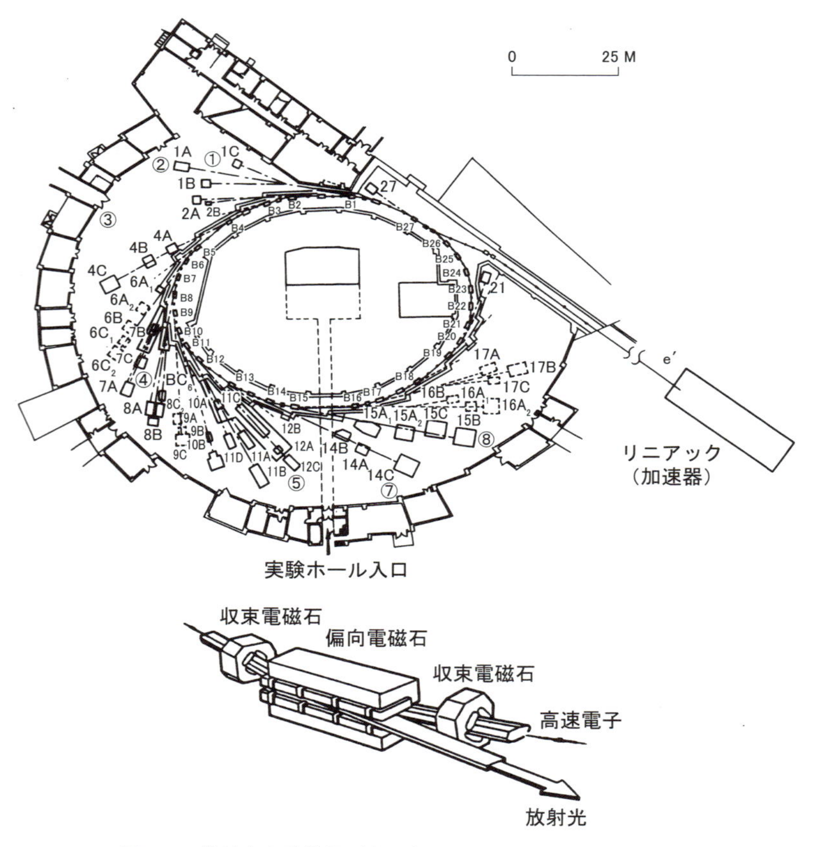

図 5-8 放射光実験施設（高エネルギー物理学研究所，筑波）
（図中の数字 1A, AB, …は実験装置の番号を示す）

も利用される。日本には，フォトン・ファクトリー（PF）（加速電圧 2 GeV，つくば），SPring-8（8 GeV，西播磨）などの代表的な大型放射光源施設がある（図 5-8）。

(3) X 線自由電子レーザー（XFEL : X-ray free electron laser）

PF や SPring-8 においてアンジェレータ式（図 5-6(c)）で取り出された放射光は，電子がばらばらにアンジェレータの中を通過し位相が揃っていないのでレーザー光にはならない。そこで，非常に長いアンジェレータ中を高速電子の塊を通過させることにより，後の電子から出る光と前の電子との相互作用によって電子を波長間隔に並べ，位相のそろった（コヒーレントな）X 線を発生させることができる（自己増幅自発放射（SASE : self-amplified spontaneous emission）機構という）。0.1 nm 領域の波長をもつコヒーレント光を X 線自由電子レーザーという。XFEL の輝度は，SPring-8 の放射光に比べて 1 億倍であり，100 フェムト秒以下の周期で発生させることができる。2013 年，西播磨に完成した SACLA（Spring-8 Angstrom Compact free electron LAser の略）の X 線自由電子レーザー施設の概念図を図 5-9 に示す。

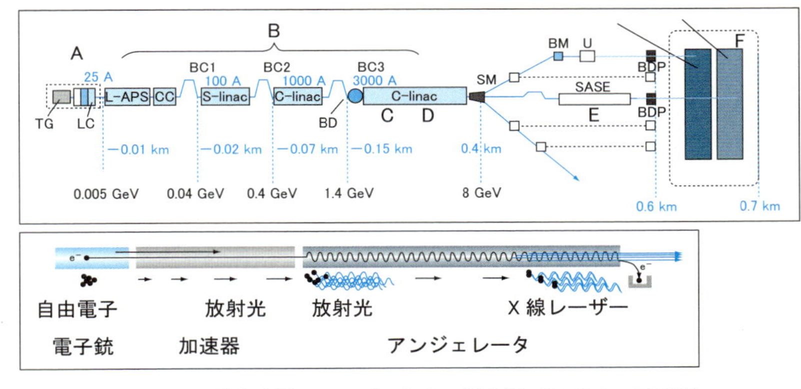

図 5-9　X 線自由電子レーザー発生の概念図（SACLA，西播磨）
http://accwww2.kek.jp/oho/OHOtxt/OHO-201...tanaka_hitoshi_20130710.pdf
http://www2.scphys.kyoto-u.ac.jp/Labos/fukisoku/fel.html

5.2.2 集　　光

機能材料やナノテクノロジーの進展に伴い，微小部分析が必要とされている。そのために，X 線をより微細に，かつ高効率で集光する手法が用いられる。Kirkpatric-Baez 型反射鏡（K-B ミラー）（図 5-10(a)）は，二枚の凹面鏡をそれぞれ直交に置き，第 1 ミラーでは水平方向に，第 2 ミラーでは垂直方法に X 線を全反射させて共通の点に集光させる。指向性がよい放射光に K-B ミラーを用いることにより，1 μm 以下の空間分解能が得られる。シリコン（Si）や炭素（C）の基板上に回折効率の高い金属の多層膜ミラーも使用

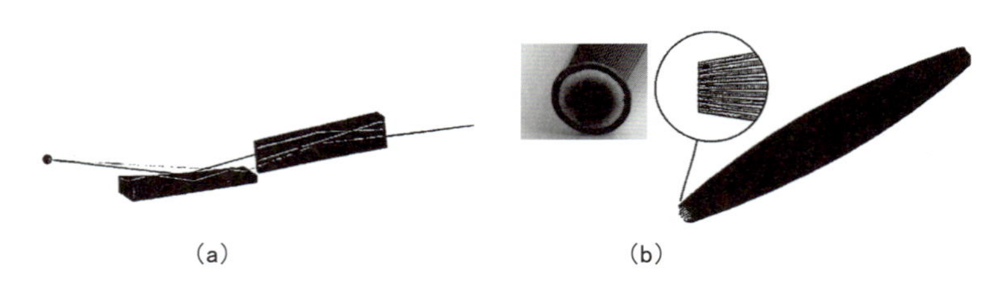

図 5-10　X 線の集光方法

(a) Kirkpatric-Baez 型反射鏡（P. Kirkpatrick, A. V. Bae, *J. Opt. Soc. Am.*, **38**, 766（1948）より）
(b) ポリキャピラリーレンズ（X-ray Optics 社の HP より）

されている。また，実験室系ではキャピラリー集光素子が用いられる。キャピラリー集光素子は，微細なガラスキャピラリー（毛細管）の内壁で X 線を全反射させて集光させる。数万本から数十万本のキャピラリーを束ねて一体化し，広い立体角で X 線を集光させるポリキャピラリーレンズ（図 5-10(b)）では，10〜数 10 μm の微焦点への集光が可能であり，数 10 倍高輝度な X 線ビームが得られる。

5. 2. 3　分　　光

X 線分析では特定の X 線エネルギーのみを試料にあてたり，試料から出る X 線エネルギーを分光して検出する場合が多い。この目的のために以下の方法が用いられる。

(1) フィルター法

X 線フィルターは目的の波長の X 線を通過させ，それ以外の波長の X 線を吸収する物質からできている。図 5-11 にモリブデン (Mo) K_α 線に対してジルコニウム (Zr) フィルターを使用した例を示す。Zr K 吸収端（$\lambda = 0.689$ Å）は Mo K_β 線（$\lambda = 0.632$ Å）と Mo K_α 線（$\lambda = 0.711$ Å）の間にあり，Zr K 吸収端より短い波長（たとえば Mo K_β 線）はフィルターを通過すると吸収されてしまい，Mo K_α 線のみが取り出せる。また，目的波長の長波長側に吸収端をもつ金属フィルターと併用することにより，さらに単色化を高めるバランスフィルター法がある。

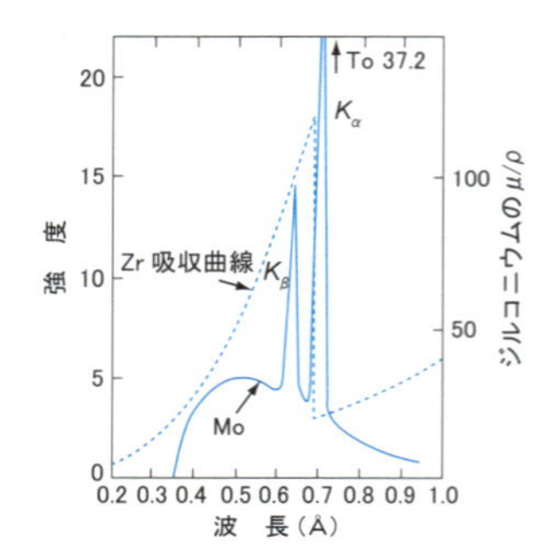

図 5-11　モリブデン K_α 線に対してジルコニウムフィルターを用いた場合

(2) 分光結晶法

X 線を結晶にあてれば，5. 3 節で述べるように X 線は各層から散乱される（図 5-12）。X 線は電磁波であり波の性質をもっている。結晶から散乱された X 線波は一般に任意の方向では位相が少しずつ異なるため，波がたがいに打ち消しあい結晶全体からの寄与はゼロになる。しかし，ある特定の方向では各格子点からの散乱波が全部強めあって，強い回折 X 線波が観測される。

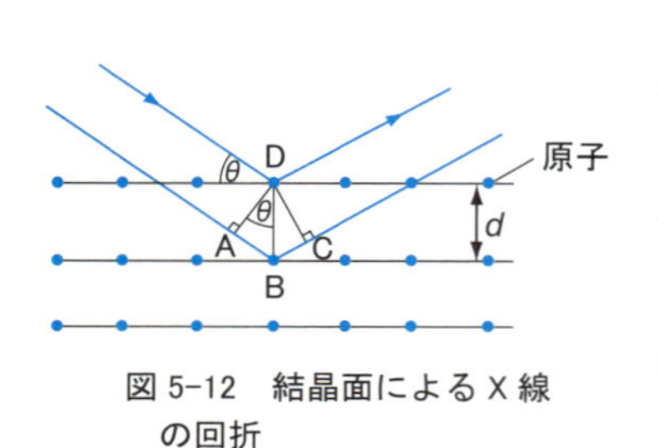

図 5-12　結晶面による X 線の回折

いま平行な入射 X 線が D 点および B 点で散乱される場合を考えると，強い X 線波が観測されるのは，波の位相差が

$$\mathrm{AB} + \mathrm{BC} = n\lambda$$

の場合である。いま

$$AB+BC = 2AB = 2DB \sin\theta = 2d \sin\theta$$

であるから，前式に代入して

$$n\lambda = 2d \sin\theta$$

となる。この式をブラッグ（Bragg）の式といい，θ をブラッグ角（2θ は散乱角という），n を反射の次数という。なお，面間隔 d の n 次の反射は面間隔 d/n の一次の反射と同じブラッグ角でおこる。

この式からわかるように，ある特定のブラッグ角 θ で特定の波長の X 線のみ回折するので，目的の波長の X 線を得ることができる。表 5-2 に通常用いられている分光結晶とその性質を示す。

表 5-2　分光結晶とその用途，特徴

分光結晶	反射面	2*d*/Å	用途，特徴
LiF	(420)	1.802	高分解能
LiF	(200)	4.028	$_{19}$K 以上の原子番号の元素
Ge	(111)	6.532	二次反射が弱いことの利用
PET*	(102)	8.742	$_{13}$Al〜$_{19}$K
EDDT**	(020)	8.803	$_{13}$Al 以上の原子番号の元素
ADP***	(101)	10.64	$_{12}$Mg 以上の原子番号の元素
TAP****	(001)	26.1	$_{8}$O〜$_{11}$Na

*pentaerythritol.　**ethylenediamine ditartrate.
***ammonium dihydrogenphosphate.　****thallium acidphthalate.

5.2.4　検　出　器

(1) イオン電離箱（イオンチャンバー），比例計数管，ガイガーミュラー（GM）計数管

これらはいずれも気体検出器であり，図 5-13 のように金属性の円筒の陰極と，その中心軸に張られた細い線の陽極とから成り，その内部に気体（窒素，アルゴンなどの不活性気体）を充てんし，電極間に高電圧を印加する構造を有している。

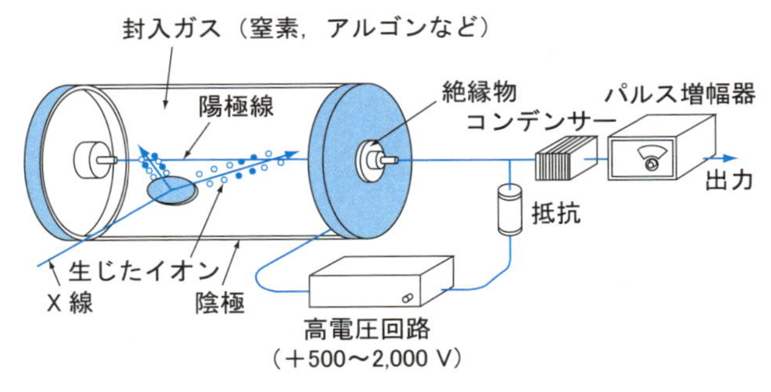

図 5-13　電離箱の原理図

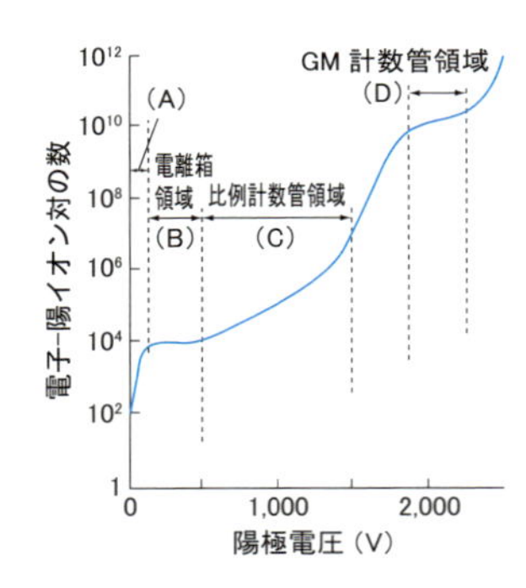

図 5-14　陽極電子とイオン対の数との関係

X 線光量子が気体中を通過すると気体を電離し，電子と陽イオンとのイオン対が生成する。電子は陽極に，陽イオンは陰極に集まり，電離電流として外部回路の抵抗を通して流れ，抵抗の両端に発生する電位差を増幅する。

図 5-14 は X 線光量子が入射したときに発生するイオン対の数（または電流）と陽極に加えた電圧との関係を示す。

電圧が低い場合はイオン対の生成速度が遅いので，イオン対は再結合して電流は流れない(領域 A)。電圧を高くするとイオン対の生成速度が速くなり，イオン対は再結合を起こすことが少なくなり，ほぼ一次電離に応じた電流が得られる（領域 B）。この領域で用いられるのがイオン電離箱である。

印加電圧をさらに高くすると電子は陽極の近くで強く加速され，付近の気体を二次的に電離するようになる。したがって外部回路には一次電離量よりも大きな電流が得られる（領域 C）。この領域で使われる検出器を比例計数管という。

さらに電圧を高めると電子による二次電離がなだれ上におこり放電が起こる（領域 D）。このときは X 線強度に無関係に一定の強さの放電が得られる。この領域で使われる検出器をガイガーミューラー計数管（GM 計数管）という。

比例計数管や GM 計数管は，次に述べるシンチレーション計数管ほど感度はよくない。

(2) シンチレーション計数管

ヨウ化タリウム（TlI）を約 10%添加したヨウ化ナトリウム（NaI）結晶やアントラセンなどの単結晶に X 線を入射すると，それらの蛍光物質（シンチレーター）は X 線のエネルギーを吸収して励起され，再び安定状態に戻るときに蛍光パルス（シンチレーション）を放射する。シンチレーション計数管は，この蛍光パルスをシンチレーターに取り付けた光電子増倍管で電気パルスとして計数するものである。電気パルスは比例増幅器でさらに増幅し，大出力パルスにする（図 5-15）。

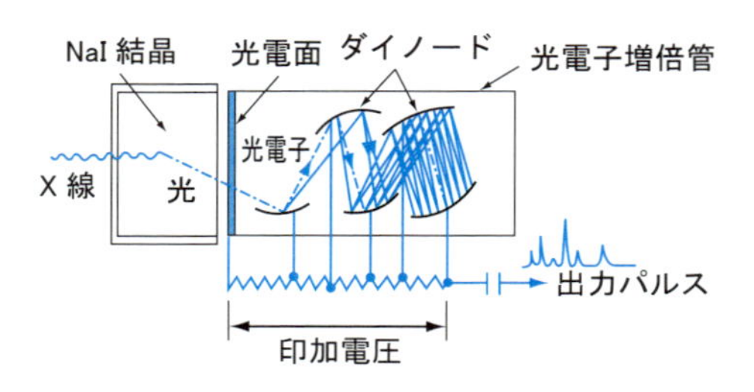

図 5-15　シンチレーション計数管の原理

(3) 半導体検出器（SSD）

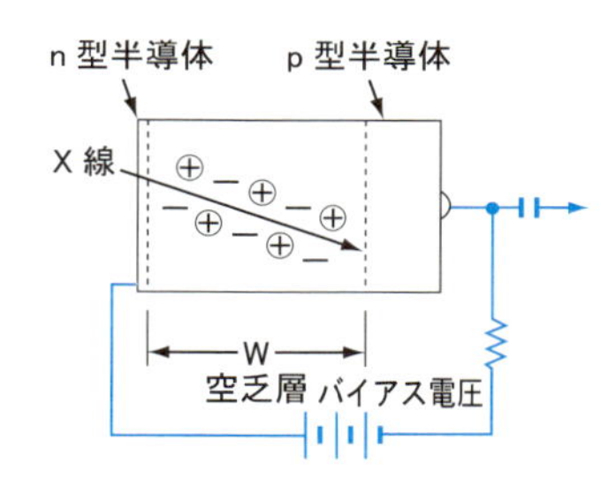

図 5-16　半導体検出器の原理

X 線が半導体に入射すると固体中に束縛されていた電子が励起され，電子と電子のなくなった空孔（これは正電荷をもった粒子の働きをするので正孔と呼ばれる）が生じる。この電子と正孔の対は電離箱のイオン対に似ている。図 5-16 に Si（Li）型 SSD の概略を示す。検出器本体は純粋なシリコン（Si）のブロックでできており，このブロックの一端に高温（673 K）でリチウム（Li）金属の薄い膜を取り付ける。このシリコンブロック中の自由電子の密度が低い場合は p 型半導体として作用する。いま液体窒素温度まで下げると Li は溶解するので，ブロックに電圧を加えると Li が p 型のシリコン中に拡散し，正孔を埋め（空乏層），シリコンブロックはもはや半導体ではなくなり，電流は流れない。この空乏層に X 線が入射すると電子と正孔が生じ，電子は正極に正孔は負極へ移動し，電流パルスが得られる。生じた電流パルスを数えることにより，X 線の強度を測定する。検出器の両端にいろいろのバイアス電圧を加えることにより，電極に移動するリチウムのエネルギー分布，すなわち X 線のエネルギー分布がわかる。このバイアス電圧を 100〜1000 チャンネルの幅で変化させれば，それに応じてより高いエネルギー分解能が得られる。

また SSD の場合，電子と正孔をつくるのに要するエネルギーは約 3 eV でよく，比例計数管に用いた空気の電離エネルギーの約 1/10 であり，また固体の密度は気体の約 1,000 倍であるため，高い波高の電流パルスが得られるので，入射 X 線を高いエネルギー分解能で検出できる。拡散するリチウムが沈殿しないように，検出器を液体窒素温度に冷却して使用しなければならない。

(4) 位置敏感型比例計数管

位置敏感型比例計数管（PSPC : position sensitive proportional counter）は，(1) の比例計数管と原理は同じであるが，10〜20 cm の陽極線の両端に増幅器を設けた一次元検出器である。入射した X 線がガスを電離して生じた電荷パルスは，陽極線の両端に現れるが，入射した場所により両端で時間差が生じる。それを分割増幅して時間デジタル変換器でデジタル値に変換して読み取る。位置分解能は 0.1〜0.2 mm 程度である。陽極線の代わりに金属箔を用いて，散乱角 120 度の範囲を一度に測定できる検出器も使用されている。PSPC では，広い散乱角の X 線散乱強度を同時に測定できるので，時間分解測定に用いられている。最高時間分解能は 0.1 ミリ秒である。

(5) イメージングプレート検出器

イメージングプレート（IP : imaging plate）検出器は，光輝尽発光という特殊な現象を示す蛍光体（BaFBr : Eu^{2+}）の微結晶（粒子サイズ 4〜5 μm）を高密度充填塗布した，フィルム状の新しいタイプの放射線画像センサーである。光輝尽発光とは，IP に X 線が照射されると，塗布された蛍光体中でユーロピウムイオンの励起現象（$Eu^{2+} \rightarrow Eu^{3+}$）が起こり，準安定状態の着色状態の中心が形成される。この後，蛍光体に He–Ne レーザーを照射すると着色中心は消失し，そこに蓄えられた X 線エネルギーは蛍光として放出される。収束したレーザー光を蛍光面上で 2 次元的に走査して，発生する蛍光強度を光電子倍増管で測定すると，写真フィルムのように蛍光面上に記録された X 線像を読み出すことができる。さらに，IP は X 線像を読み出した後，一定量のハロゲンランプを均一に照射することにより，X 線像を完全に消去できる。このため，同一の IP を何度も繰り返して使用できるという利点がある。IP 検出器の原理図を図 5–17 に示す。IP 検出器は従来の 1 次元 PSPC と異なり，2 次元的で赤道上以外の回折線情報も積算可能であり，等角度の信号を積算できるため，通常用いられている θ–θ 型ゴニオメーターでの測定に比べて大幅な時間短縮が可能である。また，X 線検出器として広い有感面積（200×400 mm^2）やダイナミックレンジ（10^5 以上）を持ち，積分型の検出器でありながらパルス型並の高い検出感度を持っている。

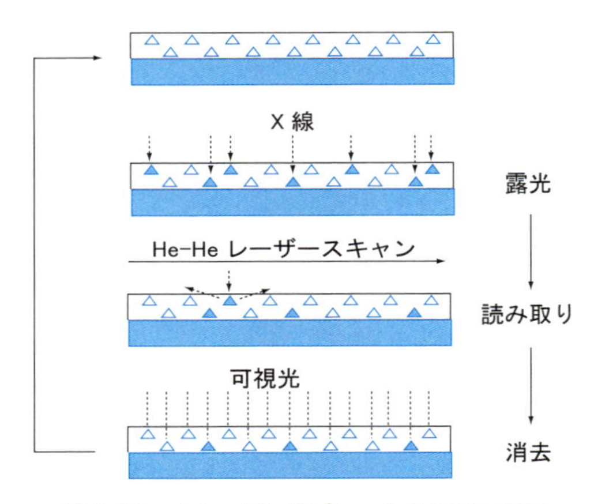

図 5–17　イメージングプレート検出器の原理

(6) CCD 検出器

CCD の原理は 3 章（3. 4. 3）で説明されている。X 線検出器として用いる場合は，エネルギーの強い X 線が光ダイオードに当たると壊れてしまうために，蛍光体を全面に置き，光ファイバーで CCD 上に像を記録する構造になっている。CCD は暗電流によるバックグランドを少なくするために，ペルチェ素子などで－50℃以下に冷却される。CCD は，IP に比べてダイナミックレンジが小さいという欠点があるが，データ読み出し時間が短いために X 線検出器として広く用いられている。

5.3　X線回折分析

5.3.1　X線の散乱と回折

X線が物質にあたるとそのまま透過するもののほかに，物質中の原子の核外電子によって散乱されるものがある。散乱X線の中には，散乱X線の波長が入射X線の波長と同じ（エネルギーが同じ）であるトムソン（Thomson）散乱（コヒーレント散乱，干渉性散乱ともいう）や，散乱X線の波長が入射X線の波長と異なるコンプトン（Compton）散乱（インコヒーレント散乱，非干渉性散乱ともいう）がある。また，前節で述べた固有X線（蛍光X線）や反跳した電子も散乱X線の中に含まれる。

このうちX線回折に重要なものはトムソン散乱である。図5-18において左方からX線波が進み，その進路に電子があると，この電子はX線波の交番電場によって，この波と同じ周期で強制振動させられ，同周期の電磁波が電子を中心として球面状に発生する。1個の電子が散乱するX線の強さI_eは入射X線の強さに比例し，観測方向によって変わり，また観測点での距離によっても変わる。すなわち

$$I_e = I_0 \frac{e^4}{r^2 m^2 c^4} \frac{1+\cos^2(2\theta)}{2}$$

ここで，I_0は入射X線の強さ，rは電子から観測点までの距離，mは電子の質量，eは荷電，cは光速度を示す。$e^4/(m^2c^4)$は面積の次元をもつもので散乱断面積とよび，その値は79×10^{-26}となる。$\cos(2\theta)$を含む項は偏光による強度変化を示す。

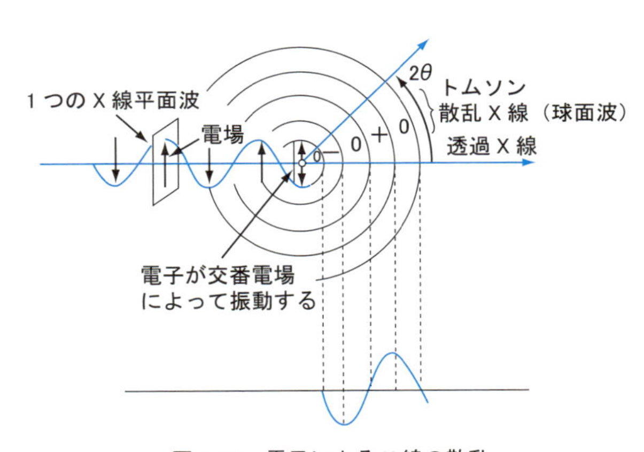

図5-18　電子によるX線の散乱

結晶は原子やイオン，または分子がそれぞれ一定した法則に従って三次元的に規則正しく配列したもので，この配列の繰り返しの最小単位を単位格子（unitcell）という。また単位格子の3方向の稜の長さ（a, b, c）および稜のな

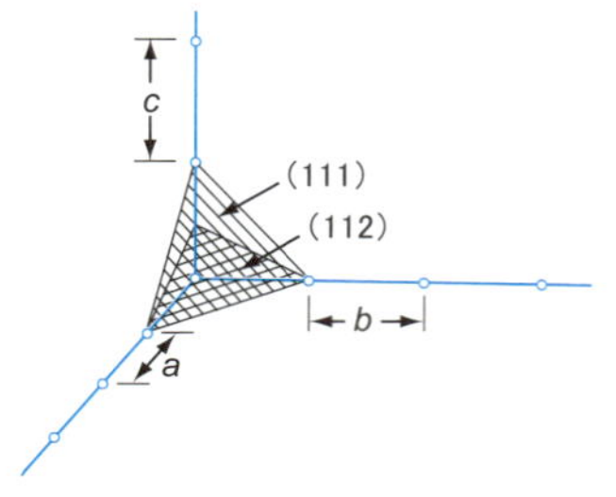

図 5-19　格子面とミラー指数

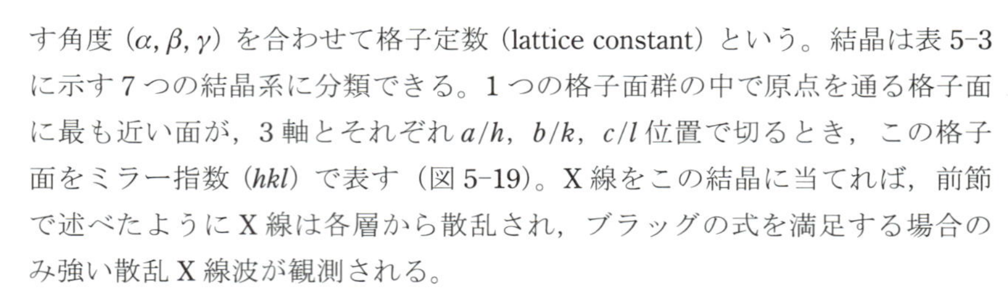
す角度 (α, β, γ) を合わせて格子定数 (lattice constant) という。結晶は表 5-3 に示す 7 つの結晶系に分類できる。1 つの格子面群の中で原点を通る格子面に最も近い面が，3 軸とそれぞれ a/h，b/k，c/l 位置で切るとき，この格子面をミラー指数 (hkl) で表す（図 5-19）。X 線をこの結晶に当てれば，前節で述べたように X 線は各層から散乱され，ブラッグの式を満足する場合のみ強い散乱 X 線波が観測される。

表 5-3　結晶系と格子定数および面間隔などの関係

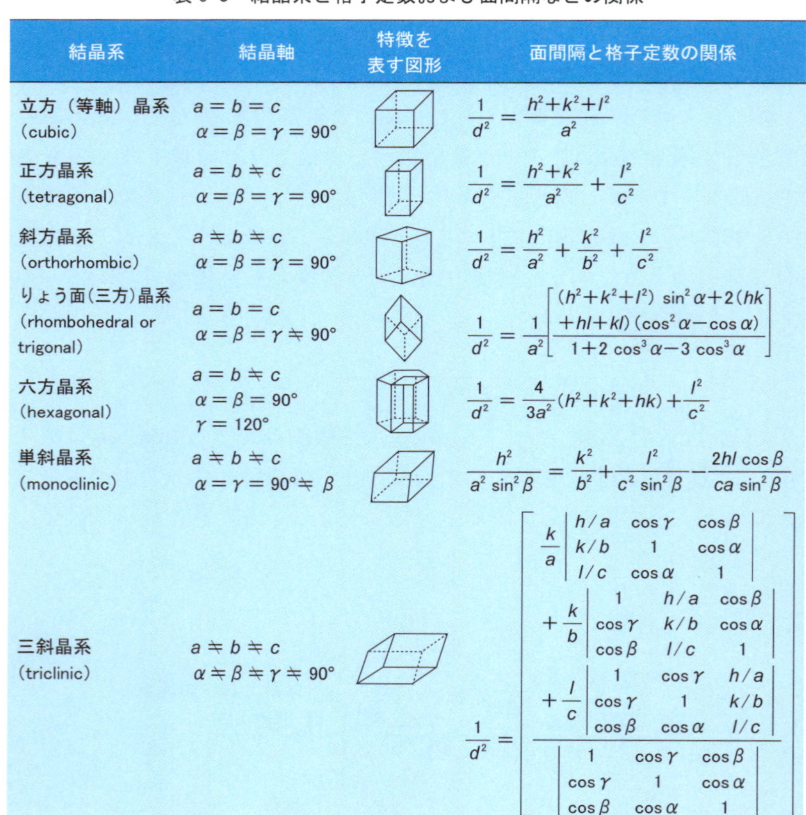

結晶系	結晶軸	特徴を表す図形	面間隔と格子定数の関係
立方（等軸）晶系 (cubic)	$a=b=c$ $\alpha=\beta=\gamma=90°$		$\dfrac{1}{d^2}=\dfrac{h^2+k^2+l^2}{a^2}$
正方晶系 (tetragonal)	$a=b\fallingdotseq c$ $\alpha=\beta=\gamma=90°$		$\dfrac{1}{d^2}=\dfrac{h^2+k^2}{a^2}+\dfrac{l^2}{c^2}$
斜方晶系 (orthorhombic)	$a\fallingdotseq b\fallingdotseq c$ $\alpha=\beta=\gamma=90°$		$\dfrac{1}{d^2}=\dfrac{h^2}{a^2}+\dfrac{k^2}{b^2}+\dfrac{l^2}{c^2}$
りょう面(三方)晶系 (rhombohedral or trigonal)	$a=b=c$ $\alpha=\beta=\gamma\fallingdotseq 90°$		$\dfrac{1}{d^2}=\dfrac{1}{a^2}\left[\dfrac{(h^2+k^2+l^2)\sin^2\alpha+2(hk+hl+kl)(\cos^2\alpha-\cos\alpha)}{1+2\cos^3\alpha-3\cos^3\alpha}\right]$
六方晶系 (hexagonal)	$a=b\fallingdotseq c$ $\alpha=\beta=90°$ $\gamma=120°$		$\dfrac{1}{d^2}=\dfrac{4}{3a^2}(h^2+k^2+hk)+\dfrac{l^2}{c^2}$
単斜晶系 (monoclinic)	$a\fallingdotseq b\fallingdotseq c$ $\alpha=\gamma=90°\fallingdotseq\beta$		$\dfrac{h^2}{a^2\sin^2\beta}=\dfrac{k^2}{b^2}+\dfrac{l^2}{c^2\sin^2\beta}-\dfrac{2hl\cos\beta}{ca\sin^2\beta}$
三斜晶系 (triclinic)	$a\fallingdotseq b\fallingdotseq c$ $\alpha\fallingdotseq\beta\fallingdotseq\gamma\fallingdotseq 90°$		$\dfrac{1}{d^2}=\left[\dfrac{\dfrac{k}{a}\begin{vmatrix}h/a & \cos\gamma & \cos\beta\\ k/b & 1 & \cos\alpha\\ l/c & \cos\alpha & 1\end{vmatrix}+\dfrac{k}{b}\begin{vmatrix}1 & h/a & \cos\beta\\ \cos\gamma & k/b & \cos\alpha\\ \cos\beta & l/c & 1\end{vmatrix}+\dfrac{l}{c}\begin{vmatrix}1 & \cos\gamma & h/a\\ \cos\gamma & 1 & k/b\\ \cos\beta & \cos\alpha & l/c\end{vmatrix}}{\begin{vmatrix}1 & \cos\gamma & \cos\beta\\ \cos\gamma & 1 & \cos\alpha\\ \cos\beta & \cos\alpha & 1\end{vmatrix}}\right]$

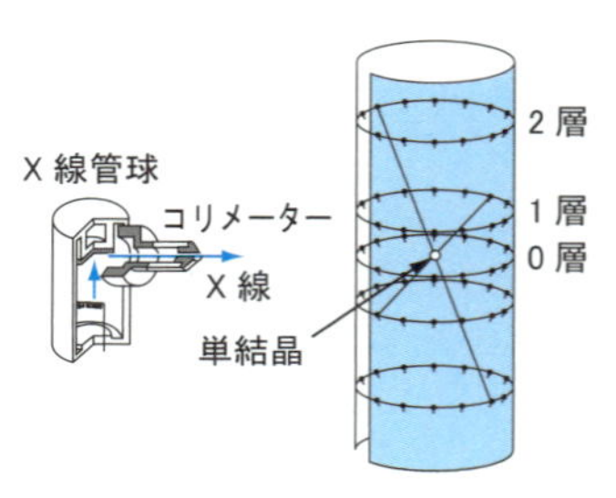

図 5-20　単結晶のブラッグ反射を測定する原理図

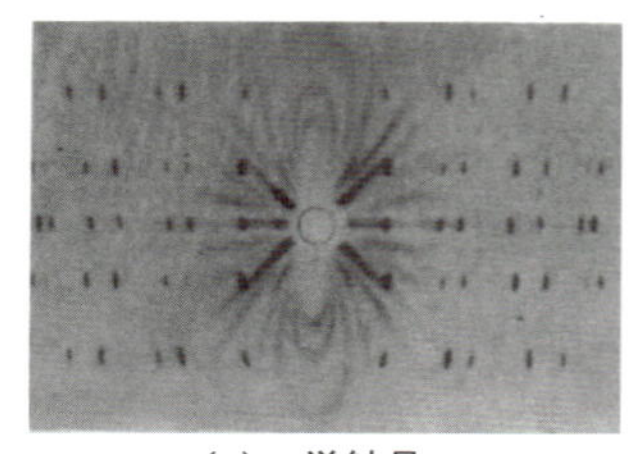

(a)　単結晶

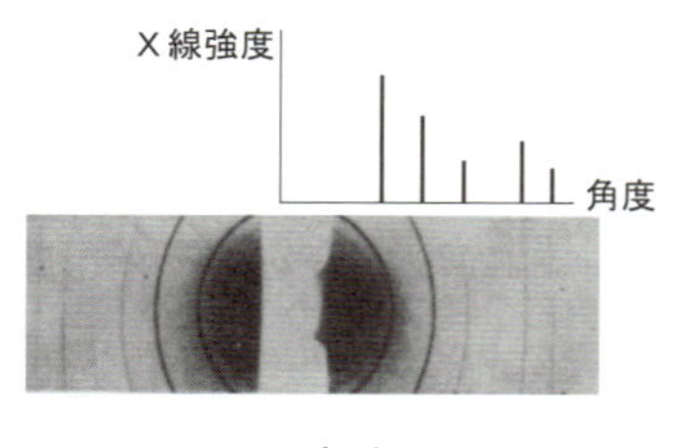

(b)　粉末

図 5-21　結晶の X 線回折パターン

5. 3. 2　原　　理

結晶の X 線回折に用いられる装置の原理図を図 5-20 に示す。試料が単結晶の場合，フイルム上に現れる斑点は図 5-21 (a) のようになる。試料が粉末結晶である場合，これらの結晶は入射 X 線の方向に対してあらゆる角度に並んでいるので，単結晶試料にみられた斑点のかわりに，図 5-21 (b) のようなリング状の回折パターンになる（この手法を開発したドイツ人 von Laue にちなんでラウエ写真という）。

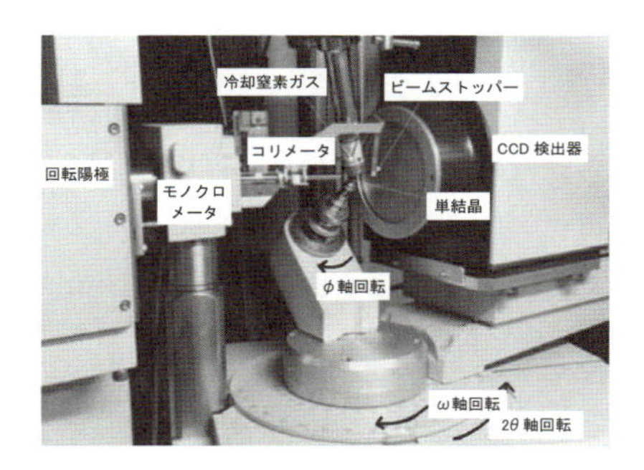

図 5-22　単結晶 X 線回折装置

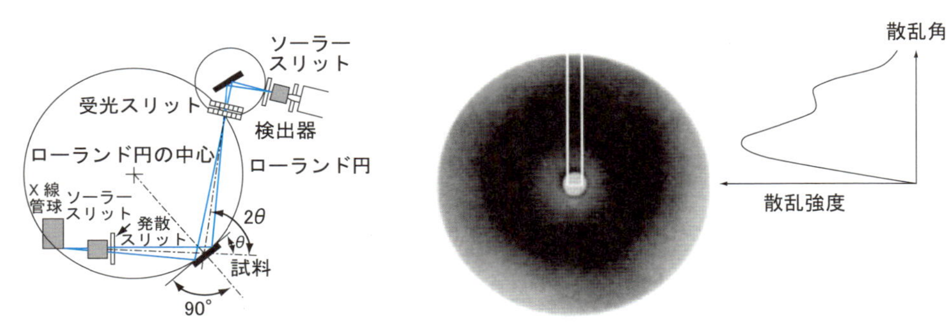

図 5-23　粉末 X 線回折装置の原理図

図 5-24　非晶質物質の X 線回折パターン

実際に用いられる装置には，単結晶回折装置（図 5-22），粉末試料回折装置（図 5-23）がある。前者は，結晶の三次元に広がる斑点を測定するため，三方向（$2\theta, \phi, \omega$）の回転軸があるのに対して，後者は二軸方向（$2\theta, \omega$）の回転のみで足りる。いずれの場合も試料の角度が θ（または ω）回転すればカウンターを 2θ 回転させることにより，ブラッグ条件を満足するローランド（Rowland）円上を動くように設計されている（図 5-23）。図 5-23 の装置を用いて粉末試料を測定すると，回折パターンは図 5-21 に示すようなチャートとして得られる。

5. 3. 3　応　　用

分析試料を測定するにあたって，試料が結晶性のものか，あるいは非晶質（アモルファス，amorphous）性のものかを判定することが必要である。アモルファス試料であれば，明確な回折パターンを与えず，図 5-24 に示すハロー（hallo）を与える。この場合試料のピークが鈍ってみえるので判定は容易である。

(1) 粉末 X 線回折

粉末試料の回折パターン（図 5-26）が得られたら，各ピークの位置から 2θ を求め，ブラッグの式から $n = 1$ として d を求めるか，あるいは $2\theta - d$ 表

から d を求める。次に回折線の強度として高さを測定し，最も強度大のピークの高さ I_1 を 100 として，各回折線の高さ（I）の相対強度（I/I_1）を算出する。未知試料について得られた d と I/I_1 を既知物質のそれらと比較することにより試料を同定する。既知物質データ集として ASTM カード（図 5-25，粉末回折標準委員会 JCPDS（Joint Committee of Powder Diffraction Standard）データファイルより）があり，未知試料の d と I/I_1 に合う ASTM のデータを見つけ出すことにより，化合物名と構造を知ることができる。近年は，ASTM カードの内容をコンピュータに記憶させたデータベースを用いて自動的に迅速に検索することができる。

図 5-26 は組成は同じであるが，構造は異なる TiO_2 粉末の X 線回折パターン（Cu K_α 線を使用）である。ピーク強度の大きな順番に回折線の 2θ（横軸）の値を読み取り，$2\theta-d$ 表から d に変換する。ASTM（American Standard for Testing Materials の略）カード（図 5-25）の d 値索引から一致するカードを探しだすことにより，パターン(a)はアナターゼ型で，(b)はルチル型であることがわかる。

新しく合成された化合物は，当然構造は未知であり，ASTM カードにも記載されていない。このような場合は結晶構造解析を行う。通常，構造解析は次に述べる単結晶を用いて行う。

粉末試料においても回折線の指数付け（*hkl* を決める），格子定数，空間群，

d	3.25	1.69	2.49	3.25	TIO_2
I/I_1	100	60	50	100	Titanium Oxide (Rutike)

Rad. Cu $K_{\alpha 1}$ λ 1.54056 Filter Mono. Dia.
Cut off I/I_1 Diffractometer
Ref. National Bureau of Standards, Mono. 25, Sec. 7 (1969)

Sys. Tetragonal S. G. $P4_2/mnm$ (136)
a_0 4.5933 b_0 c_0 2.9592 A C 0.6442
α β γ Z2 Dx 4.250
Ref. Ibid.

$\varepsilon\alpha$ $n\omega\beta$ $\varepsilon\gamma$ Sign
2V D mp Color
Ref.

No impurity over 0.001%

dÅ	I/I_1	*hkl*	dÅ	I/I_1	*hkl*
3.25	100	110	1.0425	6	411
2.487	50	101	1.0364	6	312
2.297	8	200	1.0271	4	420
2.188	25	111	0.9703	2	421
2.054	10	210	.9644	2	103
1.6874	60	211	.9438	2	113
1.6237	220	220	.9072	4	402
1.4797	10	002	.9009	4	510
1.4528	10	310	.8892	8	212
1.4243	2	221	.8774	8	431
1.3598	20	301	.8738	8	332
1.3465	12	112	.8437	6	422
1.3041	2	311	.8292	8	303
1.2441	4	202	.8196	12	521
1.2006	2	212	.8120	2	440
1.1702	6	321	.7877	2	530
1.1483	4	400			
1.1143	2	410			
1.0936	8	222			
1.0827	4	330			

図 5-25　ASTM カードの例

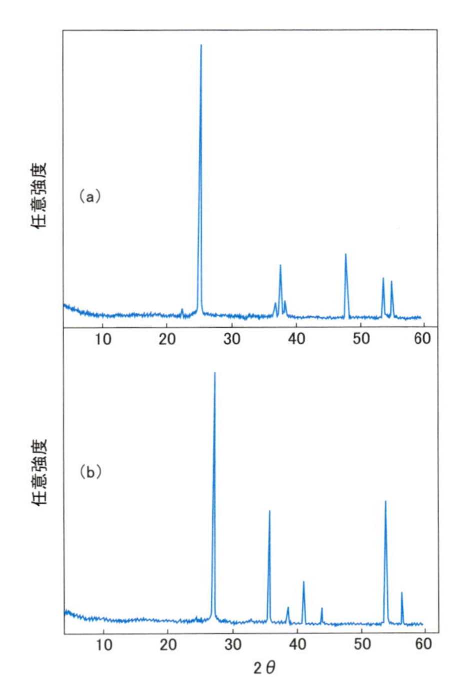

図 5-26　TiO_2 粉末の X 線回折パターン
(a) アナターゼ型　　(b) ルチル型

化合物の属する晶系を決定することができる。また，構造がわかっている化合物と同形の粉末試料の場合は，観測された回折ピークのプロファイルと構造モデルにより計算したプロファイルが最もよく合うように電子計算機を用いた最小二乗法で構造を決定できる（リートベルト Rietvelt 法）。

図 5-27 は 40 K の Tc を示す酸化物超伝導体 $Ba_2LaCu_{3-x}O_{7-y}$ の粉末回折パターンに対して，リートベルト法により構造を精密化した結果である。回折

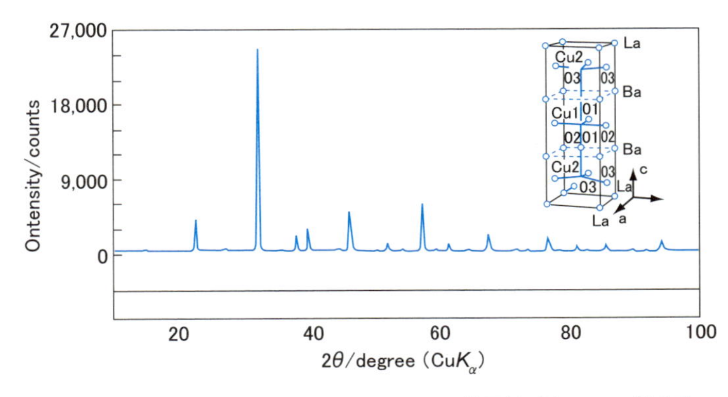

図 5-27　高温超伝導体 $Ba_2LaCu_{3-x}O_{7-y}$ の X 線回折パターンに対するリートベルト法の適用例
(I. Nakai, K. Imai, T. Kawashima and R. Yoshizaki, *J. J. Appl. Phys.*, **26**, 425 (1987))

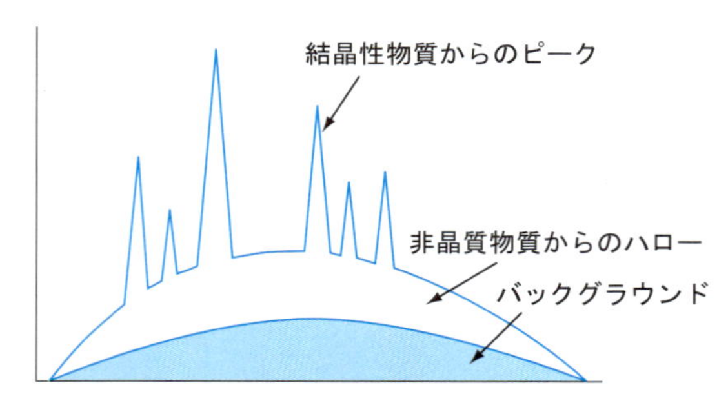

図 5-28　粉末試料が非晶質を含んだ場合の X 線回折パターン

パターンはグラファイト結晶で単色化した Cu K_α 線を用いて，2θ が 10° から 100° の範囲にわたり 0.02° ステップで測定されたものである。

粉末試料が非晶質物質を含んでいるような場合は，図 5-28 のようなパターンを示す。すなわち非晶質物質はハローパターンを与え，一方，結晶性物質はブラッグパターンを与えるので，回折パターンから試料の結晶化度の評価が可能になる。この方法は，高分子や繊維などの試料の結晶化度を見積るのに使われている。また，アニール処理が十分でない金属もブロードな回折パターンを与えるので，金属疲労などの検査にも応用されている。そのほか粘土や砂などの土壌の分類や工場塵の分析，人工鉱物の品質，さびの分析などにも応用されている。

粉末 X 線回折による定量分析は，標準試料（添加法，内標準法など）を用いて検量線を求めることにより行われている。しかしながら，X 線回折パターンは物質の規則的な原子配列の均一性に依存するので，実際の試料と標準試料との間で，結晶格子の大きさ，および選択配向性・結晶性・非晶質相の量などに差があることにより，定量分析の精度が制限される。現在得られる定量分析の最良の結果は，定量下限で 0.005%（または $0.5\,\mu g/cm^{-2}$）であり，通常の測定の定量下限は一桁程度大きい。

(2) 単結晶構造解析

新しく合成された化合物の単結晶（0.1 mm 程度の大きさ）が得られるならば，構造解析を行う。構造解析のあらましを図 5-29 に示す。単結晶構造解析の詳細は複雑であるので，専門書を読んで頂きたい。化合物の晶系，空間群，格子定数などの結晶データは，かつてプリセッションカメラやワイゼンベルグカメラを用いて求められた。現在は，コンピュータの発達と計算プログラムの整備が進み，構造解析の自動化が可能になっている。

これらの手法により無機および有機化合物の構造は年間およそ数万ほど専門雑誌に報告されており，2014 年までに 75 万に達している。また，分子量が数万もあるタンパク質の構造も年間 1 万ほど報告されており，2014 年までに 10 万 7 千がデータバンクに登録されている。

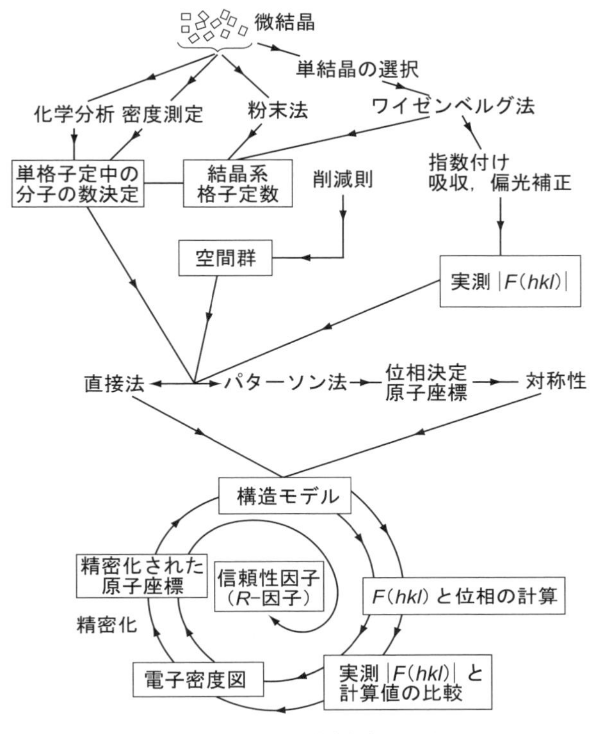

図 5-29　単結晶構造解析の過程

図 5-30 は結晶［$CoBr(C_{11}H_{27}N_5)$］Br_2・$2H_2O$ の構造のステレオ図である。単結晶（0.40×0.22×0.14 mm）を選び，回転陽極からの MoK_α 線を用いて単結晶 X 線回折装置により約 2400 の回折点を CCD 検出器により測定した。結晶は a = 13.139 Å，b = 9.6674 Å，c = 15.393 Å の斜方晶系に属することがわかった。

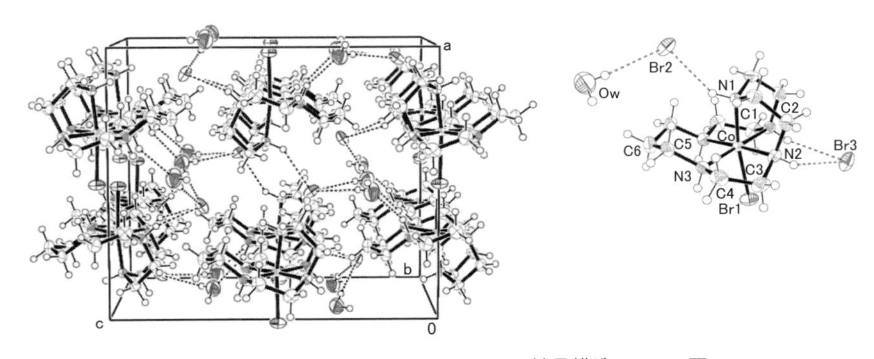

図 5-30　［$CoBr(C_{11}H_{27}N_5)$］Br_2・$2H_2O$ の結晶構造 ORTEP 図
(T. Kurisaki, M. Hamano, H. Wakita, *Acta Cryst*. E, E69, m179 (2013))

(3) 非晶質，液体の構造解析

X 線回折パターン上に鋭いピークが現れず，ハローのみが見られる場合は，その化合物中のイオンや分子は三次元状に規則的な配列をとらず無秩序に並んでいる。しかしながら，アモルファス物質や液体の回折パターン（ハロー）には，幅広いピークが観測され（図 5-24），短範囲構造が存在することを示している。この回折パターンの解析には動径分布関数法とよばれる方法がある。動径分布関数は原子の一次元の確率密度分布を表す関数である（図 5-31）。この関数上に現れるピークは，ある任意の原子の周りに存在する原子の確率密度を表わしており，このピークの位置と面積から，結合距離，原子の種類，原子の数，結合の強さなどがわかる。しかしながら，三次元の構造を一次元に投影したものであるので，複雑な化合物の解析は困難なことが多い。

図 5-31 は Mo K_α 線を用いて測定した液体水（298 K）の動径分布関数 $D(r)-4\pi r^2\rho_0$ である。2.84 Å の第 1 ピークは中心水分子に直接結合した隣接水分子との相互作用に帰属され，4.65 Å 付近の第 2 ピークは中心水分子から第 2 配位殻にある水分子との相互作用に帰属される。第 2 近接水分子と第 1 近接水分子との距離の比（4.65/2.84 = 1.63）は$\sqrt{8/3}$ に近いので，水分子は四面体状構造を構成していることがわかる。また，第 1 ピークの面積から第 1 配位殻中には約 4.4 個の水分子が存在しており，氷の場合の 4 個に比べて 0.4 個分水分子が多い。この過剰の水分子は水素結合を形成せずに，四面体ネットワークの隙間に入り込んでいると考えられている。液体水の密度が氷の密度より大きくなる現象が X 線回折の結果から説明される。

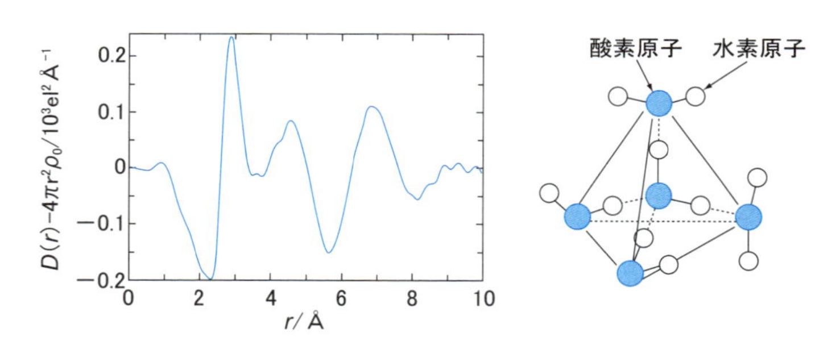

図 5-31　液体水の動径分布関数（左）と水の四面体構造（右）

(4) 界面の構造解析

薄膜・多層膜，気液，液液界面の構造は，基礎的の研究から半導体の酸化膜（SiO_2/Si）や集積回路（LSI）や高分子ろ過膜等の応用研究において重要である。X 線を用いた構造解析法では，X 線反射率と斜入射 X 線回折（GIXD : grazing incidence X-ray diffraction）が用いられている。前者は，界面の深さ

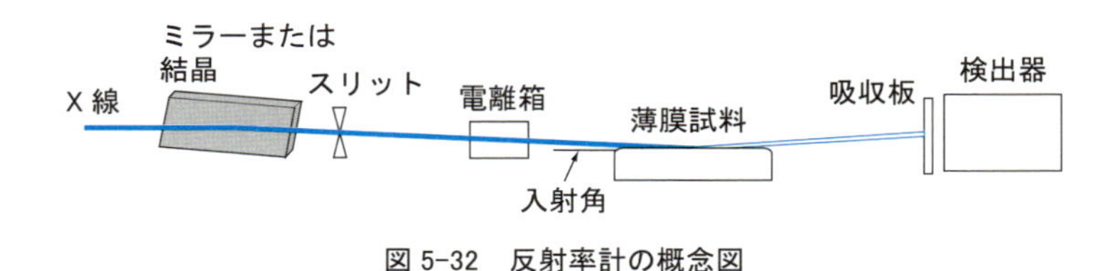

図 5-32　反射率計の概念図

方向の電子密度分布を得ることができ，各層の厚み，界面における分子の配向などを決定できる。後者では，界面の二次元構造を決定することにより，界面に平行な面と垂直な面内の分子の配向を決定できる。大強度で指向性の高い放射光が用いられるようになり，界面の構造解析は飛躍的に進展した。図 5-32 は，SPring-8 の BL37XU に設置されている反射率計の概念図である。界面からの散乱を測定するために，X線の入射角度を全反射臨界角以下になるようにX線を試料界面にあてる。15 keV のX線を用いた場合，入射角を 0.01〜3 度で測定を行う。そのために，水平方向のX線を全反射ミラーで曲げるか，結晶の回折線を利用して界面にX線を照射する。気液界面を測定する場合は，液面高さを一定に保つために，水槽トラフ上で溶液表面の圧力と温度を常に制御することが必要である。図 5-33 は，シリコン基板上にゾルゲル法とスピンコート法により形成させた $Bi_{4-x}La_xTi_3O_{12}$（BLT）薄膜を 550℃で 2 時間結晶化させた後のX線反射率スペクトルを示す。反射率スペクトルは，CuK_α 線を多層膜ミラーにより反射させた平行ビームを試料界面に入射角 0.4〜2.9 度の範囲で照射して，散乱X線をグラファイルモノクロメーターで単色した後シンチレーション検出器で測定された。反射スペクトルのモデルフィティング解析から，シリカ界面層（Si-O）3 nm，BLT 層 64 nm，BLT 表面層 2 nm であり，それぞれの層の密度と界面の粗さ（RMS：Root Mean Squares）も明らかになった。

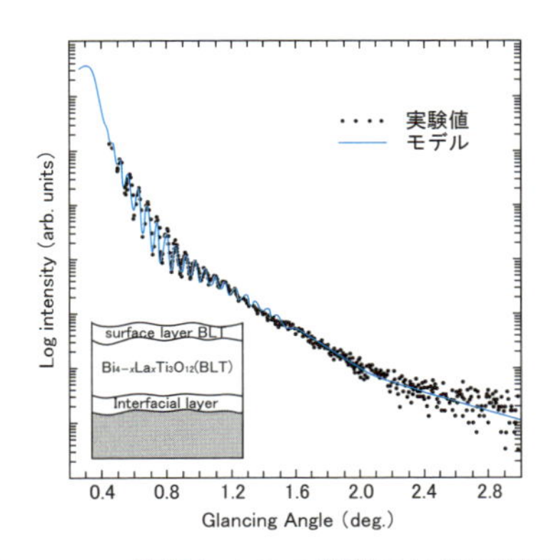

	厚み (nm)	密度 (g/cm³)	粗さ RMS
BLT 表面層	2.2	4.4	1.3
BLT 層	63.6	7.3	1.4
表面層	3.4	2.5	0.5

図 5-33　Si 基板上の BLT 薄膜のX線反射率スペクトル（点：実験値）と薄膜モデル（挿入図）を用いたフィティング結果（実線）と最適パラメータ値（表）
(A. Kohno, H. Tomari, *Mater. Res. Soc. Symp. Proc.* 0902-T03-45.1-4, (2006))

光電子分光分析法

照射光がX線の場合が蛍光X線分析である。この他に，照射光が電子線の場合を発光X線分析，陽子線やα線の場合を荷電粒子励起X線分析(PIXE : particle induced X-ray emission) という。一方，発生した蛍光X線ではなく，放出された電子のエネルギー分布を測定する方法もある。これを光電子分光分析法という。

5.4 蛍光X線分析法

5.4.1 蛍光X線

特性X線は電子線を対陰極物質に衝突させることにより発生するが，図5-34に示すように，電子線の代わりにX線(一次X線)を照射することによっても照射された物質から特性X線を発生させることができる。この特性X線を二次X線あるいは蛍光X線 (fluorescent X-rays) という。蛍光X線を利用して行う分析法を蛍光X線分析法という。

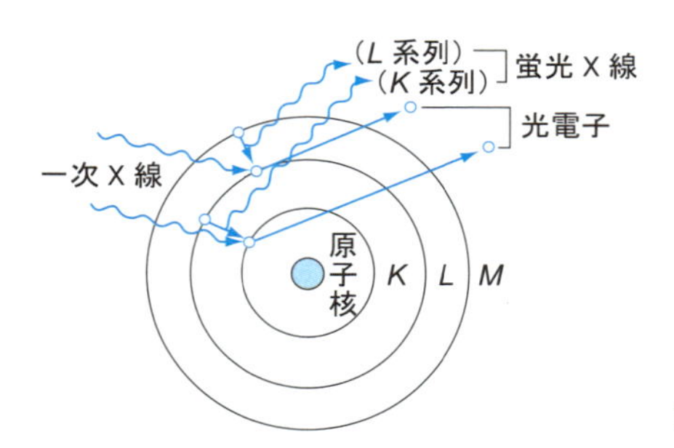

図 5-34 蛍光X線の発生

5.4.2 原　　理

蛍光X線分析法の原理図を図5-35(a)，(b)に示す。いずれの方式においても，X線管球より発生した一次X線を試料に照射し蛍光X線を発生させる。蛍光X線の強度は入射X線の強度に比例するので，X線源は強力なものほどよい。また，入射X線の波長は試料に含まれる元素の励起波長より短い(エネルギーが高い) 必要があるので，試料に応じて対陰極を選ぶ。一般に用いられているのは重元素で短い励起波長をもつタングステン (W) 対陰極である。この他，金 (Au)，白金 (Pt)，モリブデン (Mo)，クロム (Cr)，ロジウム (Rh) なども使われる。

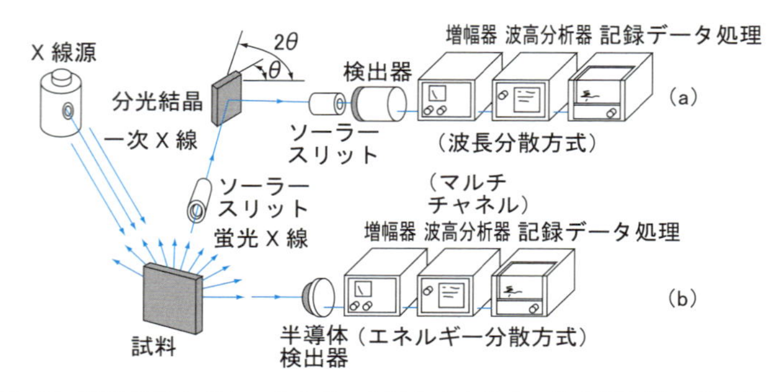

図 5-35 波長分散方式とエネルギー分散方式の蛍光X線分析装置の基本構成図

発生した蛍光X線は(a)または(b)の方式により各元素の蛍光X線を選び出す。方式(a)では，既知の面間隔dをもつ分光結晶に蛍光X線を当てる。蛍光X線の波長λは入射角をθとするとブラッグの条件より

$$n\lambda = 2d \sin \theta$$

で与えられるので，分光結晶を回転させることにより，いろいろの波長を分離することができる。この方式を波長分散方式という。分光結晶は平板型と湾曲型があるが，後者の方が反射強度が大きく，検出感度が高い。分光可能な波長範囲は分光結晶の面間隔dに依存し，dが大きいほどその範囲は大きくなる。したがって，分析したい元素によって分光結晶を選択する必要がある（表5-2）。

方式(b)では，試料から発生した蛍光X線を半導体検出器（SSD）で検出する。このSSDのエネルギー分解能はきわめて高いので（p. 97参照），マルチチャンネル波高分析器により蛍光X線のエネルギーを分離する。この方式をエネルギー分散方式という。

試料は固体でも液体でも測定できる。試料ホルグーはX線を透過させる材質，たとえばポリエチレンなどのポリマーが用いられる。アルミニウムでできたホルダーも使用されている。

液体試料の場合はX線の吸収を少なくするため軽元素からなる溶媒（たとえば，水や炭化水素など）を用いる。固体試料の場合は細かく砕いて粉末にし，ボロン塩と混ぜてペレット状に成形して測定する（ガラスビート法）。その他の固体は表面をよく研磨して平坦にして測定してもよい。このような方法では試料の表面から100～1 μmの層に存在する元素からの蛍光X線を測定している。

原子番号が12から92までの元素は空気中でも測定できる。原子番号5から11の元素の蛍光X線は長波長（低エネルギー）であるため空気により吸収されてしまう。それ故に，このグループの元素の分析には真空下かヘリウム雰囲気下で行う必要がある。

最近，図5-36に示す全反射蛍光X線分析方式が開発されている。この方式では，試料表面に対してきわめて小さい角度θ（0.01～0.05°）でX線を入射し，散乱X線を全反射させることにより，バックグランドを軽減し，試料表面の元素からの蛍光X線を高いS/N比で検出することができる。この方法を用いると，極微量の試料（0.05 ng），薄膜試料（数Å～50Å），極低濃度（5 ppb）の試料の定量定性分析ができる。また，大気中でNaからUまでの原子について測定が可能である。

最近，シンクロトン放射光源（図5-6）を一次X線に利用した蛍光X線分析も開発されている。この光源を波長分散方式（図5-26(a)）に利用した場合，検出下限は試料濃度で数十ppb，絶対量ではpg（10^{-12} g）以下である。

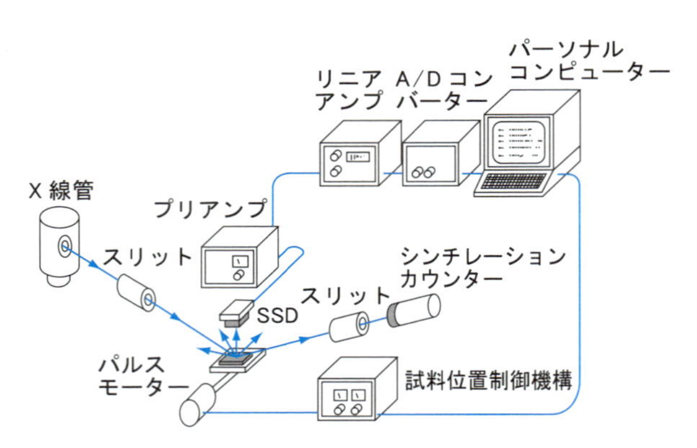

図 5-36　全反射蛍光 X 線分析装置の原理図

また，全反射方式（図 5-36）に使用した場合の検出下限は，試料濃度で 0.5 ppb，絶対量では約 1 pg である。

5. 4. 3　応　　用

(1) 定 性 分 析

分光された蛍光 X 線に対する分光結晶の角度 θ を読み取り，ブラッグの式から X 線の波長を求めれば，その特性波長をもつ元素が帰属できるので定性分析ができる。実際は各分光結晶ごとに 2θ－元素，元素－2θ の対照表が作られている*。定性分析は最も強いピークから 2θ－元素表で元素を推定した後，元素－2θ 表でその元素の他の系列線や高次反射線を調べ，推定した元素の確認をするのが手順である。いくつかの元素が共存し，かつ，それらのスペクトルが接近している次の場合は上述の手順を慎重に行う必要がある。

* 日本化学会偏，『化学便覧』（丸善出版）などをみよ。

① 原子番号が近い元素，特に，希土類元素のとなりあった元素同士。

② 原子番号が小さい元素の K 系列と原子番号が大きい元素の L 系列。

③ ある元素の K 系列の高次反射と原子番号の小さい元素の K 系列や L 系列など。

図 5-37 は，ハンディ型全反射蛍光 X 線装置を用いて，市販のペットボトル中のミネラルウオーター (a-d)，水道水 (e) 中の微量金属の分析例である。試料はいずれも 10 μL をパイレックスガラス製ミラー上に滴下し自然乾燥させた後測定した。W 線対陰極 X 線管を用い，X 線励起電圧 25 kV，管電流 200 μA，X 線入射角は 0.04°である。スペクトル (f) は，ブランク（パイレックスガラス製ミラー）である。ブランクのスペクトルには，空気中に 0.93 vol% 含まれるアルゴン (Ar) が検出され，石英 (SiO_2) の Si が検出される。したがって，これらはすべてのスペクトルに現れている。ミネラルウオーター (a-d) には，ボトルに表示されている K，Ca，V の他に，表示されていない

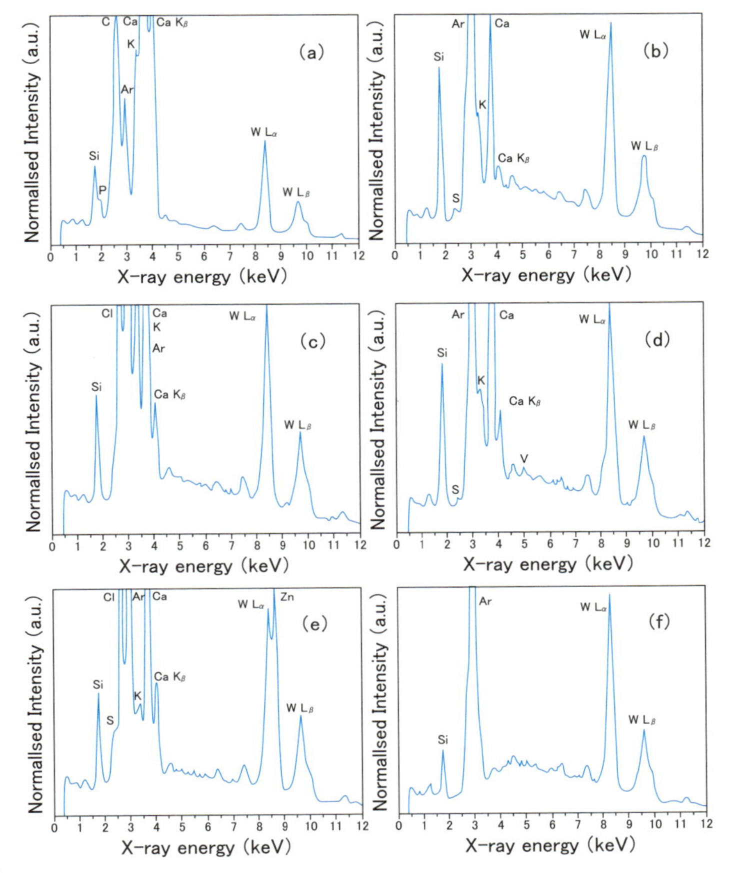

図 5-37　市販のミネラルウオーター（a-d）と水道水（e）とブランク（ガラス基板）の全反射蛍光 X 線スペクトル
（D. P. Tee，河合　潤，X 線分析の進歩，42, 261-266 (2011)）

元素 P，Cl，S も検出された。水道水（e）には，K，Ca，S，Cl，Zn 元素が検出されている。塩素 Cl は水の殺菌のために加えられたものである。亜鉛 Zn は配管材料が溶出したものと考えられる。なお，Na，Mg は軽原子のため装置上の制約で検出されない。

(2) 定 量 分 析

各元素による蛍光 X 線の強度を測定することにより定量分析を行うことができる。蛍光 X 線の絶対強度は測定できないので，標準試料を用いて検量線をつくり元素の濃度を定量する。標準試料はマトリックス効果による誤差を少なくするため未知試料に近い成分比のものをつくる。分析対象元素に近い元素を既知量入れて測定し，この標準元素との X 線強度比から定量する方法（内部標準法）と，分析対象元素と同じ元素を既知量添加して X 線強度比の増加から定量する方法（添加法）がある。検出限界は波長分散方式で数十 ppm，エネルギー分散方式で ppm 程度である。

図 5-38 は Cu 標準溶液を適当に希釈した液の濃度と X 線強度の関係である。良好な直線であることから検量線として使える。未知試料の X 線強度を測定すれば，この検量線から Cu 濃度が定量できる。

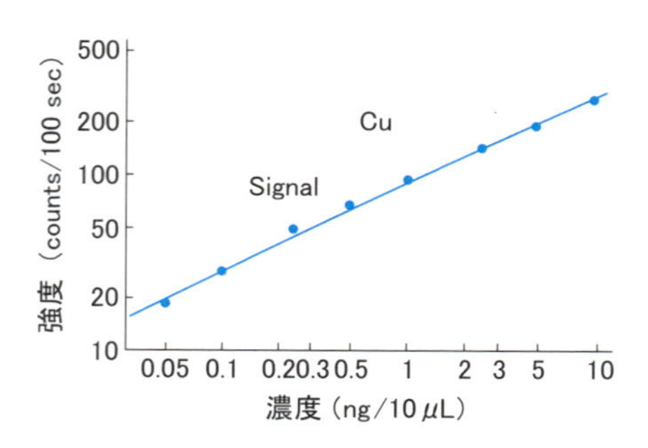

図 5-38　蛍光 X 線分析の検量線

5. 5　X 線吸収分析

5. 5. 1　X 線の吸収

X 線が物質を通過すると物質との相互作用により X 線のエネルギーは減少する。この関係は，いま入射 X 線の強さを I_0，透過後の X 線の強さを I，吸収体の厚さを x とすれば

$$I = I_0 \exp(-\mu x)$$

と表わされる。ここで，$\mu = \rho_0 \Sigma g_i (\mu/\rho)_i$ である。ρ_0 は試料の密度，g_i は原子 i の重量分率，$(\mu/\rho)_i$ は X 線吸収係数である。

X 線の波長を連続的に短く（エネルギーを大きく）していくと，吸収係数 μ はだんだん減少していき，ある波長で急激に増加する（図 5-39）。この波長は，K 殻軌道，L 殻軌道…の電子をたたき出すエネルギーに対応しており，それぞれ K 吸収端，L 吸収端…とよばれている。

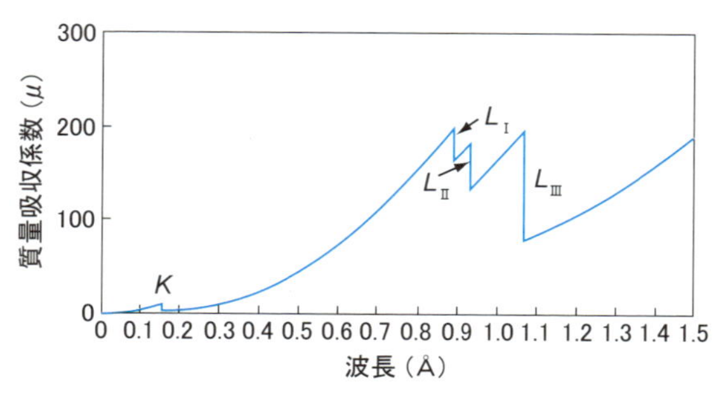

図 5-39　X 線の吸収

5. 5. 2　EXAFS と XANES

内殻軌道からたたき出された光電子の波は，もし吸収原子の周りに原子があるとその原子によって散乱される波との干渉によって，吸収端から 50 eV ～1 keV のエネルギー領域に微細構造 EXAFS（extended X-ray absorption fine structure）が生じる（図 5-40）。吸収端から十分離れた領域（> 50 eV）では光電子の運動エネルギーが大きいために散乱は弱く，図 5-41 に示されるように直接波と 1 回散乱波（0-1，0-2），および 2 回散乱波のうち中心原子に再び戻ってきて散乱されるもの（0-1-0，0-2-0）の間の干渉を考えれば十分である。直接波と散乱波の干渉は光電子の波数について正弦的な振動を与えるが，その周期から中心原子と散乱原子の間の距離が，また振幅の大きさや形から原子の種類や個数を推定できる。

これに対して，吸収端付近では光電子のエネルギーが小さいために，光電子波は周りの原子により強い散乱を受けるので，多重散乱波（0-1-2-0，0-2-1-0，…）の干渉も重要になる。多重散乱波の光路差は散乱原子の配置に依存するために，この領域 XANES（X-ray absorption near-edge structure）は配位の対称性にも敏感である。また，この領域には内殻準位から空いた束縛状態や分子軌道への直接遷移が観測されるため，結合の電子状態に関する情報も含まれる。

光電子は非弾性散乱によって急速に減衰するため , EXAFS から得られる情報は 4～5 Å の範囲に限られるが，直接波と散乱波の干渉を中心原子でみていることになるので，結晶のような長距離秩序を必要としない。EXAFS では光電子はいわば“点光源”として特定の原子の周りの原子配列を探るプ

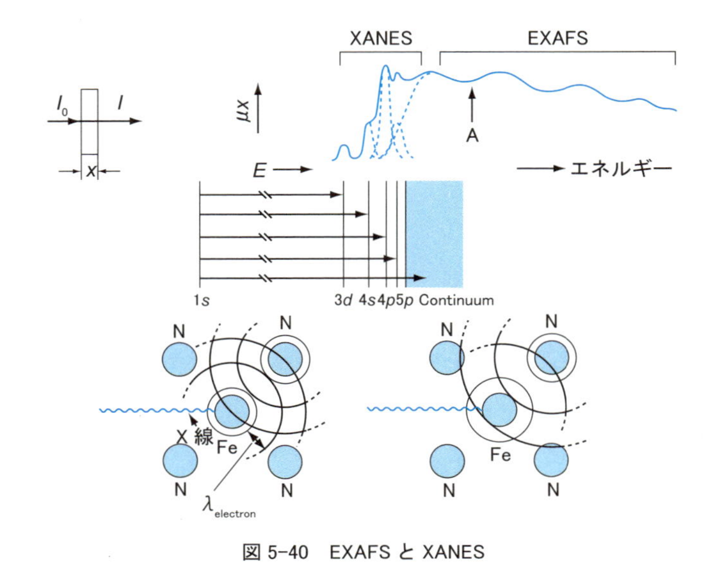

図 5-40　EXAFS と XANES

EXAFS
0-1　1
0-1-0
0-2-0　0
0-2　2
中心原子　散乱原子
XANES
0-1
0-2-1　1
0-1-0
0-2-0
0-1-2-0
0-2-1-0　0
0-2
0-1-2　2

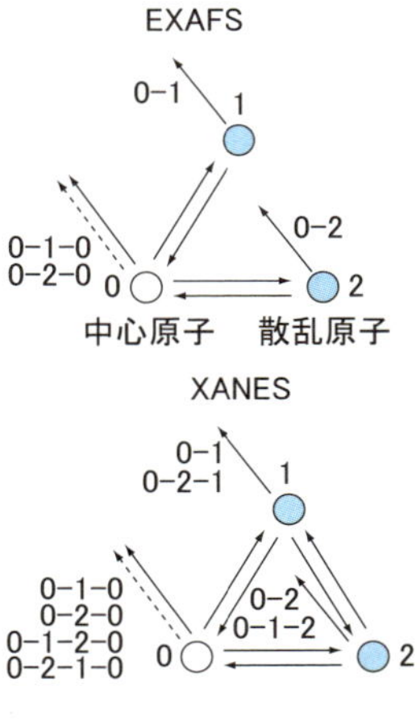

図 5-41　EXAFS と XANES の原理

ローブとしての役割を演じており，後述する種々の方法もこの性質を巧みに利用しているのである。

5.5.3 測 定 法

X 線吸収スペクトルを測定する一般的な方法は，透過法，蛍光法，エネルギー分散法がある（図 5-42）。

(1) 透 過 法

二結晶分光器の角度を変えることにより，Bragg の式の条件から入射 X 線のエネルギーを変化させることができる。試料の前後に置いた電離箱により，入射光強度 I_0 と透過光強度 I が測定され，$\ln(I_0/I)$ より吸光度（μt）を求める。通常は，エネルギー毎に分光器を停止させて測定する「ステップスキャン方式」では，1 つのスペクトルを得るのに数十分以上の測定時間を要する。不安定な試料や化学反応を追跡する測定のために，二結晶分光器を連続して動かしながら測定する連続スキャン方式（Quick スキャンのために QXAFS 法と呼ばれる）が用いられる。QXAFS 法では，数秒〜数分で 1 つのスペクトルが得られる。濃度の薄い（溶液試料では約 50 ミリモル以下）試料では吸光度（μt）が小さいので（図 5-40）ので，透過法は使用できない。

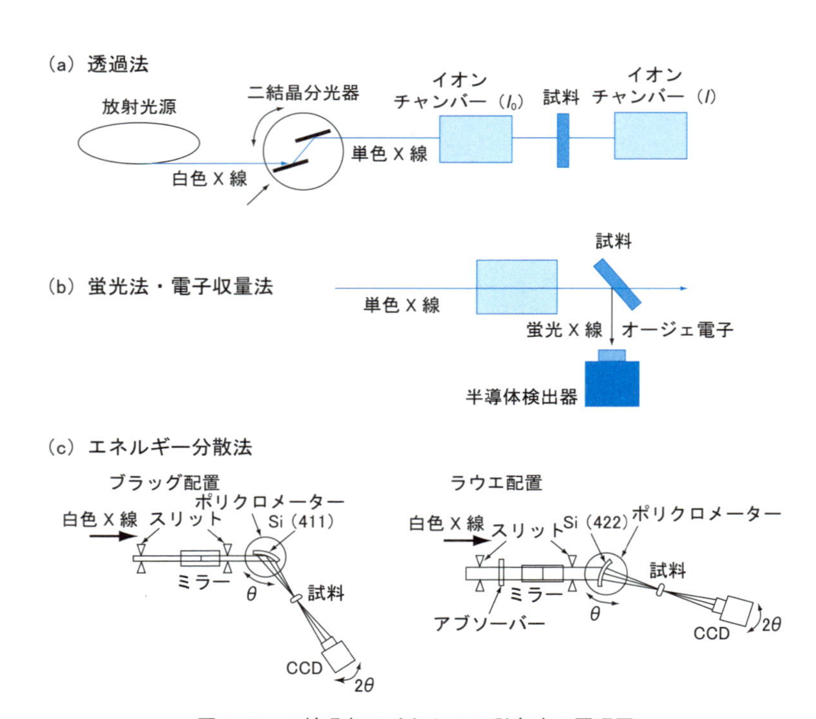

図 5-42　X 線吸収スペクトルの測定法の原理図
（保倉明子，ぶんせき，**7**, 397 (2011)；奥村　和，ぶんせき，**4**, 163 (2008)）

(2) 蛍光法・電子収量法

X 線照射により内殻軌道よりたたき出されたオージェ電子の収量や，生じた正孔を外殻軌道の電子が埋めるときに放出される蛍光 X 線の収量 I_f は X 線の吸収量に比例する。したがって，透過法で得られる吸光度 (μt) の代わりに I_f/I_0 を測定する。蛍光法や電子収量法は希薄試料（溶液試料では数ミリモル）や薄膜中の微量成分（ppm オーダー）の測定に適しているが，濃厚試料では蛍光スペクトルが試料により吸収されるので正しい蛍光 X 線収量が得られない。蛍光法は空気中で使えるが，電子収量法は高真空を必要とする。また，図 5-42(b)の配置からわかるように，蛍光法による測定では散乱 X 線や共存原子からの蛍光 X 線が妨害する場合は，蛍光 X 線と入射 X 線のエネルギーの間に吸収をもつフィルターを用いて妨害信号を除去することが必要である。

(3) エネルギー分散法

図 5-42 のように，湾曲させた分光結晶と CCD 検出器を用いて，吸収原子の必要なエネルギー領域を同時に測定する（エネルギーを分散 Dispersive して測定するので DXAFS 法と呼ばれる）。目的の原子の吸収端エネルギーが 12 keV 以下ではブラッグ配置型が用いられる。一方，12 keV 以上の場合は，X 線の侵入深さが増加してエネルギー分解能が悪くなるのでラウエ配置型が用いられる。DXAFS 法ではミリ秒オーダーでの時間分解測定が可能である。

5.5.4 応　　用

(1) XANES による価数の決定

鉄の K 吸収端の低エネルギー側に 1s→3d 電子遷移に基づくピークが観測される（図 5-43）。鉄シアノ錯体は，鉄イオンにシアン化物イオンが 6 個ついた八面体構造をしている。鉄イオンの価数には 2 価と 3 価のものがある。鉄(Ⅱ)イオンの 3d 軌道は $(t_{2g})^6(e_g)^0$ の電子配置をとるが，一方，鉄(Ⅲ)イ

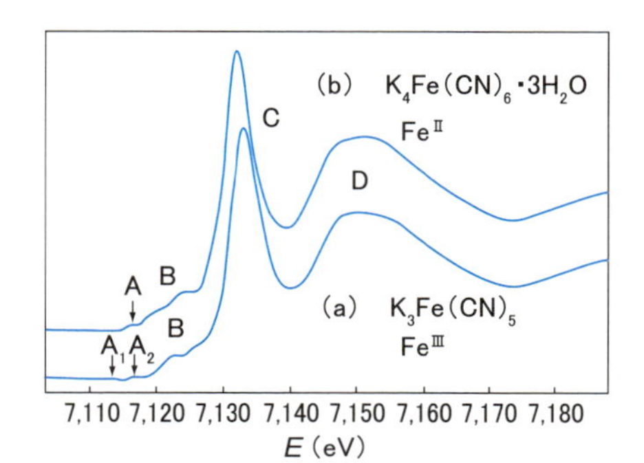

図 5-43　鉄シアノ錯体の XANES スペクトル
(N. Kosugi, T. Yokoyama and H. Kuroda, *Chem. Phys.*, **104**, 449 (1986))

オンでは $(t_{2g})^6(e_g)^0$ である。したがって，鉄(Ⅱ)イオンでは e_g のみが空であるのにたいして，鉄(Ⅲ)イオンでは e_g 以外に t_{2g} も1電子分だけ空になっている。図5-43からわかるように，鉄(Ⅱ)シアノ錯体では1本のピーク（A）が，鉄(Ⅲ)シアノ錯体では2本のピーク（A_1，A_2）が現れている。

（2）USYゼオライト細孔内でのパラジウムPdの構造変化観察

超安定化Y型（USY）ゼオライトは約1.3 nmの細孔空間を有している。0.4wt%のPdをUSYゼオライト細孔中に担持し，8%水素雰囲気下で313～773 K範囲で，毎分5 Kの速度で昇温還元した試料のPd K XAFSスペクトルを図5-44(a)に示す。QXAFS法により1つのスペクトル測定時間は1分である。図5-44(a)を通常の方法で解析して得られたフーリエ変換を図5-44(b)に示す。昇温開始時では1.5 Å付近にPd-O結合のみが現れており，Pdがゼオライト表面に分散していることがわかる。昇温するにつれて，Pd-O結合のピークが減少していき，2.5 Å付近にPd-Pd結合による新たなピークが現れ，温度が上がるとそのピークは増加している。673 Kでは中心Pd原子の周りに約7.5個のPd原子が取り囲んだPdクラスター（粒子直径は約10 Å）が細孔中で成長していることを示している（図5-44(c)）。さらに高温になるとPd-Pdピークは減少して，新たに1.9 Åにピークが現れ，新たにゼオライト界面に分散したPd-Os結合に帰属されている。

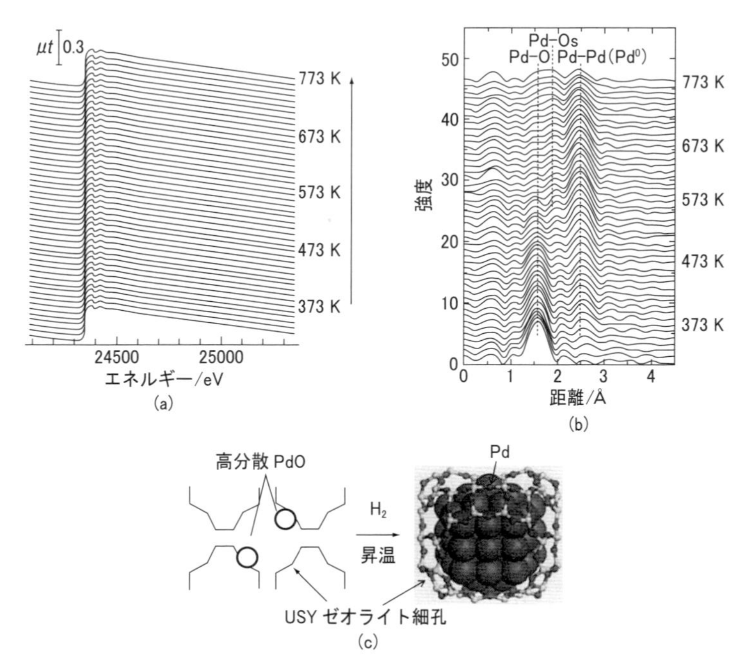

図5-44　0.4wt% Pd担持USYゼオライトの水素雰囲気下で昇温したPd *K*

（a）スペクトル，（b）フーリエ変換，（c）構造モデル図

（K. Okumura, K. Kato, T. Sanada, M. Niwa, *J. Phys. Chem.* C, **111**, 14426（2007））

演　習　問　題

問題 1

X 線結晶構造解析は通常次の三段階をへて行われている。

(1) 単位格子に含まれる原子数をきめる。

(2) 正しい空間群をえらぶ。

(3) 各原子に対して適正な座標をきめる。

(1)の段階を求めるために次の実験を行った。まず試料を化学分析したところ組成は $K_2[Zn(CN)_4]$ となった。単結晶 X 線回折からこの試料は等軸晶系で $\alpha =$ 12.53 Å の単位格子をもち，密度は 1.67　g cm^{-3} であった。この単位格子中に含まれる分子式の数をもとめよ。

問題 2

次の文章を完成し下の問に答えよ。

高速度の電子を重金属でできた対陰極に衝突させると電子の運動エネルギーの大部分は [1]□ になるが，同時に X 線が発生する。発生した X 線のスペクトルを図 1 に示す。このスペクトルは(イ)の [2]□ X 線と(ロ)の [3]□ X 線より成る。(ロ)の X 線は対陰極を構成する元素に固有である。この波長一定の X 線が結晶性物質に照射されると [d]□ 散乱を生じ回折現象を起こす。X 線が回折を起こす条件は，結晶面の格子間隔を d，X 線の入射角を θ とすれば（図 2 を見よ。）

$$n\lambda = 2d\sin\theta$$

で表わされる。この式はブラッグの式とよばれ，[5]□ 分析法の原理である。この分析法では波長 λ が一定の X 線を物質に照射するので，d 値が異なれば θ が異なる。

したがって θ を測定することにより未知の d 値を算出することができる。ほとんどすべての物質の d 値は [6]□ カードに収録されていて，物質の比較検索に役立っている。

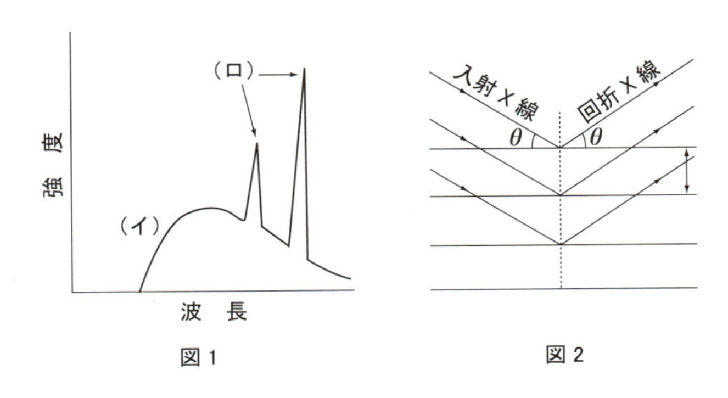

図 1　　図 2

問題 3

対陰極が銅でできた管球を用いた場合はコバルトの結晶性錯体の d 値は求め難い。その理由を記せ。

問題 4

アルミニウム板を透過したX線に対するアルミニウムの吸収係数 μ が 2.3 cm^{-1} であった。アルミニウム板を用いて，このX線の強度を1/10にするには板の厚さを何 mm にすればよいか。

問題 5

単結晶，粉末，非晶質の各試料のX線回折パターンの特徴とそれが現れる理由を述べよ。

問題 6

50 kV の電圧のかかったX線管のターゲットに当たる電子の速度と運動エネルギーを計算せよ。このときの連続X線スペクトルの短波長端，および1X線量子当たりの最大エネルギーはいくらか。

問題 7

Cu K_α 線（$\lambda = 1.54$ Å）を用いてある未知の粉末X線回折パターンを測定したところ，$2\theta = 35.70°$，$40.50°$，$31.38°$ に強いピークが現れた。また，相対強度はそれぞれ 100 : 40 : 25 であった。この試料は何か（ASTM カードを用いよ）。

問題 8

タングステン管球と LiF 分光結晶（$d = 2.01$ Å）を用いたとき，ある純金属の鋭い蛍光X線スペクトルが $2\theta = 69.34°$ に観測された。蛍光X線の波長を計算し，この金属を同定せよ。

6 磁気共鳴分析

原　理

核磁気共鳴法：磁気モーメントをもつ原子核（^{1}H, ^{13}C, ^{19}F, ^{27}Al, ^{29}Si, ^{31}P など）を磁場中に置くとゼーマン効果（Zeeman effect）によりいくつかのエネルギー状態が生じる。このエネルギー差に相当する周波数を持つ電磁波を照射すると，分裂した核スピン状態間の遷移に基づくエネルギー吸収が観測される。その共鳴吸収位置（化学シフト）の相違により種々の化合物の定性分析が可能である。また，共鳴吸収強度より定量分析も可能である。スペクトルの温度変化を測定することにより，分子の運動に関する情報も得られる。

電子スピン共鳴法：不対電子をもつ原子や分子は，磁場の中でその不対電子の磁気的エネルギー準位が分裂し，電磁波の吸収を起こす。その吸収スペクトルの形や位置から不対電子の周りの構造情報が得られ，また，スペクトル強度から定量的議論ができる。

特　徴

核磁気共鳴法：試料は適当な溶媒に溶かして溶液状態で測定するとともに，固体状態のまま高分解能スペクトルを測定することも可能である。コンピュータ技術の発展により積算が可能になったが，それでもその他の測定法と比較すると検出感度は良いとは言えない。混合物でも必ずしも分離する必要がなく混合状態での測定も可能である。

電子スピン共鳴法：微量の常磁性物質の検出に威力を発揮する。一方，不対電子をもたない系に対しては使えない。

磁気共鳴を利用した分析法は，ある目的元素の状態分析を行う最も重要な分光分析法の1つであり，核磁気共鳴（NMR：nuclear magnetic resonance）と電子スピン共鳴（ESR：electron spin resonance）に大別される。ここでは，NMRとESRに分けてそれぞれの特徴や応用例についてわかりやすく解説する。

6.1 核磁気共鳴法（NMR）

6.1.1 原子核の磁性（核スピン）

原子は原子核とその周りを運動する電子からなる。原子核は陽子と中性子から構成されている。陽子は正電荷をもつ。中性子は電荷をもたないが，磁性をもつ。原子核はそれぞれ核の軸を中心として自転しており，その自転（スピン）の方向は二種類（右回りと左回り）ある。中性子はもともと磁性を有するが，電荷をもつ陽子が回転すると磁場が生じる。陽子や中性子は逆向きスピンをもつ（反対の磁性をもつ）もの同士がペアをつくるので，原子核中の陽子数と中性子数が両方とも偶数である場合は原子核には磁性がない。逆に陽子数と中性子数のどちらか，あるいは両方が奇数であれば，原子核は磁性をもち，小さな棒磁石とみなすことができる。すなわち，原子核は核磁気モーメント（μ）をもっている。図6-1に最も簡単なプロトンを例として（陽子数は1で中性子数は0）スピン角運動量と核磁気モーメントとの関係を示す。スピン角運動量（I）と核スピン量子数（I）との関係は式（6-1）のように表される。

$$\mathrm{I} = (h/2\pi)\{I(I+1)\}^{1/2} \tag{6-1}$$

ここで，hはプランク定数である。先に述べたように，陽子と中性子数が共に偶数の場合，I = 0，陽子，中性子数のどちらかが奇数の場合，I ≠ 0でIは半整数，陽子，中性子数のどちらも奇数の場合，I ≠ 0で，Iは整数となる。スピン角運動量の配向数は（$2I+1$）となる。この関係と対応する原子核および許容されるスピン（磁気量子数のz成分）を表6-1に示す。すなわち，核スピン量子数が0でない原子核（核スピンをもつ）がNMRの測定を可能とする核種である。多くの原子には中性子数が異なる同位体が存在するために，多くの元素がNMR測定対象となる。炭素は自然界ではほとんど^{12}Cとして存在するが，陽子数6，中性子数6であり，NMR不活性である。中性子数が7である^{13}CがNMR活性である。しかし，この核種は天然存在率1%程度である。原理的には測定可能でも，天然存在率が低く，測定技術が困難なために実質的に測定できない場合もある。表6-2にNMR測定に用いられる原子核を示す。

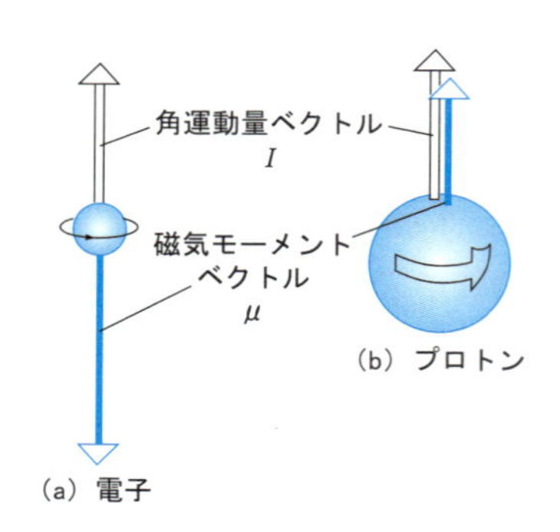

図6-1 電子スピンと核スピン

表 6-1　いくつかの原子核についてのスピンの配向数と許容された磁気量子数

スピン量子数 I	原子核の例	スピン角運動量 I $\sqrt{I(I+1)}$ 単位 $h/2\pi$	スピン状態の数（許容配向数）$2I+1$	磁気量子数 I の z 成分 m_I（許容されたスピン）
0	^{4}He, ^{12}C, ^{16}O	0	0	0
1/2	^{1}H, ^{13}C, ^{15}N, ^{19}F, ^{29}Si, ^{31}P	$\sqrt{\frac{3}{4}} = 0.87$	2	1/2　−1/2
1	^{2}H, ^{14}N	$\sqrt{1} = 1.41$	3	1　0　−1
3/2	^{11}B, ^{23}Na, ^{35}Cl, ^{37}Cl	$\sqrt{\frac{15}{4}} = 1.94$	4	3/2　1/2　−1/2　−3/2
2	$^{8}Li^{*}$, $^{20}F^{*}$	$\sqrt{6} = 2.45$	5	2　1　0　−1　−2
5/2	^{17}O, ^{27}Al	$\sqrt{\frac{35}{4}} = 2.96$	6	5/2　3/2　1/2　−1/2　−3/2　−5/2

（ウイリアムケンプ（山崎　昶 訳），『やさしい最新の NMR 入門』，培風館）

6. 1. 2　核スピン状態のゼーマン分裂

一般的に分光分析では，基底状態と励起状態のエネルギー差に相当する電磁波を系に照射し，そのエネルギー吸収を観測する。NMR では，2 つの核スピンのエネルギー差に相当するエネルギーを照射し，そのエネルギー吸収を観測する。しかし，磁気モーメントベクトルは図 6-2(a)に示すように通常は任意の方向を向いているが，磁場中におかれると一定の方向を向く（図 6-2(b)）。先に述べたように，$I = 1/2$ である ^{1}H や ^{13}C のような核が外部磁場中（NMR 装置の磁石の磁場）におかれると，磁気モーメントは外部磁場と平行（α-スピン：磁気量子数 +1/2），または磁場と逆平行（β-スピン：磁気量子数 −1/2）に配列する（図 6-2(b)）。

(a) 磁場がないとき

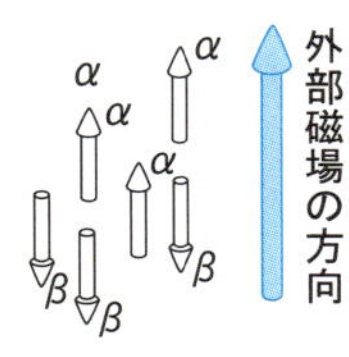

(b) 磁場の中

図 6-2　核磁気モーメントの配向

6. 1. 3　NMR 現象の量子力学的解釈

β-スピン状態は α-スピン状態より高いエネルギー状態にあり，この 2 つのエネルギー状態の差に相当する電磁波を系（NMR 試料管に入った試料溶液または固体）に照射すると，α-スピン状態にある核は電磁波のエネルギーを吸収して β-スピン状態へ変わる（図 6-3）。α-スピン状態と β-スピン状態のエネルギー差は非常に小さいため（ラジオ波のエネルギーに相当する），照射前の α-スピン状態にある核の数は β-スピン状態にある核の数よりほん

NMR におけるスピンの分布

各エネルギーレベルにある核の相対比はボルツマン分布に従う。$N_\alpha/N_\beta = \exp(\Delta E/kT)$。ここで，$N_\alpha$ と N_β は α-スピンと β-スピンの数を表し，k はボルツマン定数で，その値は 1.38×10^{-23} JK^{-1}。いま，2.35 T（テスラー，磁場の単位）の磁場におかれたプロトンの共鳴周波数は 100 MHz である。したがって，α-スピン状態と β-スピン状態のエネルギー差 $\Delta E = h\nu = 6.6\times10^{-26}$ J。$\exp(\Delta E/kT)$ は極めて小さいので，$N_\alpha/N_\beta = 1 + (6.6\times10^{-26}\ \mathrm{J})/(1.38\times10^{-23}\ \mathrm{JK^{-1}})$（290 K）＝（1000017)/(1000000)。つまり，N_α は N_β よりわずかに多いだけ。

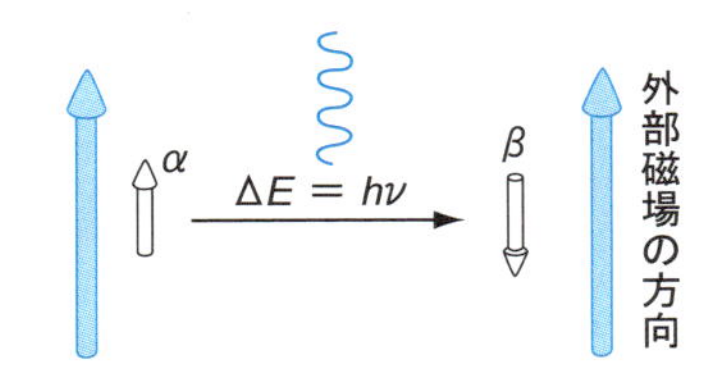

図 6-3　α-スピンをもつ原子核によるエネルギー吸収と β-スピンへの変化

表 6-2　NMR 測定に用いられる核

原子核 — **C**
質量数 — 13
相対感度 — 1.0
化学シフト範囲（ppm） — 200

Li 6 7 3.58 1.5 $\times 10^{3}$ 10	**Be** 9 79 40		**H** 1 2 5.7 $\times 10^{3}$ 8.2 $\times 10^{-3}$ 10	**H** 3 6.9×10^{3} 10								**B** 10 11 22 754 150	**C** 13 1.0 200	**N** 14 15 5.7 2.2 $\times 10^{-2}$ 900	**O** 17 6.1×10^{-2} 1600	**F** 19 4.7×10^{3} 200	**Ne** 21
Na 23 525 30	**Mg** 25 1.5 40											**Al** 27 117 400	**Si** 29 2.1 400	**P** 31 377 600	**S** 33 9.7×10^{-2} 1000	**Cl** 35 37 2.2 3.8 1000	**Ar**
K 39 41 2.7 3.3 $\times 10^{-2}$ 30	**Ca** 43 5.27×10^{-2} 70	**Sc** 45 1.7×10^{3} 350	**Ti** 47 49 8.7 $\times 10^{-1}$ 1.18 1700	**V** 50 51 7.5 $\times 10^{-1}$ 2150 2400	**Cr** 53 0.49 2000	**Mn** 55 994 3000	**Fe** 57 4.2×10^{-3} 3000	**Co** 59 1570 18000	**Ni** 61 0.24 100	**Cu** 63 65 365 201 600	**Zn** 67 0.665 300	**Ga** 69 71 237 319 1000	**Ge** 73 0.617 1100	**As** 75 143 800	**Se** 77 3.0 2000	**Br** 79 81 226 277 500	**Kr** 83 123
Rb 85 87 43 277 200	**Sr** 87 1.1 60	**Y** 89 0.668 600	**Zr** 91 6.04	**Nb** 93 2740 2200	**Mo** 95 97 2.9 1.8 5500	**Tc** 99 2134 3000	**Ru** 99 101 8.3 $\times 10^{-1}$ 1.56 8300	**Rh** 103 0.18 6000	**Pd** 105 1.41	**Ag** 107 109 0.2 0.28 600	**Cd** 111 113 6.9 7.6 800	**In** 113 115 84 1.9 $\times 10^{3}$ 1100	**Sn** 117 119 20 25 2700	**Sb** 121 123 520 111 3500	**Te** 133 125 8.9 $\times 10^{-1}$ 13 4000	**I** 127 530 4000	**Xe** 129 32 7000
Cs 133 269 300	**Ba** 135 137 1.8 4.4 10	**La** 139 3.4×10^{2} 300	**Hf** 177 179 8.8 $\times 10^{-1}$ 0.27	**Ta** 181 2.8×10^{-2}	**W** 183 6.0×10^{-2} 6900	**Re** 185 187 2.8 $\times 10^{2}$ 4.9 $\times 10^{2}$	**Os** 187 189 1.1 2.1 $\times 10^{-3}$	**Ir** 191 193 2.0 0.05 $\times 10^{-2}$	**Pt** 195 19 15000	**Au** 197 0.06	**Hg** 199 201 5.4 1.1 3000	**Tl** 203 205 2.89 $\times 10^{2}$ 770 7000	**Pb** 207 12 3500	**Bi** 209 777	**Po**	**At**	**Rn**
			Ce	**Pr** 141 1.7×10^{5}	**Nd** 143 145 233 37	**Pm**	**Sm** 147 149 125 59	**Eu** 151 153 4.8 $\times 10^{4}$ 4.5 $\times 10^{3}$	**Gd** 155 157 23 52	**Tb** 159 3.3×10^{4}	**Dy** 161 163 45 16	**Ho** 165 1.0×10^{5}	**Er** 167 66	**Tm** 169 3.2	**Yb** 171 173 4.1 1.14	**Lu** 175 156	

相対感度：^{13}C の場合を基準 (1.0) としている（日本電子(株)の資料による）

のわずか多いだけである。そのため電磁波を照射しすぎるとα-スピン状態の核とβ-スピン状態の核の数が等しくなり，それ以上電磁波のエネルギーが吸収されなくなる。このことを飽和と言う。

α-スピン状態とβ-スピン状態のエネルギー差（ΔE）は式（6-2）で表される。

$$\Delta E = h\nu = (h\gamma H_0)/(2\pi) \qquad (6\text{-}2)$$

ここで，νは共鳴周波数，H_0は外部磁場の強さ，γは磁気回転比（それぞれの核について一定）である。このように，2 つの状態間のエネルギー差は外部磁場の強さに比例し，その比例定数は核によって異なる（図 6-4）。したがって，NMR 装置の磁場が強いほど感度が良くなる。プロトン（^{1}H）の場合，$\gamma = 2.6753 \times 10^4$ radian sec^{-1} gauss^{-1} で，これを 1.4×10^4 gauss（60 MHz）の磁場においた場合，ν = 60 MHz である。60 MHz の周波数は 500 cm の波長に相当する*。超伝導磁石の登場で，電磁石を備えた NMR 装置はほとんど見なくなった。現在では超伝導磁石を装備した装置で，300～900 MHz の周波数でプロトンを測定する装置が一般に使われている。

＊　外部磁場では原子核はジャイロスコープのように円錐形を描きながら回転している（ラーモアの歳差運動という）。この回転の周波数ν（Hz）が NMR の共鳴周波数なのである。歳差運動の角速度をωとすると

$$\nu = \omega/2\pi = \gamma H_0/2\pi$$

または

$$\omega = \gamma H_0$$

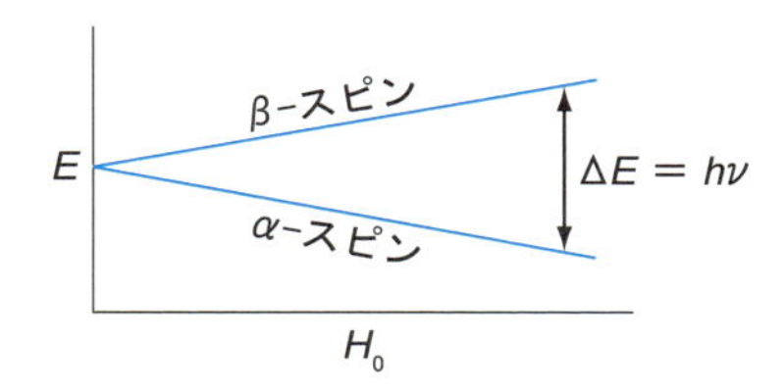

図 6-4　外部磁場の強さ（H_0）に対するα-スピン状態とβ-スピン状態のエネルギー差（ΔE）

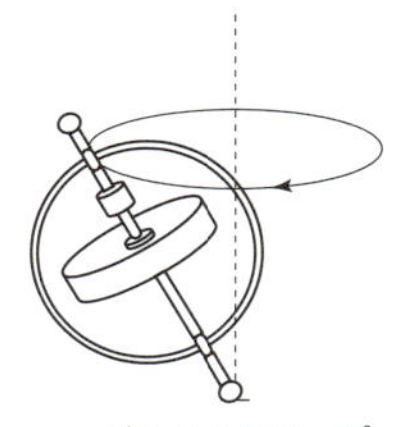

ジャイロスコープ

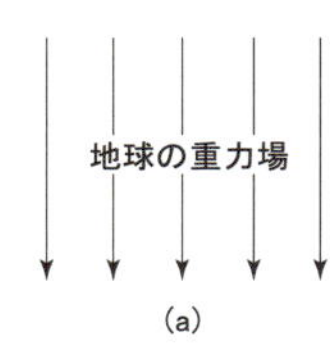

(a)

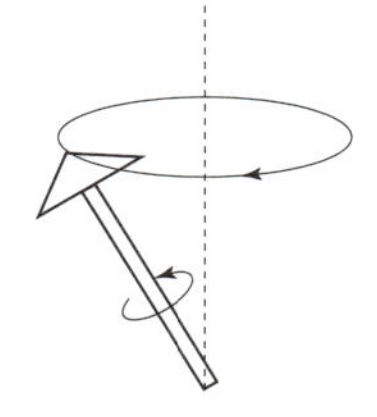

核の小マグネット

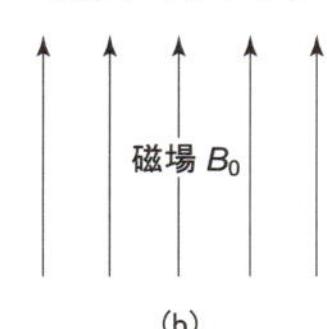

(b)

6.2　パルスフーリエ変換 NMR

開発当初の NMR 装置は，一定周波数のラジオ波を照射しながら電磁石の磁場を掃引する方式で，共鳴吸収（α-スピンがβ-スピンへ変換するエネルギー）を観測していた。しかし，強力で安定な超伝導磁石が導入され，磁場が一定となったために照射する電磁波のエネルギー（波長）を変化させて共鳴吸収を観測する方式となった。しかし，電磁波の波長を掃引するのではなく，ラジオ波をパルスの形（RF パルス）で照射する。一定時間（μ 秒程度）だけ持続する RF パルスを印加すると目的核の共鳴周波数を含む（種々の波長を含む）ラジオ波を掃引したのと同じになる。1 回の照射時間のことをパルス幅という。不確定性原理より，照射時間が短いので波長が不確かになり広がると考えて良い。

RF パルスを系に照射するとすべての観測対象核が同時に共鳴吸収を起こす。RF パルスの照射が終了すると系から吸収したエネルギーの放出が起こ

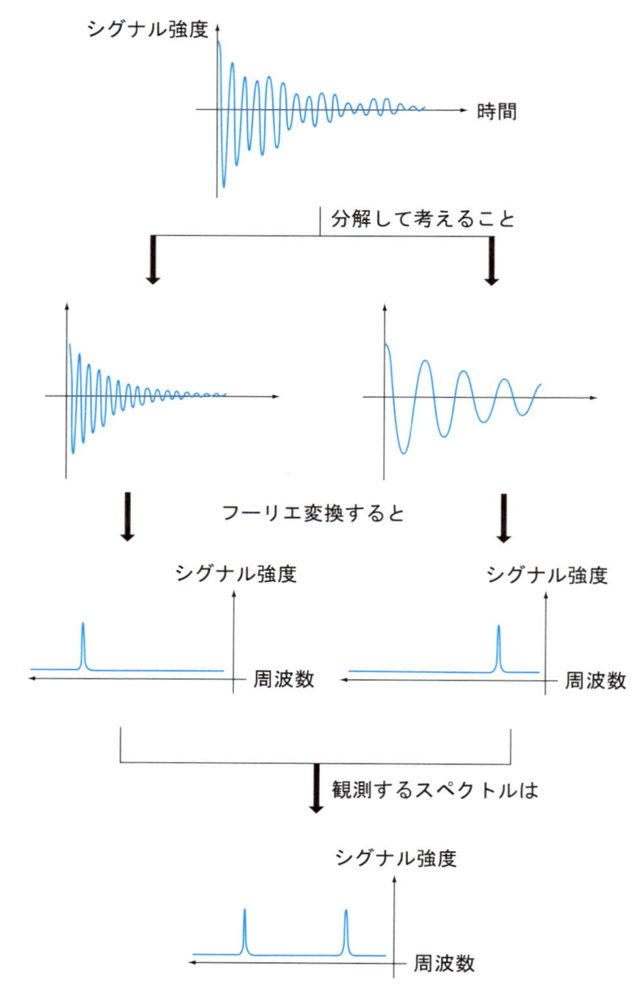

図 6-5　FID のフーリエ変換による NMR スペクトル作成のプロセス
（安藤喬志，宗宮　創，『これならわかる NMR』，化学同人（1997））

る。このエネルギーの放出過程を観測するのが NMR 測定である。この時間に対するエネルギー放出量の変化を自由誘導減衰（FID）という。FID を図 6-5（上部）に示す。この FID を必要回数測定する（積算する）。積算回数が多いほどノイズが小さい質の良い NMR スペクトルが得られる。この FID をフーリエ変換することにより横軸の時間軸を周波数軸に変換した通常の NMR スペクトルが得られる（図 6-5 下部）。しかし，通常は次頁に示すように式 (6-5) に従って周波数を化学シフトに変換する。

6.3 化学シフト

化学シフトの発見により，NMRは化学において重要な分析手段となっている。ここではプロトン（H^+）を例にして化学シフトの意味を解説する。分子中のプロトンは結合に関与する電子によって取り囲まれている。これを外部磁場に入れると，核の周りの電子は外部磁場に逆らうような誘導磁場を生じる。したがって核の感じる正味の磁場は外部磁場よりやや小さくなる（図6-6）。核の感じる磁場（H）は式（6-3）のように表される。

$$H = H_0 - H' \tag{6-3}$$

ここで，H_0は外部磁場の強さ，H'は誘導磁場の強さである。核の感じる磁場が外部磁場より小さいこのような遮蔽は，反磁性遮蔽と呼ばれる。もし60 MHzの周波数のラジオ波を裸のプロトンに照射し，電磁石による外部磁場の強さを変えた場合，14092 gaussの磁場でα-スピンからβ-スピン状態への転換が起こる。しかし，分子中では反磁性遮蔽が起こるため，核の感じる磁場をちょうど14092 gaussにするには遮蔽された磁場を補う分だけ外部磁場を大きくしなければならない（図6-4参照）。異なった電子的環境にあるプロトンが受ける反磁性遮蔽の程度は異なっているので，ラジオ波の吸収が起こるのに必要な外部磁場の強さも異なってくる[*1]。$\sigma = H'/H_0$とすると式（6-3）は

*1　超電導磁石を用いているNMR装置では，共鳴周波数が異なる。

$$H = H_0(1-\sigma) \tag{6-4}$$

のように表される。σは核のまわりの電子による遮蔽効果を表すので，遮蔽定数と呼ばれる。図6-4を参考にして，核の共鳴周波数を一定にして外部磁場を変化させていくと，σが大きいプロトンほど高磁場側で共鳴を起こす（逆に外部磁場を一定にして共鳴周波数を変化させていくと，σが大きいプロトンほど低周波数側で共鳴を起こす）。これを化学シフトといい，化学シフトδは式（6-5）で定義される。

$$\delta = [\{(H_0)\mathrm{s} - (H_0)\mathrm{r}\}/(H_0)\mathrm{r}] \times 10^6 \tag{6-5}$$

ここで，$(H_0)\mathrm{r}$は基準物質中のプロトンが共鳴を起こすのに必要な外部磁場の強さ，$(H_0)\mathrm{s}$は試料中のプロトンが共鳴を起こすのに必要な外部磁場の強

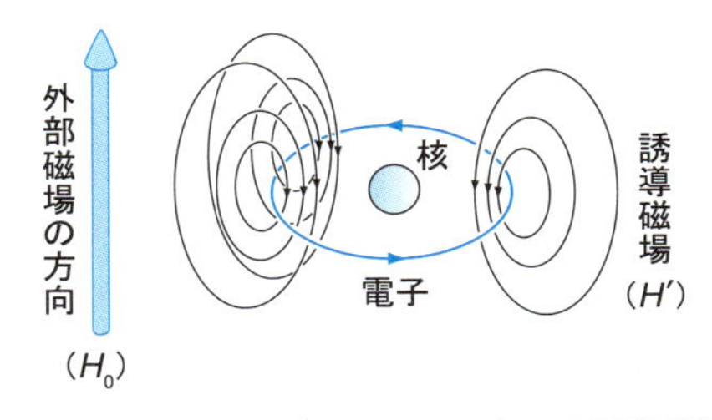

図6-6　電子のスピンによって生じる誘導磁場

さであり，δ の単位として ppm を用いる。^{1}H NMR 用に最適な基準物質は $Si(CH_3)_4$（テトラメチルシラン，TMS）であり，このシグナルの δ 値を 0 とする。^{13}C および ^{29}Si NMR の基準物質もこの TMS を用いる。しかし，他の核の NMR ではそれぞれ適した基準物質が用いられる。たとえば ^{27}Al NMR では $[Al(H_2O)_6]^{3+}$ が基準物質である。

6.4 実験法

6.4.1 試料の調製

まず試料を重水素化溶媒（D_2O, $CDCl_3$ など）に完全に溶かし，内部標準としてこれに TMS のような基準物質を少量加える[*1, *2]。これを試料管（通常は外径 5 mm）に高さ 3〜4 cm になるまで入れ，ふたをかぶせる（図 6-7）。

*1 水溶液の場合は DSS（$(CH_3)_3Si(CH_2)_3SO_3Na$）

*2 試料溶液に直接標準物質を溶かしたくない場合は，NMR 試料管として二重管を用いることが可能である。

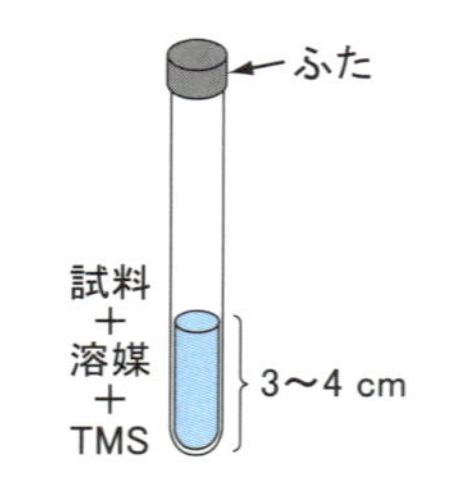

図 6-7　NMR 測定用試料管

6.4.2 装　　置

NMR 装置の概略図を図 6-8 に示す。試料は均一な磁場（多くは超伝導磁石）の中で回転される。試料にはラジオ波発振コイルからラジオ波のパルスが照射され，共鳴によるエネルギー吸収が起こる。パルス照射が終わると，試料からエネルギーの放出が始まる。この放出されるエネルギーを受信コイルが検出し，この情報をコンピュータに保存する。エネルギーの放出が終わると次のパルスを照射する（これをパルス間隔という）。これを必要回数繰り返す（積算する）。得られた FID（図 6-5 上部）をフーリエ変換し，図 6-5 下部のような NMR スペクトルを出力する。

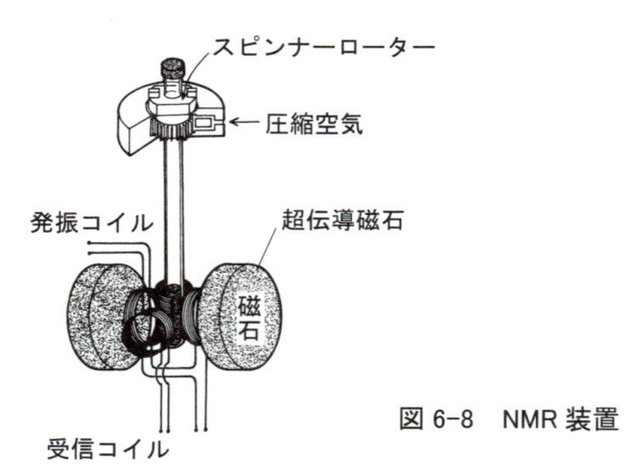

図 6-8　NMR 装置

6.4.3 測　　定

まず試料管を磁石の中に入れ，圧縮空気で回転させる。次にピークの分離を良くするために分解能調整を行う。その後測定条件を入力して測定を開始する。良いスペクトルを得るためには通常数回から数千回の積算を行うことが必要である。測定終了後，横軸に化学シフト（δ），縦軸にはシグナル強度をとった NMR スペクトルを出力する。

6. 5 溶液試料の測定例

NMRはまず有機化合物の構造決定に利用されてきた。測定核は主に ^{1}H と ^{13}C である。近年，それ以外の核種の測定が無機・分析化学分野で盛んにおこなわれるようになった（多核NMRと呼ばれる）。また，発展が著しい固体NMRも利用されるようになった。

6. 5. 1 スピン–スピン相互作用

有機化合物のNMRスペクトルを解析する上で，スピン–スピン相互作用を理解することが重要である。分子中で同じ環境にある核は等価であり，通常1本のシグナルとして観測される。しかし，相互に影響しあう核が近くにあるとシグナルは分裂して多重線になる場合がある。これをスピン–スピン相互作用と呼ぶ。ここではプロトンの場合について解説する。化合物の例として，図6-9に構造を示すジクロロアセトアルデヒドの場合を説明する。ジクロロアセトアルデヒドには2種類の環境の異なるプロトン H_a，H_b が存在し，これらのプロトンがそれぞれ1本のシグナルを示すと予想される。しかし，実際には図6-10に示すように，H_a と H_b はそれぞれ2本のシグナルに分裂する。これは隣の炭素に結合したプロトンが互いに影響を及ぼしあうためである。まず，H_a のシグナルについて考えてみる。図6-11に示すように，隣の炭素についた H_b が α–スピン状態にあると H_a に共鳴を起こさせるためにNMR装置によって加えなければならない外部磁場の強さは，H_b の寄与がないときと比べて幾分小さい。すなわち，H_a は α–スピンをもつ H_b の影響で H_b がないときと比べて，少し低磁場側で共鳴を起こす。しかし，α–スピンをもつ H_b 核は全体の約半分であり，残りの半分の H_b 核は β–スピンをもつ。H_b が β–スピン状態にある場合，H_a に共鳴を起こさせるためには H_b の影響がないときよりも少し大きな外部磁場を加える必要がある。すなわち，H_b の影響がないときよりも少し大きな外部磁場で共鳴を起こす。このようにして H_a のシグナルは図6-10に示すように，隣の炭素に結合した H_b の影響を受けて，2本のシグナルに分裂することになる（ダブレットと呼ぶ）。同様に，H_b のシグナルも H_a の影響を受けて2本に分裂する。2つのピーク

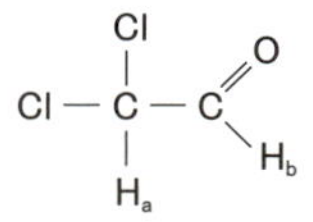

図6-9　1,1-ジクロロアセトアルデヒドの構造

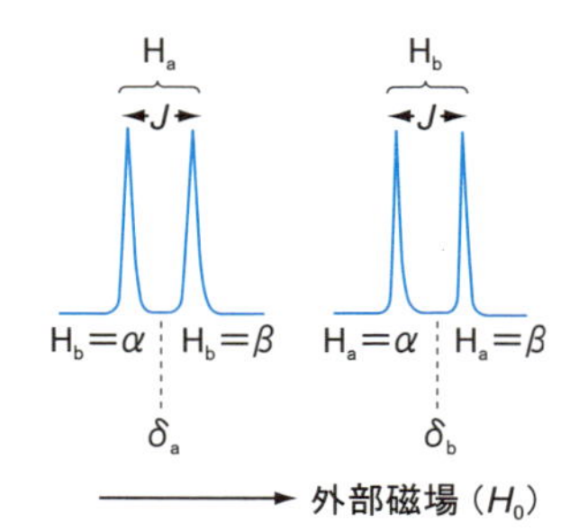

図6-10　1,1-ジクロロアセトアルデヒドの ^{1}H NMRスペクトル

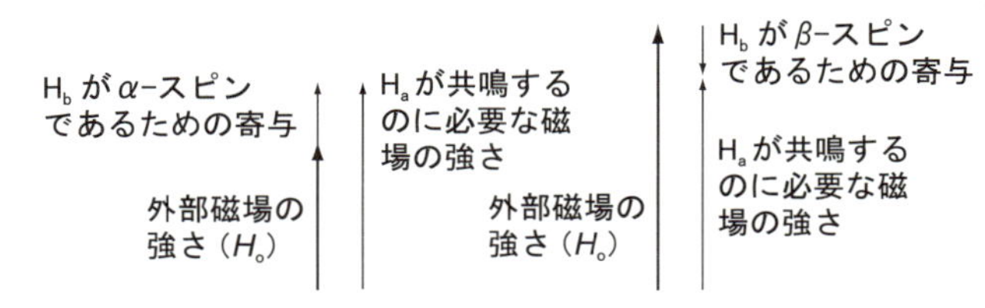

図6-11　H_b の影響による H_a シグナルの分裂

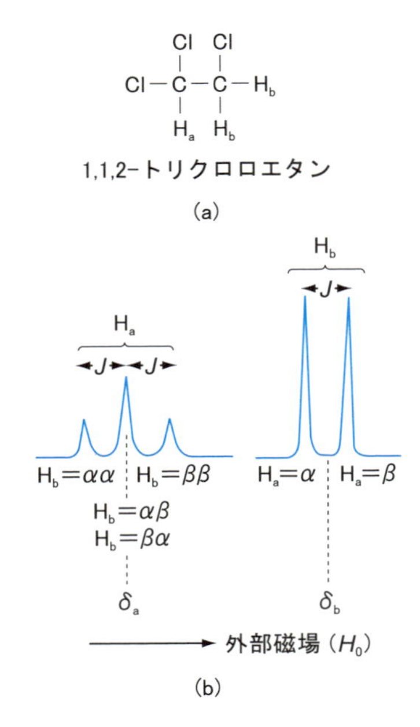

図 6-12　1,1,2-トリクロロエタンの ^{1}H NMR スペクトル

の分裂の幅をカップリング定数といい，J (Hz) で表す。図 6-10 中の δ_a と δ_b は H_a および H_b がスピン-スピン相互作用を受けないとした時のそれぞれの化学シフトの値 (ppm) である。次にピークが 3 つに分裂する場合について 1,2,3-トリクロロエタンを例にして説明する。この化合物の場合，図 6-12 に示すように H_a がトリプレットとして，H_b がダブレットとして観測される。2 つの H_b は $\alpha\alpha$，$\alpha\beta$，$\beta\alpha$，$\beta\beta$ のいずれかのスピン状態をもっている。H_b が $\alpha\alpha$ スピン状態のとき，H_a を共鳴させるのに必要な外部磁場は H_b の影響がない場合に比べてやや小さくなる。H_b が $\alpha\beta$ または $\beta\alpha$-スピン状態のときは，α-スピンと β-スピンの影響が打ち消しあうので H_a の共鳴には影響を及ぼさない。H_b が $\beta\beta$-スピンの場合，H_a が共鳴するにはより大きな外部磁場が必要である。したがって，H_a のシグナルは面積比 1：2：1 の 3 本のピークに分裂することになる。同様に，H_b のシグナルは H_a が α-スピンであるか β-スピンであるかによって，面積比 1：1 の 2 本のピークに分裂する。H_a の δ 値は 3 本のピークのうちの真ん中のピークの位置であり，H_b の δ 値は 2 本のピークのちょうど中間の位置である。H_a, H_b の分裂の幅 J は互いに等しい。一般に，隣接した n 個の等価なプロトンの影響を受けると，シグナルは (n ＋1) 本に分裂する。その様子を表 6-3 に示している。ピークの分裂幅 J (Hz) の値は化合物によって異なるが，装置の種類には依存せず 60 MHz の装置で測定しても 500 MHz の装置で測定しても同じ値を示す。

表 6-3　スピン-スピン相互作用による ^{1}H NMR シグナルの分裂

隣接した炭素に結合した H の数	ピークの数	面積比
0	1	1
1	2	1：1
2	3	1：2：1
3	4	1：3：3：1

6. 5. 2　有機化合物の測定

数多くの有機化合物の測定から，種々の磁気環境にある ^{1}H と，^{13}C の化学シフトの範囲が整理されている。それを図 6-13 と図 6-14 に示す。ここでは，マロン酸ジエチル ($CH_2(COOCH_2CH_3)_2$) の ^{1}H および ^{13}C NMR スペクトルを例として考えてみる。図 6-15 に ^{1}H NMR スペクトルを図 6-16(a) と図 6-16(b) に 2 つの異なる方法で測定した ^{13}C NMR スペクトルを示す。図 6-13 を参考にすると，^{1}H NMR スペクトルにおいて，3.4 ppm のシグナルは CH_2 のものであり，隣の炭素に H が結合していないためにシングレットピークとして現れている。1.3 ppm のシグナルは CH_3 のものであり，隣の炭素に 2 個の H が結合しているために，スピン-スピン相互作用によりトリプレットピークとして現れている。4.2 ppm のシグナルは -(O)-CH_2 のものであり，

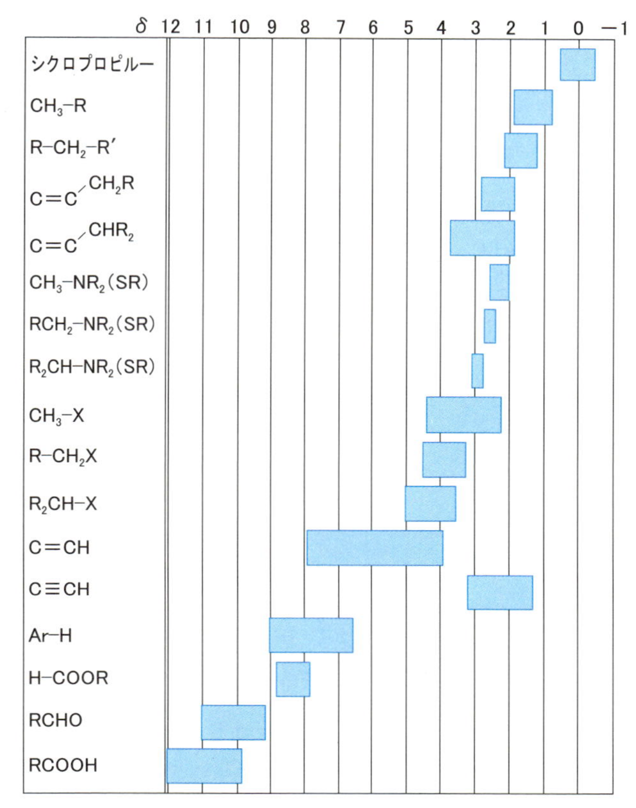

図 6-13　代表的な官能基の ^{1}H 化学シフト
X：ハロゲン，-OR，-NHCOR，-OCOR（R：アルキル）

隣の炭素に3個のHが結合しているためカルテットピークとして現れている。また，積分曲線をみると*，$-(O)-CH_2:CH_2:CH_3$ の面積比は4：2：6になっており，それぞれのHの存在比に対応していることがわかる。^{13}C NMRスペクトルは，図6-16(a)はCOMで測定したもの，図6-16(b)はOFRで測定したものである。

6. 5. 3　錯体生成の検出

溶液中で金属イオンが共存する化合物と錯体を生成する（相互作用する）かどうかを決定するのに，NMRは有効であり多くの研究がなされた。ここでは，アルミニウムイオンが硫酸イオンと逐次錯体を生成することを明らかにした例を紹介する。図6-17にアルミニウムイオン濃度を一定に保ち硫酸濃度（H_2SO_4/H_2O モル比）を変化させた場合の溶液の ^{27}Al NMRスペクトルを示す。硫酸濃度が増加するにつれて $[Al(H_2O)_6]^{3+}$ のピーク（0 ppm）に加えて，アルミニウム-硫酸イオン錯体に帰属されるピーク数が6まで増加した。表6-4にそれらの逐次錯体の化学シフト値を示す。化学シフト値の差は

＊　それぞれの共鳴周波数で吸収されるエネルギーの量は，その周波数のエネルギーを吸収する原子核の数に比例する。したがって，それぞれのピークの面積比を測定することにより，磁気的に異なった種類のプロトンの相対比を決定できる。

COM（complete proton decoupling）
文献などに掲載されている ^{13}C NMRスペクトルは通常この方法で測定されたものである。この測定法では ^{13}C-^{1}H 間のスピン - スピン相互作用は完全に消滅しており，各炭素のシグナルはシングレットとして観測される。

OFR（off resonance）
^{13}C-^{1}H 間のスピン-スピン相互作用を故意に残し，シグナルの分裂状態から直接結合しているHの数を知るための測定法。この方法で測定すると直接結合しているHの数が n である場合，シグナルは（n+1）本に分裂して観測される。

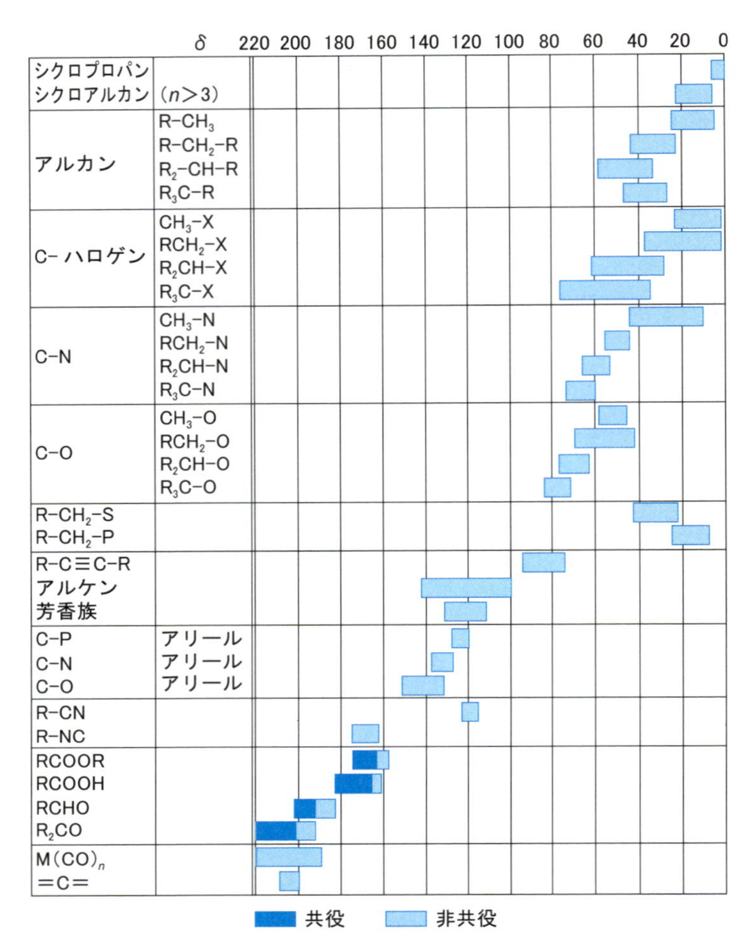

図 6-14　代表的な官能基の ^{13}C 化学シフト
R：アルキル，X：ハロゲン

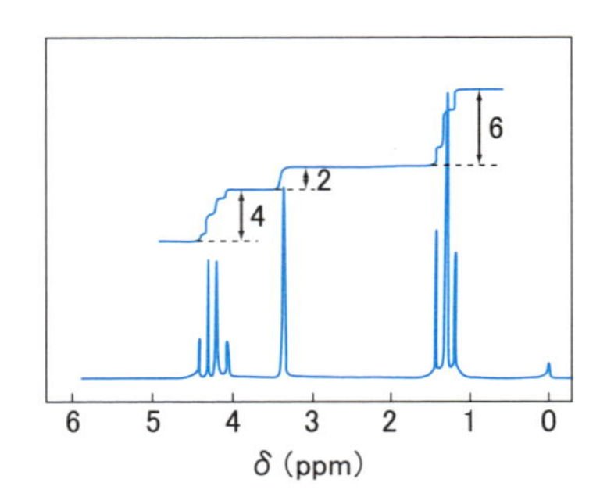

図 6-15　マロン酸ジエチルの ^{1}H NMR スペクトル
(図中上部のラインは積分曲線、数値は H の相対比)

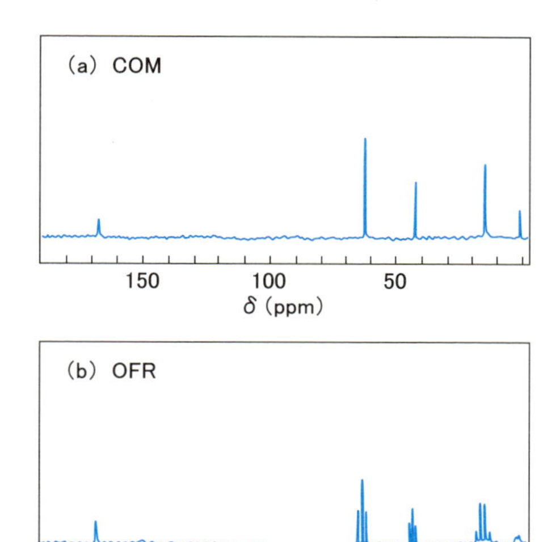

図 6-16　マロン酸ジエチルの ^{13}C NMR スペクトル

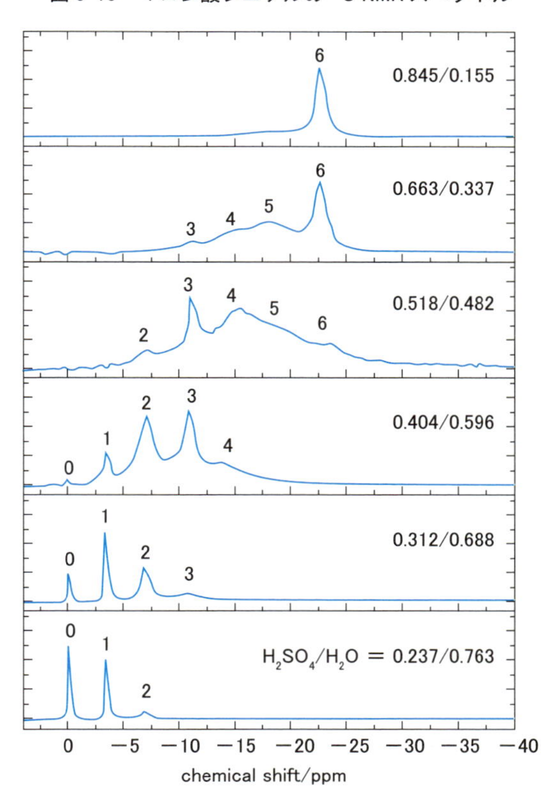

図 6-17　硫酸中の Al^{3+} の ^{27}Al NMR スペクトル

(H_2SO_4/H_2O) は硫酸と水のモル比で，硫酸濃度の指標。

(0) は $[Al(H_2O)_6]^{3+}$ のピーク。(1)～(6) は逐次錯体 $[Al(H_2O)_{6-n}(SO_4)_n]^{(3-2n)-}$ ($n = 0$～6)

(宮島徹氏から提供)

表 6-4　逐次錯体 $[Al(H_2O)_{6-n}(SO_4)_n]^{(3-2n)-}$ の化学シフト値

n	1	2	3	4	5	6
δ_{obsd}	−3.0	−6.5	−10.9	−15	−18.5	−22.9
δ_{cald} (*trans*)	−3.0	−6.0	−9.8	−13.6	−18.2	−22.8
δ_{cald} (*cis*)		−6.4	−10.2	−14.0		

（宮島徹氏から提供）

ほぼ等しく，化学シフトの加成性が成り立つことがわかる。また，1 : 2 から 1 : 4 までの錯体には幾何異性体が存在する。この結果から，硫酸イオンはアルミニウムイオンに対し単座配位子として結合していることがわかる。

6. 5. 4　金属イオンの第一水和圏の水和数の決定

金属イオンの水和に関する研究はいくつかの方法で行われたが，方法によって水和数が異なる場合がある。それは，さまざまな程度に金属イオンと相互作用する水分子が含まれているからである。NMR では金属イオンと直接結合している第一水和圏の水分子に関する知見を得ることができるが，第二水和圏以上の水分子はバルクの水分子と区別がつかない。ここでは，アルミニウムイオンの第一水和圏の水和数を決定した研究を紹介する。図 6-18 に微量の過塩素酸コバルト（$Co(ClO_4)_2$）を添加した塩化アルミニウム溶液の ^{17}O NMR スペクトルを示す。アルミニウムイオンに水和した水分子（H_2O）の ^{17}O 核の化学シフト値は，アルミニウムイオンに水和した水分子とバルクの水分子との交換速度が NMR のタイムスケールより遅いために変化しない。一方，コバルトイオンに水和した水分子とバルクの水の交換は極めて速く，バルクの水分子は常磁性イオンであるコバルトイオンの磁性の影響を受けている。したがって，バルクの水の ^{17}O 核の化学シフト値は変化し，アルミニウムイオンに水和した水分子のピークと分離できる。図 6-18 中の左側のピークがバルクの水分子であり，右側のピークがアルミニウムイオンに水和した水分子のピークである。その化学シフト差は 430 ppm である。溶液 1 リットル中に Al^{3+} イオンが 1.5 mol，水分子が 55.5 mol であり，2 つのピークの面積比からアルミニウムイオンの第一水和圏に結合している水分子の数は 6 であることが決定された。

図 6-18　$AlCl_3$ 溶液の ^{17}O NMR スペクトル（35℃で測定）

2 つのピークは左側がバルクの水，右側がアルミニウムイオンに水和している水分子の ^{17}O シグナル。

（大瀧仁志，『溶液化学』，裳華房を改変）

6. 5. 5　加水分解過程で生成する化合物の検出

塩化アルミニウム溶液の ^{27}Al NMR スペクトルは 0 ppm に $[Al(H_2O)_6]^{3+}$ に帰属される 1 本の鋭いピークを示す。この溶液に塩基を徐々に添加していくと，図 6–19 に示すように，溶液の pH が上昇するとともに ^{27}Al NMR スペクトルが変化する。塩基の添加により式 (6–6) や式 (6–7) に示すように，加水分解反応やそれらの重合反応など複雑な反応が進行する。

$$[Al(H_2O)_6]^{3+} + OH^- \longrightarrow [Al(H_2O)_5OH]^{2+} + H_2O \quad (加水分解) \qquad (6\text{–}6)$$

$$2[Al(H_2O)_5OH]^{2+} \longrightarrow [(H_2O)_4Al(\mu\text{-}OH)_2Al(H_2O)_4]^{4+} + 2H_2O \quad (二量体生成) \qquad (6\text{–}7)$$

pH 3.5 のスペクトルに 0 ppm 付近の鋭いピークとすぐ左側にブロードな小さなピークが見える。この小さなピークは式 (6–7) で生成した二量体に帰属される。Al^{3+}イオン 1 個当たり 2.5 個の OH^-を反応させると，6 配位の Al^{3+}イオン(AlO_6 系) 12 個と 4 配位 (AlO_4 系) 1 個からなる 13 量体 $[AlO_4Al_{12}(OH)_{24}(H_2O)_{12}]^{7+}$ が生成する。この化合物の構造を合わせて示している。pH が 4.8 のスペクトルがこの重合体のスペクトルと考えて良い。この重合体は中央に四面体配位の Al^{3+}イオンがあり (64 ppm)，鋭いピークを与え，対称性が良いことを示している。その周りに 6 個の二量体イオンが配列した構造をとっていると考えられるが，ピーク幅が広く歪んだ八面体から構成されることが示唆される。

pH4.8 を超えてさらに塩基を添加すると，4 配位のピーク強度が減少し始める。これは 13 量体が分解するためと考えられる。OH^-の添加量が Al^{3+}の 3 倍を超えると水酸化アルミニウムの沈殿が生成し始める

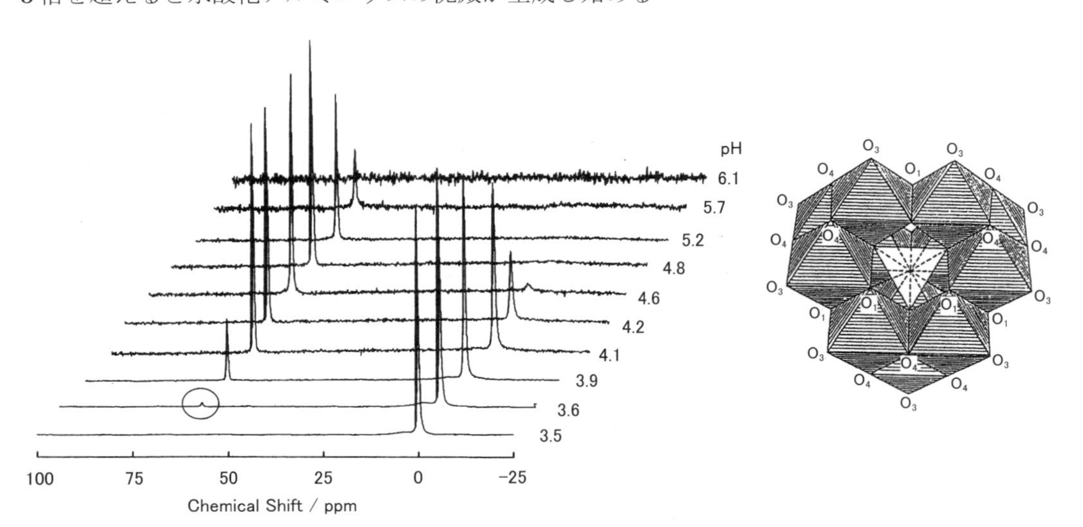

図 6–19　$[Al(H_2O)_6]^{3+}$ の加水分解過程の ^{27}Al NMR スペクトル
(*J. Colloid & Interface Sci.*, **337**, 606 (2009) に掲載された著者の論文データを改変)

6. 5. 6　NMR スペクトルの温度変化

図 6-20 は，60℃から－10℃で測定した Al-EDTA 溶液のカルボキシル基の ^{13}C NMRスペクトルを示す。合わせて6配位八面体構造をもつ金属イオン(M)の EDTA（エチレンジアミン四酢酸）錯体の一般的な構造を示している。溶液の温度を下げていくと，40℃あたりからピークがブロードになりはじめ，－5℃以下では 2 つのピークに分裂した。分裂した 2 つのピーク強度はほぼ等しいので，Al-EDTA 錯体の 4 つのカルボキシル基のうち環境が異なるカルボキシル基が 2 種類 2 つずつ存在することを意味している。温度が高いと，この 2 種類のカルボキシル基の交換が，NMR のタイムスケールより速いために運動が平均化されて，みかけ上 1 本のピークとして観測されている。しかし，温度が低下してくるとその交換反応が遅くなり，異なる環境にあるカルボキシル基の炭素を識別できるようになる。図中の EDTA 錯体の構造は固体の構造であり，溶液中ではおそらく，金属イオンに結合したカルボキシル基と結合が切れたカルボキシル基が 1：1 で存在しており，常温ではその 2 つの状態が NMR タイムスケールより速く交換している可能性が考えられる。このように，温度を変えて NMR スペクトルを測定することにより，溶液中における分子の運動に関する情報を得ることができる。これは，ダイナミック NMR と呼ばれる

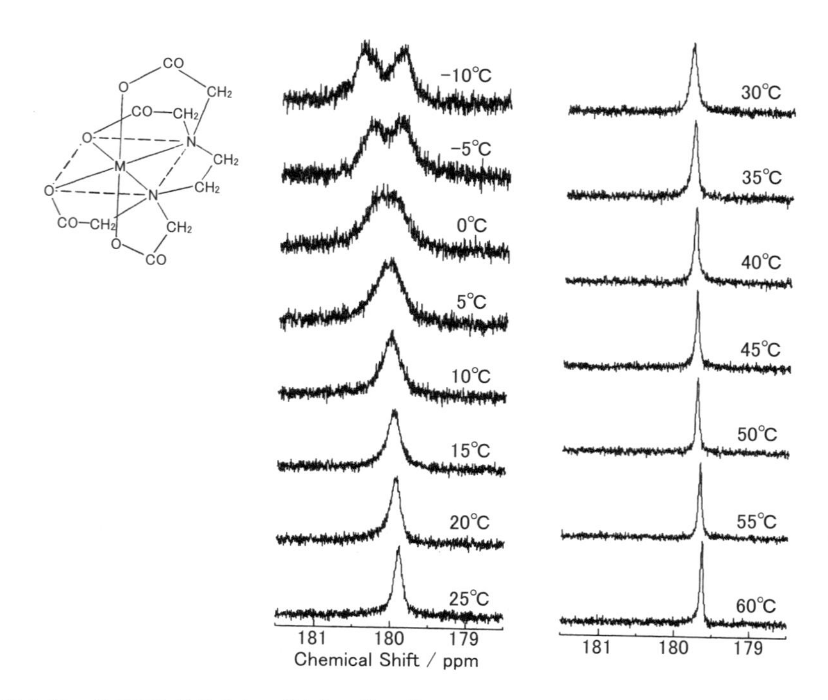

図 6-20　Al-EDTA 錯体のカルボキシル基の ^{13}C NMR スペクトルの温度変化（未発表データ）

6.6 固体試料の測定例

6.6.1 固体 NMR の特徴

溶液の NMR スペクトルは鋭い高分解能スペクトルを与えるのに，固体の静的 NMR スペクトルはブロードでありほとんど構造情報を与えない。固体試料は粉末試料であるので，試料管を磁場に置いた場合，各核スピンは磁場に対して少しずつ位置を変えて多数集まった状態である。したがって試料中の各核スピンはわずかに異なる化学シフト値をもち，それが集まって幅広いピークになっていると考えられる。これを化学シフト異方性という。これを模式的に表したのが図 6-21(a)である。溶液では特に何もしなくても分子の速い無秩序運動が起こり，化学シフト異方性を平均化し，消去しているので高分解能 NMR スペクトルが得られる。しかし，固体試料でも高出力デカップリング装置とマジックアングル回転（MAS）装置があれば試料を磁場に対して 54.7° で高速回転させることで化学シフトの異方性を消去し，高分解能 NMR スペクトルを得ることが可能となる。図 6-22 にマジックアングルスピニング（MAS）法の概念図を示す。ただし，緩和効果のためにスペクトルが広がる場合は（図 6-21(b)），MAS 装置を用いてもスペクトルの高分解能化には限界がある。各核スピンのスペクトルが広いためである。この場合の解決法は現在発展途上である。

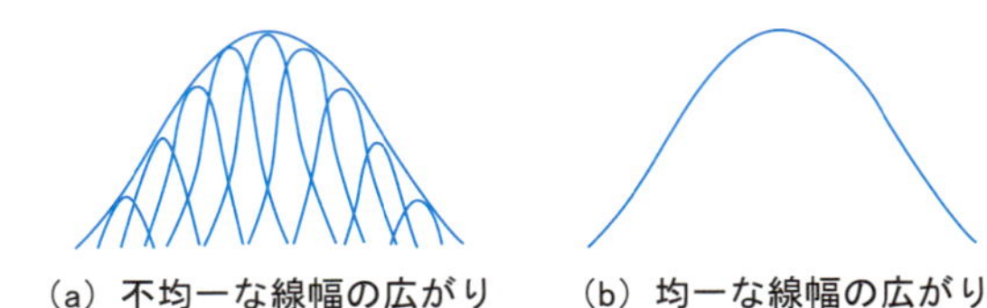

(a) 不均一な線幅の広がり
(b) 均一な線幅の広がり

図 6-21　固体 NMR におけるスペクトルの広がり
(a)　粉末パターンと呼ばれる場合で各スピンの化学シフト値が少しずつずれている場合
(b)　各スピンのスペクトル幅が本質的に広い場合。
（『高分解能 NMR—基礎と新しい展開』，東京化学同人 (1987)）

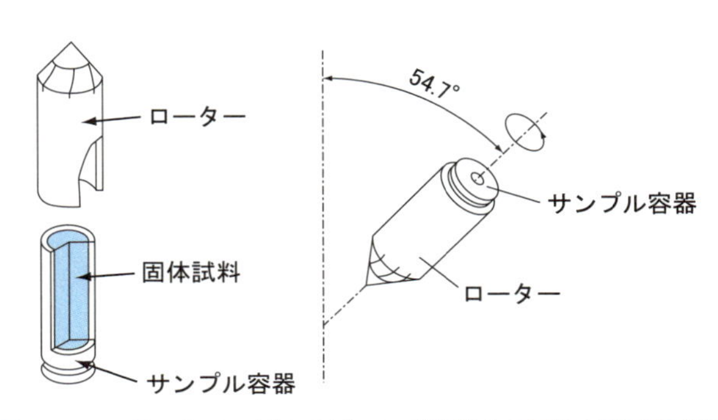

図 6-22　マジックアングルスピニング装置中の固体 NMR 用試料管

6. 6. 2　ポリエチレンの ^{13}C MAS NMR スペクトル

ポリエチレンの ^{13}C MAS NMR スペクトルを図 6-23 に示す。ポリエチレンは単純に連続する CH_2 基からなるので，1 本のピークのみを与えると考えられる。しかし，このスペクトルでは 33 ppm と 31 ppm に 2 本のピークが現われている。これは非等価なメチレン基が少なくとも 2 種類存在することを意味している。これは結晶相（ピーク I）および非晶質相（ピーク A）に対応するとされている。この非晶質相の存在は材料としても高分子化合物の特性に大きく影響する。

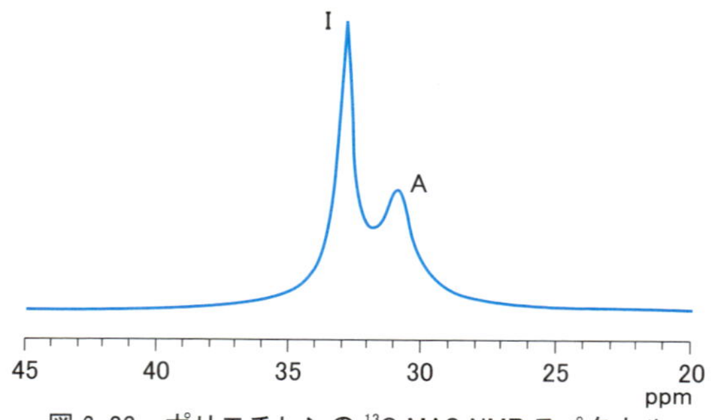

図 6-23　ポリエチレンの ^{13}C MAS NMR スペクトル
右側のピーク：非晶質部分，左側のピーク：結晶質部分
（安藤　薫,『高分子の固体 NMR』, 講談社サイエンティフィック（1994））

6. 6. 3　シリカ鉱物の多形の ^{29}Si MAS NMR スペクトル

シリカ（SiO_2）鉱物には，クリストバル石，石英，コーサイト，スティショバイトなどの多形（化学組成は同じであるが，構造が異なる）が存在する。それらの ^{29}Si MAS NMR スペクトルを図 6-24 に示す。化学シフト値から −107

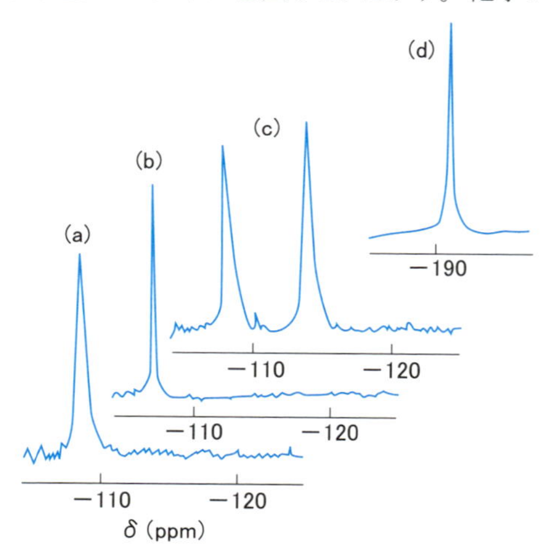

図 6-24　いくつかのシリカ鉱物の 29Si MAS NMR スペクトル
(a) クリストバル石，(b) 石英，(c) ケーサイト，(d) スティショバイト
(『高分子解能 NMR―基礎と新しい展開』, 東京化学同人 (1987))

ppmと -115 ppm付近のピークは4配位のSi（SiO_4 系）である。石英とクリストバル石には1種類の4配位Siが存在するが，コーサイトには2種類の4配位Siが存在することがわかる，-190 ppm付近のピークは6配位のSi（SiO_6 系）に帰属される。通常，シリカ鉱物中のSiは4配位であるが，マントル付近で高圧条件を経たシリカは5や6配位構造へ変化する。このように ^{29}Si MAS NMRでSiの配位数に関する情報が得られる。アルミニウムイオンの4, 5と6配位も ^{27}Al MAS NMRスペクトルの化学シフト値から区別できる。

6.7 電子スピン共鳴法（ESR）*

＊ ESR : electron spin resonance

6.7.1 原　　理

原子や分子では，電子は，原子核の陽電荷のポテンシャルの場において，ある許された軌道の中を軌道運動しているが，軌道運動だけでなく，自転運動（スピン）もしている。原子や分子が不対電子をもつときは，電子の自転によって小磁石を生じることになる。いま，これらの原子や分子がある一定の大きさの磁場に置かれると，原子や分子の電子軌道のエネルギー準位は，電子スピンと磁場との相互作用によって，さらにいくつかのゼーマン準位に分裂する。特定のゼーマン準位間で電子が遷移するときには，電磁波の吸収が起こる。この原理を利用した分析法を電子スピン共鳴法という。ESRは，核スピンによる共鳴吸収であるNMRと原理的に全く同じであるが，NMRがラジオ波領域の電波分光であるのにたいし，ESRはマイクロ波領域の分光法であるため，分光器の高周波回路が異なる。

ESRの原理は，核スピンを電子スピンに置き換えれば，前節で述べた水素核のNMRの原理を定性的にはそのまま適用することができる。

ただし，電子と核とでは電荷の符号が異なるためスピンの向きとそれによって作られる磁気モーメントの向きの関係が逆になる点注意を要する。

すなわち，不対電子は自転運動をしているから，角運動量 J を生じ

$$J = S\frac{h}{2\pi}$$

ここで，h はプランクの定数，S は電子のスピン量子数である。

磁気モーメント μ は，$\mu = -\gamma J$ だから

$$\mu = -\frac{\gamma h}{2\pi}S$$

となる。

電子のスピン状態には，$S = +1/2$ と $-1/2$ の2通りしかない。外部磁場 H_0 を作用させると，この2つのスピン状態に分裂する。これを電子のゼーマン効果という（図6-25）。NMRの場合と同様に，自転している電子は外

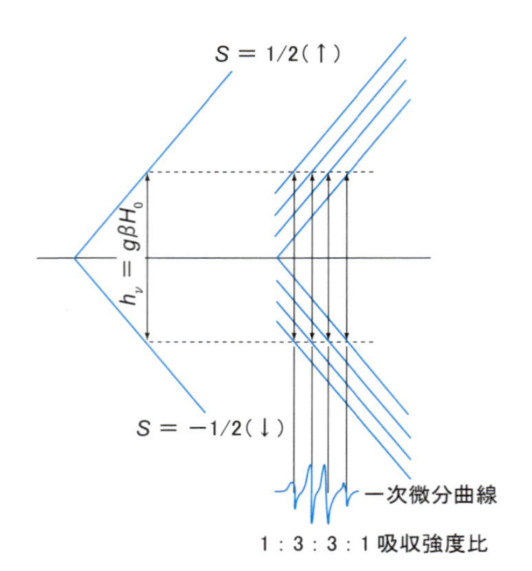

図 6-25　CH_3・の共鳴吸収と一次微分スペクトル曲線

部磁場によりラーモアの歳差運動を始める。歳差運動の角振動数 ω は次式のとおりである。

$$\omega = \gamma H_0$$

外部磁場 H_0 のなかの電子のポテンシャルエネルギーは

$$E = -\mu \cdot H_0 = \frac{\gamma h}{2\pi} S \cdot H_0$$

$$= g\beta S \cdot H_0$$

となる。ただし，g は分光学的分裂因子（spectroscopic splitting factor），β はボーア磁子（Bohr magneton）である。g は完全な自由電子では 2.0023 であり，フリーラジカル電子ではこれに近い。しかし，一般に重い元素になると 2 から離れる傾向にあり，希土類元素イオンでは g は 1 から 9 までの間の値をとるものもある。β は $eh/4\pi mc$（m は電子の質量，c は光速）である。

外部磁場と同一方向の磁気モーメントを $S = -1/2$ で表せる状態，反対方向の磁気モーメントを $S = +1/2$ で表せる状態とする*。したがって，外部磁場と同一方向の磁気モーメントをもつ状態の方が低エネルギー状態 $E1$（図 6-2(b)の α-スピンに対応）で，反対方向の磁気モーメントをもつ状態の方が高エネルギー状態 $E2$（図 6-2(b)の β-スピンに対応）である。これらの状態のエネルギー差 ΔE は

$$E = E2 - E1$$

$$= \left(+\frac{1}{2} g\beta H_0\right) - \left(-\frac{1}{2} g\beta H_0\right)$$

$$= g\beta H_0$$

＊　電子は負の電荷をもっているから，自転による角運動量の方向と磁気モーメントの方向は，ちょうど逆になる。

となる。ΔEに等しいエネルギーを外部から与えられると，低エネルギーのスピン状態にある電子はこれを吸収し，高エネルギーのスピン状態に遷移する。外部から与えられるエネルギーは外部磁場H_0と垂直な平面上を回転している磁場（回転磁場）ベクトル成分をもつ振動数νの電磁波（$\Delta E = h\nu$）によって与えられる。この振動数νは，電子の歳差運動の振動数と一致する。

$$\nu = \frac{\omega}{2\pi} = \frac{\gamma H_0}{2\pi} = \frac{g\beta H_0}{h} \quad (= 2.8\times10^6 H_0,\ \text{ただし，} g = 2 \text{のとき})$$

ここでH_0を3,300 gaussとおくと，$\nu = 9.4$ G Hz，すなわち約3 cmの波長の電磁波（マイクロ波）となる。

このマイクロ波の振動数と歳差運動の振動数が等しくなったとき共鳴状態となり，エネルギーのやり取りが起こる。$S = -1/2$の状態にある不対電子の数と$S = +1/2$の状態にある不対電子の数が等しければ，共鳴状態は観測されないが，この2つのエネルギー準位に分布する不対電子の数はボルツマン分布則に従って，わずかではあるが低エネルギー準位に存在するものの方が多い。したがって，マイクロ波の吸収が検出される。

$$\frac{\text{低エネルギー準位の電子数}}{\text{高エネルギー準位の電子数}} = \exp\left\{\frac{g\beta H_0}{kT}\right\}$$

$$= 1.0014 \ (T : 27℃,\ H : 3500 \text{ gauss}) \quad k : \text{ボルツマン定数}$$

マイクロ波を吸収して低エネルギー準位にある不対電子は高エネルギー準位にあがる。しかし高エネルギー準位の不対電子が低エネルギー準位に落ちてこないと，2つのエネルギー準位にある不対電子数は等しくなり，マイクロ波の吸収は起きなくなる。この現象を飽和（saturation）という。高エネルギー準位にある電子が電磁波を放出しないで低エネルギー準位にもどる機構をスピン格子緩和（relaxation）という。

6.7.2　超微細構造と微細構造

ESRでは，電磁波の吸収による吸収スペクトルの凹凸を鋭敏に観測するため，通常一次微分曲線として観測する。

ESRスペクトルの観測から得られることは，ⅰ）g値から不対電子を含む物質の有無とその種類，ⅱ）超微細構造（hyperfine structure）から近隣に存在する原子の種類，ⅲ）微細構造（fine structure）からスピン間の相互作用，距離などである。

まず，ⅰ）については，吸収線幅によるが10^{-7}から10^{-8}モル/L程度以上

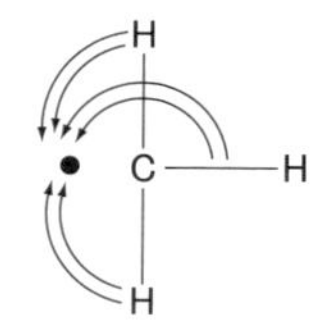

の濃度の不対電子の存在を認めることができる。吸収スペクトルの面積強度からその濃度決定を行うこともできる。また，吸収線の位置（g 値）から不対電子の存在する元素をきめることができる。

次に ESR スペクトルに現れる超微細構造の解析から，不対電子を含む物質の種類や構造を決定することができる。メチルフリーラジカル・CH_3 を例にとって超微細構造の説明を行ってみる。この場合，左図に示すように 3 個のプロトン H の核スピンが，1 個のラジカルの不対電子との間で，相互作用，すなわちカップリングを行っている。NMR 法のスピン－スピン相互作用と同様な現象である。すなわち，3 個のプロトンが等価の影響を不対電子に及ぼしていると考えると，不対電子のスペクトルは等間隔で，かつその強度比が 1：3：3：1 の 4 本の線に分けられる（図 6-25 参照）。

一般に核スピン I なる n 個の原子核が不対電子に同等に作用する場合には $(2nI+1)$ 個に分かれ，I が 1/2 のとき，その強度比は二項係数 nCm で表される。このように超微細構造を解析すると，フリーラジカルがどのようなものであり，周囲がどんな状態になっているかの知見が得られる。遷移金属の場合，全電子スピンが 1 または 1 以上のときには，磁場がなくともスピン間の相互作用で電子スピンエネルギー準位が分裂しており，これに外部磁場がかかると吸収線は 2 本以上観測される。これを微細構造という。超微細構造があるときには，微細構造がそれぞれ超微細構造に分かれる。

6.7.3 測定方法

(1) 測定装置

装置の原理を図 6-26 に示す。装置は外部磁場 H_0 に相当する非常に強い均一な磁場 A およびこの磁場を連続的に変化させる磁場掃引装置（これは分光部である），光源の電磁波発振器であるマイクロ波発振器 C，電磁波受信器である検出器（クリスタル検波器）D，最後に ESR スペクトルの記録をする記録計 E からなる。

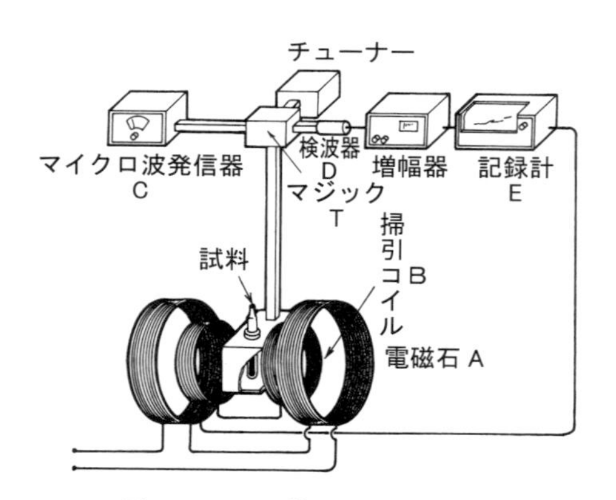

図 6-26　ESR 装置の概略の構成

磁石Aは装置と目的によって異なるが，3,000 gauss程度の強さの均一な磁場を与える電磁石である。磁場掃引装置は掃引コイルBに流れる直流電流を変化させ，試料にかかる外部磁場の大きさを少しずつ変えるためのものである。マイクロ波の発振はクライストロンまたはガンダイオードで行う。このクライストロンはXバンド（波長高3.2 cm）のマイクロ波を出す発振器である[*1]。クライストロンで発振されたマイクロ波は導波管で送られ，導波管先端の空洞共振器（cavity）内の試料に照射される。クライストロンからのマイクロ波は，図中のマジックT（またはサーキュラー）を通り試料部に送られる。このマイクロ波が試料に吸収され，cavityのインピーダンスが変化すると，マジックT部のインピーダンスとの間に差が生じる。その結果，図Dのクリスタル検波器にマイクロ波出力が生じ，これが外部磁場掃引電流とセットになってESRスペクトルとして記録される。

近年，ESR感度向上のため空洞共振器や検出器の改良が行われ，検出限界は1,010～11 spin/0.1 mTになった。さらに応用分野も半導体，高分子から生体関連物質にも拡大している。

*1　ESRでもっともよく用いられるマイクロ波帯をXバンドと呼ぶ。このほか6種類ほどのマイクロ波帯が用いられている。

（2）　測 定 技 術

試料は固体，液体，気体状態のいずれでもよい。内径3～5 mmの石英セル（パイレックス製もある）に入れる[*2]。試料量は0.05～2 mL程度である。図6-27に示すジフェニルピクリルヒドラジル（diphenylpicrylhydrazyl, DPPH）が典型的な有機ラジカルであるので標準物質として用いられている。これをキャピラリーに入れ，試料セル内に付着して試料と共に測定する。DPPHの吸収位置（磁場）と試料スペクトルの吸収位置の差により，試料の*g*値をもとめることができる。

近年の新しい測定技術としてスピントラッピング法，スピンラベル法などがある。これらについては次節を参照されたい。ESRにおいてもパルス-FT法が導入されてきつつあり，二次元ESRやスピンエコー法が試みられている。

*2　水溶液試料の場合，外径1 mm以下のキャピラリー（10～20 μl）または専用のフラットセル（300 μl）を用いなければならない。

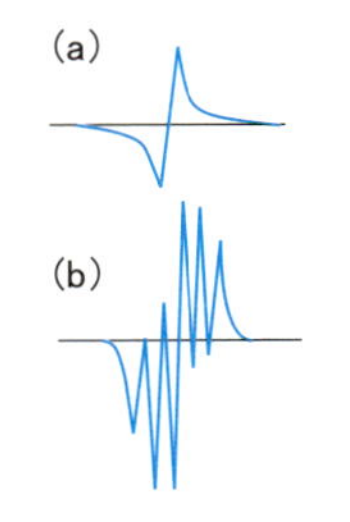

図6-27　DPPHのスペクトル
(a) 固体　(b) 液体

6.7.4　測　定　例

（1）　高分子への応用[*3]

塩化ビニル樹脂で被覆された鋼板の変退色，光沢の低下，亀裂発生剥離などの原因をESRによって追跡することができる。熱あるいは紫外線照射による劣化の際に生じるラジカルの発生量をESRで求める（図6-28参照）。

図のラジカル発生量と暴露促進試験[*4]の結果とは表6-5に示すような相関が見いだされ，ESR法が短時間で塩化ビニル（PVC）の耐熱性，耐候性を評価する目的に優れていることを示す。

*3　小山正泰，杉本善之，市島真司，沖　慶雄，金属表面技術，35，301 (1984).

*4　試料を日光，雨，露などに暴露して，その耐候性を調べるために行う試験を暴露試験という．暴露促進試験とは暴露試験期間を短縮して短期間で結果を得ようとする試験をいう．

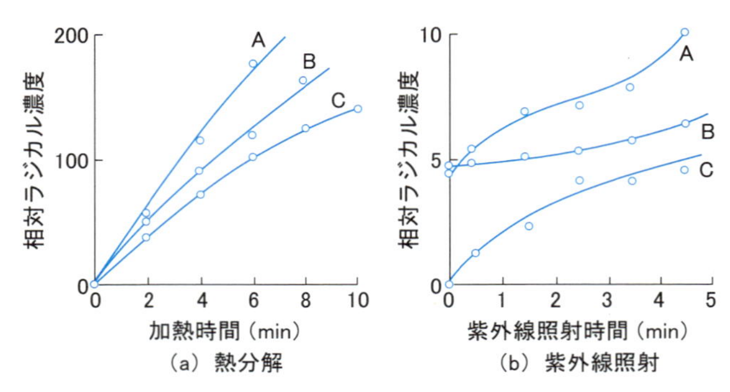

PVC : A (乳化重合, 平均分子量 = 1,700), B (乳化重合, 平均分子量 = 1790),
C (乳化重合, 平均分子量 = 1,650)

図 6-28　PVC 膜から検出されるラジカル量

表 6-5　樹脂の安定性

		A	B	C
温度試験 (90℃)	7日	7(5.6)	7(5.7)	10(2.1)
	70 〃	3(13.3)	3(11.4)	8(8.9)
	150 〃	1(22.0)	2(18.9)	7(11.0)
温度試験 (180℃)	30分	6(10.2)	6(8.7)	9(2.8)
	60 〃	1(16.3)	4(15.0)	8(6.4)
	120 〃	1(23.0)	2(18.7)	6(12.0)
促進耐候試験	2200時間	4	10	10
	3000 〃	2	8	10
	3800 〃	2	4	10

( ) 内は色差 (Led)

(2) 生化学への応用*1

生体内で細胞の老化やがん化に関係すると思われるスーパーオキサイドアニオンラジカルを検出する。下記に示すスピントラッピング剤 (DMPO)*2 で，不安定なこのラジカルをトラップし，安定なラジカルとして検出するものである。この方法を利用して酵素反応のメカニズムなどを研究する。

DMPO + ・O_2H ⟶ (付加体)

(3) 食品への応用*3

油脂の初期酸化レベルの測定に ESR 法を用いることができる。

これは，油脂に添加された酸化防止剤が酸化されて生成するラジカル量を測定することにより，酸化防止剤の消費量を見積る。

たとえば，油脂の 1 つのパーム油に酸化防止剤として α-トコフェロールを添加するとパーム油の酸化劣化にともないフェノキシラジカルが生成する (図 6-29)。これを ESR で定量すると次図の結果の曲線 A を得る。曲線 A で

*1　R. C. Sealy, H. M. Swartz and P. L. Olive, *Biochem. Biophys. Res. Commun.*, **82**, 680 (1970) ; I. Ueno, M. Kohno, K. Yoshihira and I. Hirono, *J. Pharm. Dyn.*, **7**, 563 (1984).

2　親水性のスピントラッピング剤として nitrone も市販されている。最近，ヒドロキシラジカル OH˙ とスーパーオキサイドアニオンラジカル $O_2^{\cdot-}$ のいずれとも安定なラジカルを形成し，ESR シグナル幅が異なる安定な nitrone 類縁体 1 が報告されている (下図)。

nitrone analogues と ESR シグナル

*3　K. Shioji, M. Takao and K. Okuma, *Chem. Lett.*, **35**, 1332 (2006).

*4　長谷川秀夫，山本良郎，飯塚晶子，日特公，昭 58-41460.

ラジカル相対濃度が高濃度のものは曲線BのPOV[*1]値が高くなっている(図6–30)。このことからこのESR法は油脂の初期酸化の情報を与えてくれることがわかる。

＊1　過酸化物価のこと。一般に行われている酸化劣化の評価法である。

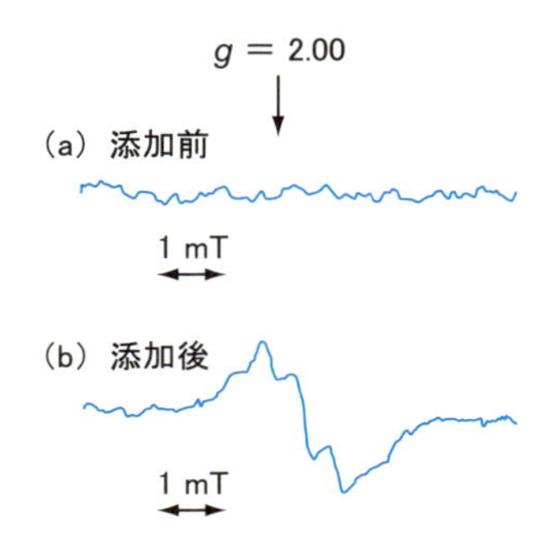

図 6-29　α-トコフェロール添加後のパーム油のESRスペクトル

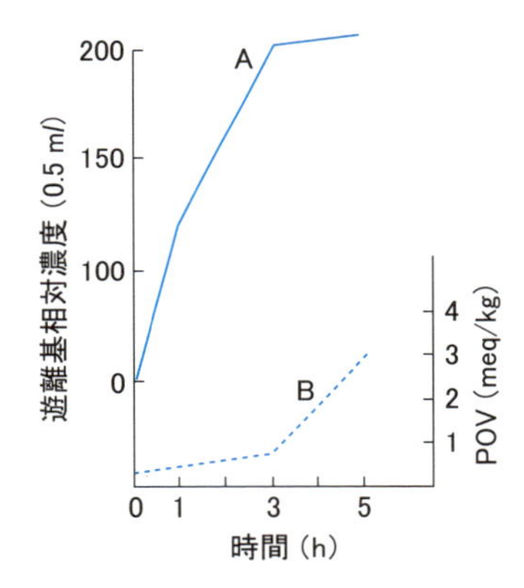

A：遊離基の相対濃度，B：POV

図 6-30　パーム油の180℃における加熱試験で測定したラジカル相対濃度とPOV値の関係

(4)　医学への応用[*2]

精神安定剤として知られているクロルプロマジン（CPZ）は，赤血球によって脳に運ばれるという点でその赤血球との相互作用の研究は非常に興味がもたれている。会合体を形成するようなCPZ濃度溶液でCPZと赤血球膜との相互作用をスピンラベルESR法で調べた。スピンラベル法はESRで観測しやすいラジカルを対象分子に結合させて（スピンラベルという）ESRスペクトルを記録し，そのラジカルならびにその周辺の状態を解析する方法である。この場合，膜脂質のスピンラベル剤として12 NSを用いた。図6–31の上は，CPZを作用させていない赤血球膜に12 NSをラベルしたもののESRスペクトル，下はCPZを作用させた赤血球膜に12 NSをラベル[*3]したもののスペクトルである。下のスペクトルでは$2T_{/\!/}$が大きくなっており，膜脂

＊2　T. Yamaguchi, S. Watanabe and E. Kimoto, *Biochim. Biophys. Ada*, **820**, 157 (1985).

＊3　最近はスピンラベル法を用いて活性状態にあるタンパク質の構造とダイナミクスを検出する部位特異的スピンラベルESR法が開発され，モーターやスイッチタンパク質や膜タンパク質へ部位特異的に結合したスピンラベルの角度や側鎖運動性およびスピン間距離測定などが精力的に行われている＊。

＊　荒田敏昭，分光研究，**55**, 308 (2006).

$CH_2CH_2CH_2N(CH_3)_2$

N Cl

S

Chlorpromazine（CPZ）

質の運動性が CPZ の作用により著しく低下していることがわかる。

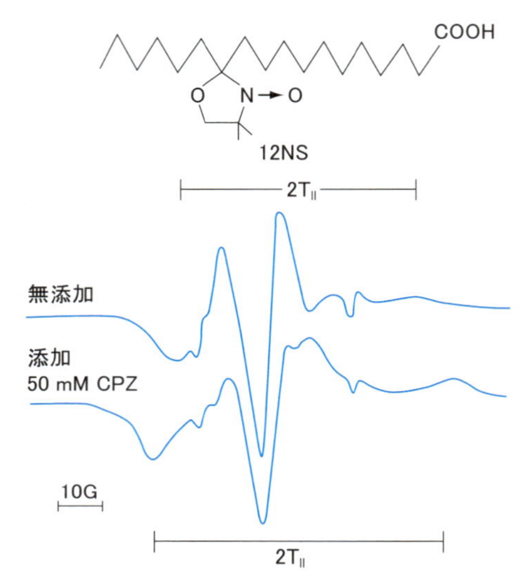

図 6-31　12 NS でスピンラベルされた赤血球の ESR スペクトル

演　習　問　題

問題 1

下図の ^{1}H-NMR スペクトルは，分子式 C_3H_7Br をもつ化合物のものである。構造を解析せよ。

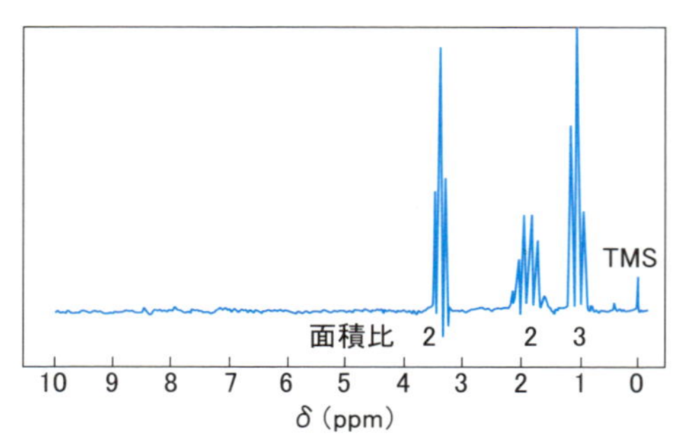

問題 2

下図の ^{1}H–NMR スペクトルは，分子式 C_3H_7NO の化合物である。構造を解析せよ。

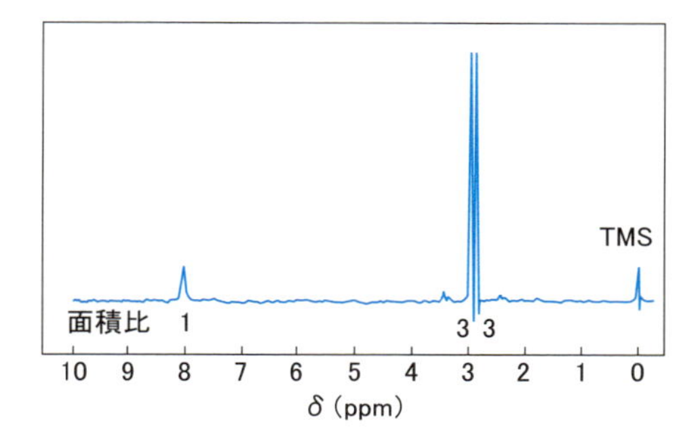

問題 3

下図は分子式 $C_4H_8N_2O_3$ で表わされる化合物の ^{13}C–NMR スペクトルである。化合物の構造を求めよ。

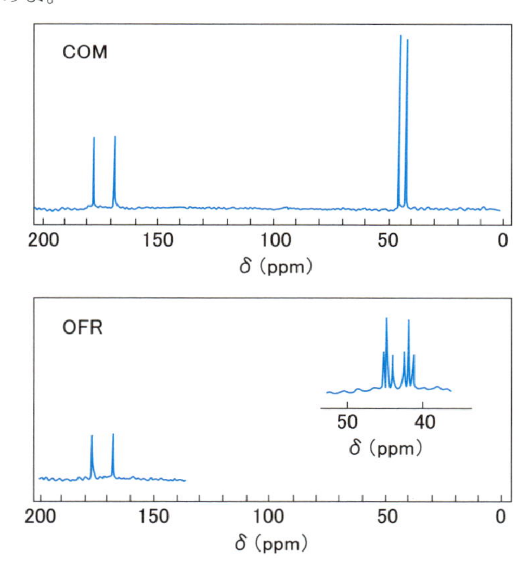

問題 4

しゃへい定数 σ と化学シフト δ の関係について述べよ。

問題 5

波長が 3 cm のマイクロ波で ESR を測定する。このとき磁場の強さを求めよ。ただし，$\delta = 2.0023$ とする。

7 質量分析

原　理

試料をイオン化し，イオン化された試料分子およびその分子の断片イオンを，磁場型もしくは四重極型の装置により，質量/電荷数の大きさに応じて分離し，得られた質量スペクトルピークの位置から定性分析を，強度から定量分析を行う。

特　徴

有機化合物では分子量の正確な決定や同定ができる。また，試料の構造が未知の場合，分子構造の推定を行うことができる。混合物の場合では，各成分の定性，定量分析ができる。無機化合物の場合は，普通，極微量成分の定量分析が行われている。

質量分析では，気体状の試料分子を高真空下で熱電子線衝撃することによってイオン化し，生じたイオンを質量 m と電荷 z の比 m/z の大きさの順に分離分析する。この方法を用いて 1912 年，J. J. Thomson が Ne の二個の同位体 ^{20}Ne，^{22}Ne の存在を確認した。その後，質量分析計の開発はめざましく，様々なタイプの装置が製作されている。1940 年，Hoover と Washburn が多成分を含む試料の化学分析に質量分析計を利用することを提唱して以来，質量分析法が複雑な組成の有機化合物の分析にきわめて有用であることが認められ，この方法は急速に普及，発展した。

7.1 分析法

7.1.1 原　理

質量分析では原子や分子から得られるイオンの質量の大きさが測定される。質量分析法を大別すると，試料のイオン化，質量分離，イオンの検出となる。低分解能の装置では 1 質量単位（原子量 1 に相当する量）までの測定が普通であるが，高分解能の装置では 1000 分の 1 質量単位（ミリマス*）の測定が可能である。

* p. 157 参照。

原理のあらましを図 7-1 に示す。まず，試料は気化され，イオン化室でイオン化される。生成したイオンは加速され，イオンビームとして入口スリットから発射され，強い均一な磁場を有する質量分離室に入る。ここで，いろいろな質量をもつ各イオンは，磁場により質量に応じてその方向を曲げられ，分離される。

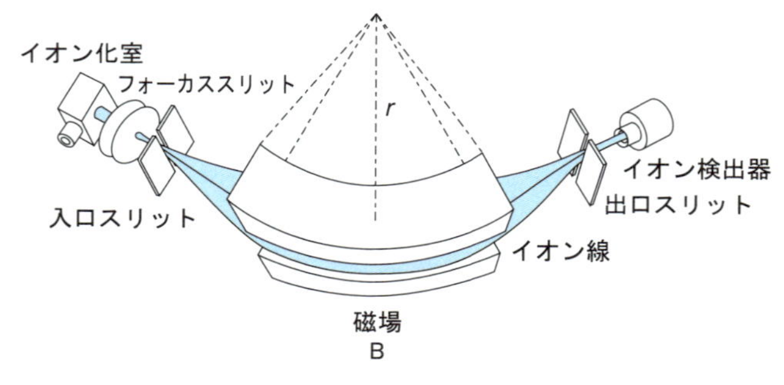

図 7-1　磁場型質量分析計の構成

7.1.2 イオン化

(1) 電子イオン化法（EI 法：electron ionization）

最も古くから用いられている方法である。通常，分子量が 1,000 以下の揮発性試料の測定に用いる。気化された試料分子の電子を電子流によってたたき出し，イオン化する。

> **EI 法**
> 再現性の高いフラグメンテーション（開裂）パターンを有するマススペクトルが得られることから，データライブラリーを利用した化合物の同定などに利用される。

電子流のエネルギーはイオン化室の電極電圧に依存する。有機分子のイオン化には 10〜20 eV のイオン化電圧を与えれば十分であるが，フラグメントイオンを得るためには 70 eV 程度のイオン化電圧を要する。この方法で生成する分子イオンは，高い内部エネルギーを有するため，続いて起こるフラグメンテーション（7. 2 節参照）によって多数の低質量のイオンを与え，化合物によっては分子イオンピークが小さくなったり，みえなくなったりする。

(2) 化学イオン化法（CI 法：chemical ionization）

CI 法も EI 法と同様，分子量が 1,000 以下の揮発性試料の測定に用いる。試薬ガス（メタン，イソブタン，アンモニアなど）とよばれる気体をイオン化室に導入する。このガスが電子流に衝撃されると一次イオン（たとえば CH_4^+ や CH_3^+ イオン）が生成する。このイオンが試薬ガスと反応して生成する二次イオンが，試料分子とイオン-分子反応を起こす。この結果生じた $[M+H]^+$ イオンや $[M+C_2H_5]^+$ イオンなどは安定なイオンであり，イオン化に伴う結合の開裂が起こりにくい。したがって，フラグメントイオンの少ない単純なスペクトルを与える。

(3) 高速原子衝撃法（FAB 法：fast atom bombardment）

難揮発性試料のイオン化に用いられる。試料面に高速の中性原子（Ar や Xe など）流を衝撃し，試料分子をイオン化する方法である。FAB 法は分子量 3,000 程度までの液体または固体試料に用いられ，難揮発性試料の質量分析に用いられる。グリセロールなどのマトリックスを用いることが必須である。

(4) マトリックス支援レーザー脱離イオン化法（MALDI 法：matrix-assisted lazer desorption ionization）

MALDI 法は数百万以下の分子量を有する液体，または固体の生体高分子のイオン化に適する。金属板上の試料に，レーザー光を照射して試料をイオン化する方法である。適当な溶媒を用いて試料をマトリックス（シナピン酸など）に溶かしたのち，ターゲット上で乾固し，その結晶表面にレーザーパルスを照射してイオン化を行う。

(5) エレクトロスプレーイオン化法（ESI 法：electrospray ionization）

ESI 法は数万以下の分子量を有する液体の生体高分子のイオン化に適する。ESI 法は，LC-MS のインターフェースとして大気圧下で利用される。ESI 法では，一般に多価イオンが生じやすく，$[M+nH]^{n+}$, $[M-nH]^{n-}$ などの多価イオンが検出されることがある。

7. 1. 3 質量分離

(1) 磁場型方式

イオン化室で生成したイオン（分子ないし分子の断片。原子 1 個の場合もある）は，イオン化室と図 7-1 のフォーカススリットの間にかけられた加速

FAB 法

マトリックスとは，試料のイオン化を支援する物質であり，試料の性質やイオン化法によって様々な種類がある。FAB 法では，一般的にグリセロールや 3- ニトロベンジルアルコールといった粘稠性物質が用いられる。

MALDI 法

適切なマトリックスを選択することにより，数百の低分子量から数十万の高分子量までの化合物のイオン化が可能である。測定に必要な試料量が微量であることから，ペプチドやタンパク質などの生体由来試料のイオン化に利用される。

ESI 法

比較的高極性の低分子量から高分子量の試料のイオン化に利用され，多価イオンを生成しやすい性質を利用して，ペプチドやタンパク質，多糖などの生体高分子の測定にも応用される。

多価イオンピーク

通常のイオンは1価（$z=1$）であるが，さらにもう 1 個の電子を失って 2 価（$z=2$）になると，1 価イオンの m/z に対して $m/2z$ となり，m/z の半分の値として観測される。分子量 10000 の分子が，多価イオンになると，1 価のイオン $[M+H]^+=(10000+1)/1=m/z$ 10001，2 価のイオン $[M+2H]^{2+}=(10000+2)/2=m/z$ 5001 などが検出されることがある。

電圧によって加速され，磁石によって作られた磁場に入る。磁場に入るときのイオンの速度を v，イオンの質量を m（原子質量単位），電荷を ze とする。イオンは加速電圧（V ボルト）により zeV なる運動エネルギーを得ているので

$$\frac{1}{2}mv^2 = zeV$$

なる関係が得られる。磁場（強さ B ガウス）に入ったイオンは，磁場からその運動方向と直角の方向に $B\,zev$ なる力を与えられ，図に示すような円運動を行う。この円の半径を r cm とすると，イオンは mv^2/r なる遠心力を受ける。これと磁場から与えられた力はつりあうので

$$mv^2/r = B\,zev$$

となる。

これら 2 式より

$$m/z = er^2B^2/2V$$

となる。e として 1.60×10^{-19} クーロンを用いると

$$m/z = 4.82\times10^{-5}r^2B^2/V$$

なる関係式を得る。式から明らかなように，B と V が一定ならば m/z によって r は異なる。z が同じならば，m と異なる質量をもつイオンは異なる大きさの円弧を描く。実際にはこれとは逆に，B あるいは V を連続的にかえて（scanning）各 m/z に対応するイオン流を次々と磁石の出口にあるコレクタースリットを通過させ，検出している。

m/z が同じイオンは，図のように多少の広がりをもって磁石に入っても，再び収束する（方向収束）。この方式の装置を単収束型質量分析計という。

一方，図 7-2 に示すように，磁場の前に数千から数万ボルトの直流電圧による静電場を置き，イオン流のエネルギー（速度）の広がりを減少させ（速度収束），その後，磁場分離（方向収束）を行う方法もある。

ガウス

ドイツの物理学者ヨハン・カール・フリードリヒ・ガウス（Johann Carolus Fridericus Gauss, 1777 ～ 1855）に由来する磁束密度の単位である。

クーロン

フランスの物理学者シャルル - オーギュスタン・ド・クーロン（Charles-Augustin de Coulomb, 1736 ～ 1806）に由来する電荷の SI 単位である。

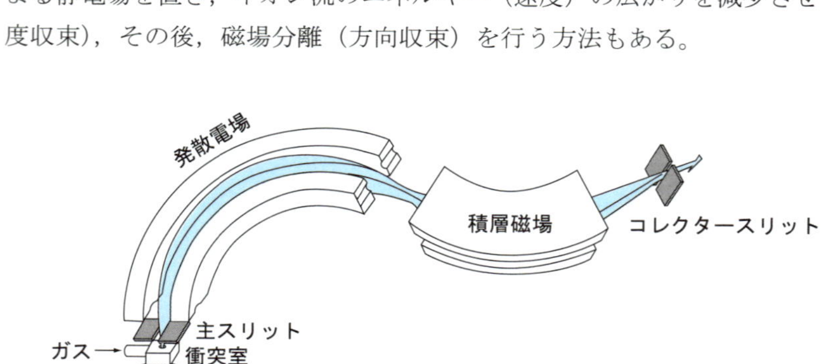

図 7-2　二重収束型質量分析計概念図

この方式の質量分析計を二重収束型質量分析計といい，広く用いられている装置としてMattauch-Herzog型とNier-Johnson型がある。二重収束型質量分析計では，質量が1/1,000（ミリマス*）の単位まで測定できる。

Mattauch-Herzog 型
図7-2で示すように，電場と磁場の偏向が逆向きの配置である。

Nier-Johnson 型
電場と磁場の偏向が同じ向きの配置である。

*　p. 157参照。

(2) 四 重 極 型

図7-3に示すように，相対する2対の双極子電極（四重極）間において，$\pm(U+V\cos\omega t)$で表わされる，直流（電圧U）と高周波交流（最大値の電圧V，周波数f MHz）が重ね合わされた電圧が印加される。四重極電極内にイオンが入ると，イオンは高周波電場の影響をうけてxあるいはy方向に振動しながらz方向に進行するが，特定のm/z比をもつイオンだけが振幅が大きくならずに安定な振動をして電極間を通り抜けることができる。いま，周波数fを一定とし，この電場のU/Vがある一定値のとき，図の方向（z軸）から入射されたイオン流のうち，$m/z = 0.14\ V/f^2r^2$を満たすイオンのみが電極の間を通過できる。したがって，U/Vを一定に保ちながら，Vを連続的に変化させれば，各質量に対応するイオンが分離され，検出されることになる。

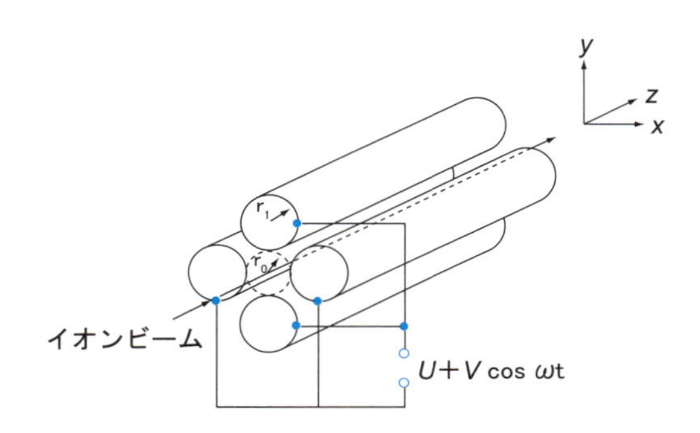

4本の円柱電極（半径r_1：約$1.25r_0$）は等間隔に半径r_0の仮想的な円柱に外接するように取り付けられる。

図7-3　四重極型質量分析計の原理図

四重極型は磁場型に比べ，一般にscan speedが速く，軽量，安価であるが，分解能が悪く，測定可能な最高質量数も小さい。

(3) 飛行時間型（TOF：time-of-flight）

TOFは，イオンが空間的に離れた2点間を飛行するのに要した時間を測定することによりm/zを決める分析法である。TOF型の特徴は，測定可能な質量範囲に限界がない点である。

7.2 質量スペクトル

質量スペクトルでは，横軸には質量電荷比m/z，縦軸にはイオン量をとり，最大のイオン量を示すイオンのピーク（基準ピーク，base peak）の強度を

100として，各イオンはその相対強度で示される。図 7-4 に示すような図形が質量スペクトル（mass spectrum，MS ピーク）である。質量スペクトルにはさまざまなピークが現れている。以下，図 7-4 のサリチル酸メチルの質量スペクトルピークを用いてスペクトルの説明を行う。

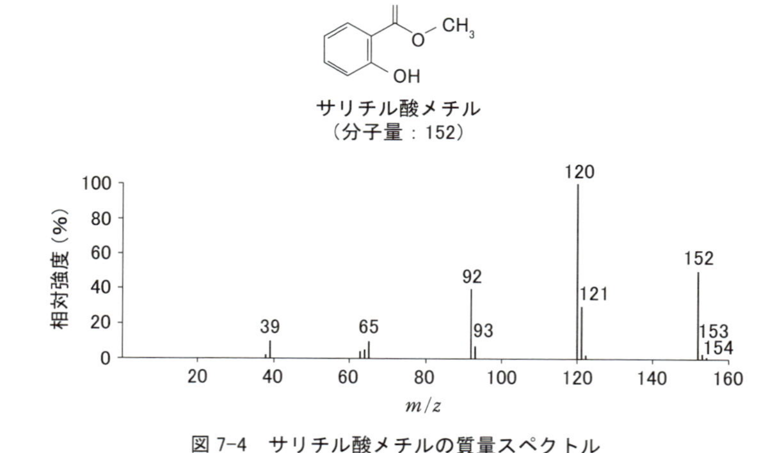

図 7-4　サリチル酸メチルの質量スペクトル

(1) 分子イオンピーク（molecular ion peak，M^+ ピーク）

分子イオン M^+ に由来するピーク。分子イオンピークより正確な分子量が得られる。図 7-4 のスペクトルでは，m/z 152 のピークが分子イオンピークである。分子イオンの安定性などで，必ずしも観測されるとは限らない。このピークは試料の分子量を示す重要なピークであり，質量スペクトル中で後述する同位体イオンピークを除けば，通常，最も m/z の大きいところに出現する。

(2) フラグメントイオンピーク（fragment ion peak）

生成した分子イオンは，一般に，大きい内部エネルギーを持っているので，結合の開裂が起こる。試料分子イオンが開裂し，その結果出現したフラグメントイオンによるピークである。フラグメントイオンピークより分子構造が推定できる。図 7-4 のサリチル酸メチルのスペクトルでは，フラグメンテーションにより m/z 121, 120, 93, 92, 65 などのフラグメントイオンピークが観察される。フラグメントイオンの生成過程における結合の開裂様式には単純なラジカル開裂およびイオン開裂の他に転位を伴う場合がある。

6 員環遷移状態を経る転位反応で，図 7-5 のようにカルボニル基への水素原子の転位を伴う開裂を McLafferty 転位という。C=O 基に対し，γ 位の水素原子が引き抜かれる。

McLafferty 転位

カルボニルに $-X-CH_2-CH_3$（X は何でもよい）が結合している場合，エチレン（$CH_2=CH_2$）が中性分子として脱離し，M－28 の位置にピークが観測される。

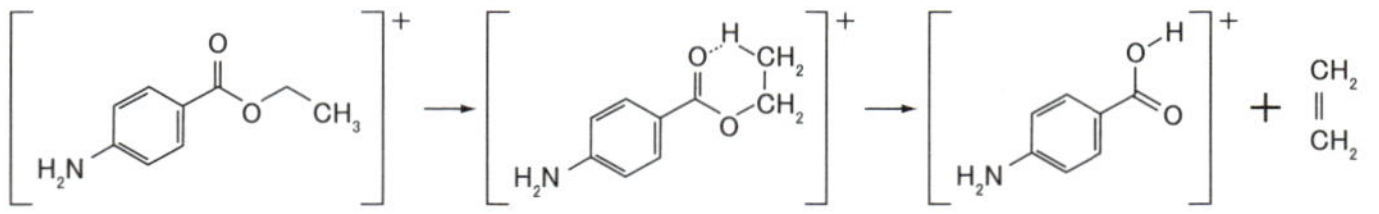

p-アミノ安息香酸エチル m/z 165 → 6員環遷移状態 → p-アミノ安息香酸 m/z 137 (M−28) ＋エチレン

図 7-5 McLafferty 転位

(3) 同位体イオンピーク (isotope ion peak)

M^+ ピークの高質量域に観測される m/z 153 および 154 のピークは，サリチル酸メチル分子の各元素の同位体の存在に基づくものであり，同位体イオンピークと呼ばれる。天然に存在する元素のほとんどが安定同位体を含み，それらの混合物として存在するので，その存在比に応じて同位体イオンピークも観測される。

同位体
原子番号（陽子数）は同じであるが，中性子の数が異なるため，質量数に差がある核種のこと。

一般に，最も質量数の小さい同位体（質量M）が天然存在比が最も高く，それより1質量単位大きい同位体をM+1と書き，Mに対する相対強度をMを100として示してある。

表 7-1 に，いくつかの同位体の存在比を示す。

表 7-1 同位体の存在比（%）

元素	M	存在比	M+1	存在比	M+2	存在比
炭　素	^{12}C	100	^{13}C	1.08		
水　素	^{1}H	100	^{2}H	0.016		
窒　素	^{14}N	100	^{15}N	0.38		
酸　素	^{16}O	100	^{17}O	0.04	^{18}O	0.20
ケイ素	^{28}Si	100	^{29}Si	5.10	^{30}Si	3.35
硫　黄	^{32}S	100	^{33}S	0.78	^{34}S	4.40
塩　素	^{35}Cl	100			^{37}Cl	32.5
臭　素	^{79}Br	100			^{81}Br	98.0

（日本分析化学会九州支部編，『機器分析入門』，（南江堂））

同位体イオンピークは M^+ ピークより大きいところに現れるだけではない。各フラグメントイオンピークには他のフラグメントイオンピークの同位体イオンピークがわずかに重なっている。

同位体による寄与は分子内に Br，Cl，S などを含む場合，特にこれらを複数個含む場合には，きわめて特徴的な質量スペクトルを示すので注意しなければならない（図 7-6，図 7-7 参照）。

同位体存在比による推定が最も役立つ元素は Cl および Br である。Cl の同位体は2種類あり，$^{35}Cl:^{37}Cl = 3:1$ であるから Cl を2個含むときは，$(a+b)^n = (3+1)^2 = 9+6+1$，すなわち M，M+2，M+4 ピークの強度比は 9：6：1 になる。

ピークの強度比

塩素と臭素をそれぞれ1個含むときは，(3+1)(1+1)＝3+4+1，すなわちM, M+2, M+4ピークの強度比は3:4:1になる。

$(a+b)^n$	a：Mの強度，b：M+2の強度，n：分子中に含まれる原子数

ピークの強度比								ピーク形
n	M	:	M+2	:	M+4	:	M+6	
1個	a	:	b					
2個	a^2	:	$2ab$	:	b^2			
3個	a^3	:	$3a^2b$	:	$3ab^2$	:	b^3	
塩素の n	M	:	M+2	:	M+4	:	M+6	
1個	3	:	1					Cl
2個	9	:	6	:	1			Cl_2
3個	27	:	27	:	9	:	1	Cl_3
臭素の n	M	:	M+2	:	M+4	:	M+6	
1個	1	:	1					Br
2個	1	:	2	:	1			Br_2
3個	1	:	3	:	3	:	1	Br_3

図 7-6　いくつかの塩素や臭素を含む同位体ピークのパターン

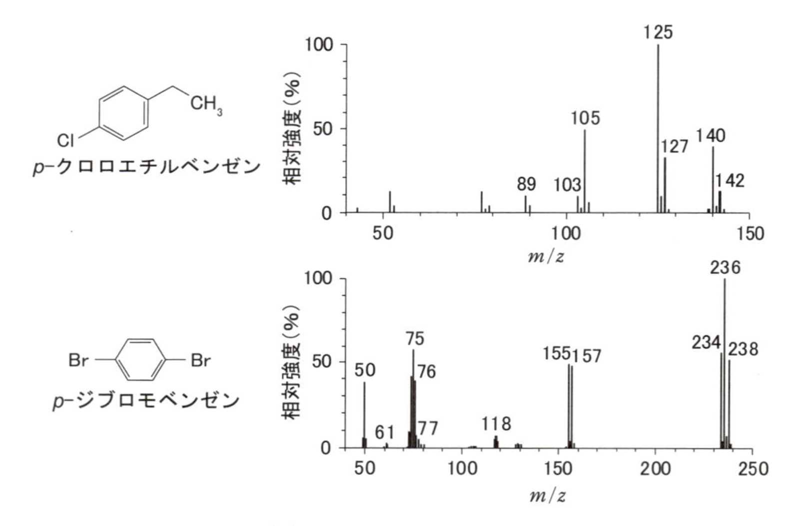

図 7-7　塩素や臭素を含む化合物のスペクトル

7.3 質量スペクトルの解析

有機化合物の質量スペクトルの解析は，構造未知の化合物の場合，次の順序で進める。

① 分子イオンピークを見つける。

スペクトルの最高質量部にあるピークからM^+ピークを見つける。M^+イオンが精密に決定できれば，分子式を決定することができるので，このピーク決定は重要なものである。しかし，このピークは強度が弱かったり，全く現われないこともあるので，測定ならびに解析に注意を要する。アルコール，脂肪族エーテル，脂肪族アルデヒドの M^+ ピークは弱く，注意を要する。

② フラグメントイオンピークから開裂前の構造を推定する。

フラグメントイオンの生成は，分子イオンの開裂反応と転位反応による。どの結合からどのようなフラグメントが生成しやすいか，すなわち開裂様式を知ることにより，分子構造の推定ができるようになるが，詳しくは成書を参考にされたい。

上記のほかに，同位体イオンピーク強度から分子の元素組成を推定することもある。

7.4 測定法

7.4.1 測定試料

質量分析を行う場合，分析目的と試料の状態を考え，測定装置と測定条件を考えなければならない。分析目的とは，ｉ）分子量の決定，ⅱ）化合物の同定，ⅲ）構造の推定，のいずれであるかということである。また，分析すべき分子が測定試料中で主要成分として存在しているのか，あるいは微量成分としてか，またそれらが固体，液体，気体のいずれの状態にあるのかということを知ったうえで分析にかからねばならない。

7.4.2 測定装置

質量分析では，分析目的，試料の状態に応じて測定装置，測定条件を変えなければならない。装置は単収束型，二重収束型，四重極型があり，さらに複合装置として，ガスクロマトグラフと組み合わせたGC-MS，ICPと組み合わせたICP-MS*などがある。さらに，これらの装置には一種あるいは二種類以上のイオン化法があるので，試料の状態に応じて装置，あるいはイオン化法を選択する必要がある。

* p. 161参照。

7.4.3 測定例

(1) 分子量の測定

分子量の測定は，良質な M^+ ピークが得られれば比較的容易に行える。図7-8にEI法によるイオン化を用いた二重収束型質量分析計で測定したコレステロール（cholesterol，cholest-5-en-3β）の質量スペクトルを示す。コレステロールは $C_{27}H_{46}O$ で，最も代表的なステロールであり，脊椎動物中に広く分布し，あらゆる組織の重要な構成成分である。質量スペクトルの m/z 386が分子イオンピークであり，m/z 368が分子イオンから H_2O が脱離したフラグメントイオンのピークである。

＊ 通常のEI法では正イオンを検出している。

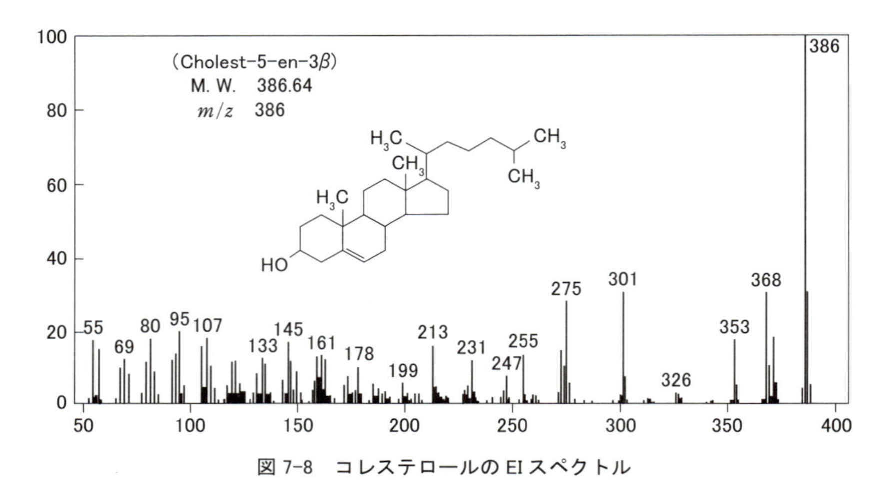

図 7-8　コレステロールの EI スペクトル

(2) 高分解能質量分析

磁場型は，単収束型と二重収束型とがある。二重収束型では，電場と磁場によってイオンを分離する。分解能 5,000 以上にすることができ，高分解能型ともいう。分解能 R は，質量 M のピークと $M+\Delta M$ のピークが分離していれば，次の式で定義される。通常は 2 つの隣接するピークがピーク高さの 10%の点まで分離した状態の M を使って分解能とする。例えば，m/z 500 と m/z 501 のピークがこの状態で隣接していれば，分解能は 500 となる。

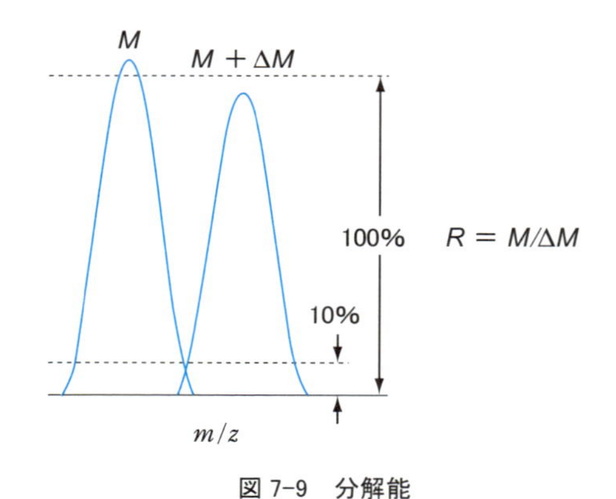

図 7-9　分解能

通常見ているマススペクトルは横軸 m/z が整数目盛りであり，分子イオンピークやフラグメントイオンピークの質量数を整数で扱っている。ところで，原子量は厳密には ^{12}C を基準として，他は全て端数を持つ値である。

精密質量　$^{12}C = 12.000000$

$^{1}H = 1.007825$

$^{16}O = 15.994915$

$$^{14}N = 14.003074$$

したがって，整数では同じ値を示すイオンでも各原子の組み合わせが異なれば，小数部分では差が生じてくる。それ故，高分解能質量分析法を用いて，あるピークの精密質量を測定すれば，元素組成（分子イオンを用いれば分子式）が決まる。高分解能質量分析計で得られるスペクトルを普通のマススペクトルと区別するために高分解マススペクトルまたはミリマスと呼び，1質量単位の1/1000の単位である1ミリマス単位を用いる。サリチル酸メチル*の分子イオンピーク m/z 152の高分解能質量を測定すると152.0470であったとする。整数値が152のものの精密質量は次のようになる。

$$C_7H_8N_2O_2 = 152.05858$$
$$C_7H_{10}N_3O = 152.08238$$
$$C_7H_{12}N_4 = 152.10619$$
$$C_8H_8O_3 = 152.04734$$
$$C_8H_{10}NO_2 = 152.07115$$
$$C_8H_{12}N_2O = 152.09495$$

この中で，152.0470と最も誤差の小さい $C_8H_8O_3$ が分子式であることがわかる。

* p. 152 参照。

高分解能で測定すると，各イオンの組成式または分子式を知ることができる。

(3) 同　　定

化合物の同定は，その構造が予想できるときは同一装置を用いて同条件で測定した標品のスペクトルと比較すると容易に行える。たとえば，コーヒーなどに含まれるカフェイン（caffeine；$C_8H_{10}O_2N_4$）は複雑な構造を有している。これの標品のスペクトルは，図7-10に示すように m/z 194に明瞭な分子イオンピークをもち，その他のピークも比較的容易に同定しうる。これを用いて試料中のカフェインのスペクトルと比較同定する。図の測定データはEI法によるものである。

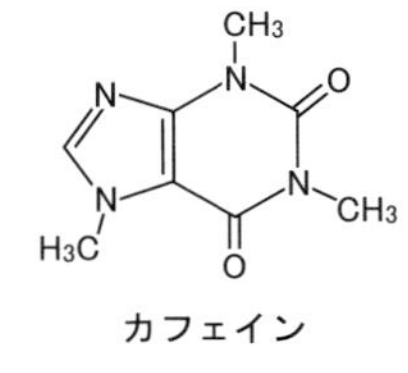

カフェイン

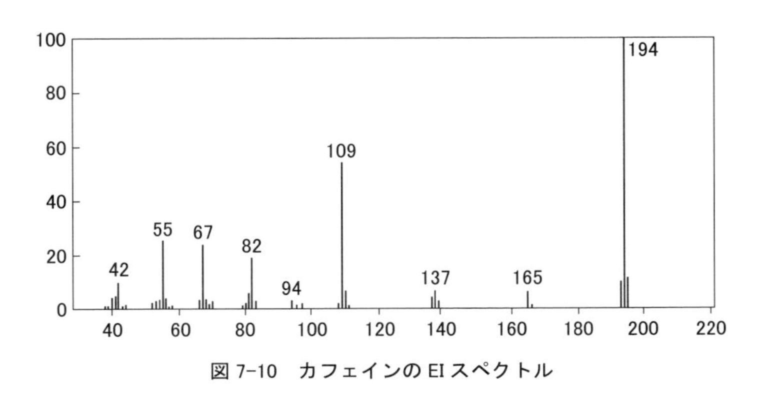

図7-10　カフェインのEIスペクトル

構造推定
核磁気共鳴スペクトル測定法（NMR）と組み合わせて構造決定を行うことも多い。

(4) 構 造 推 定

図 7-11 には，測定した構造未知の有機化合物の質量スペクトルを示す。測定にはEI法を用いた。このスペクトルの基準ピーク 105（100%）は，106 の同位体ピーク強度（7.7%）から次のように炭素数 7 個のものと推定できる。すなわち，安定同位体の比 $^{13}C/^{12}C$ は 1.1% であるから，7.7/1.1 = 7 となり容易に炭素数を 7 と推定できる。次に，この 7 個の ^{13}C の，同位体ピーク m/z 107（0.5%）への寄与は $(1.1\times7)^2/200 = 0.3\%$，よって $0.5-0.3 = 0.2\%$ が他原子の寄与によるものと推算される。酸素原子の ^{18}O 同位体の寄与は 0.2% なので，105 のフラグメントイオンピークには酸素原子を 1 個含むと考えられる。水素原子数は，$105-C(12)\times7-O(16) = 5$ となるので，5 個と求められる。結局，105 ピークは $C_7H_5O^+$ イオンによるものと推測できる。同様の推論を 122 の分子イオンピークにも行うと，$C_7H_6O_2{}^+$ イオンによるもの，また m/z 77 のフラグメントピークは Ph^+ に特徴的なものであるので，最終的に，試料の分子構造は Ph-COOH，安息香酸（benzoic acid）ではないかと推論される。

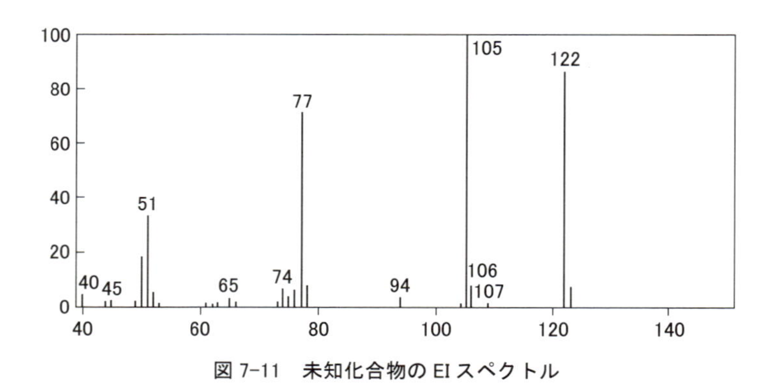

図 7-11　未知化合物の EI スペクトル

(5) 混 合 物

マススペクトル分析法は，感度と情報量に優れており，純粋な化合物を分析するにはきわめて都合がよいが，混合物の場合は，多数のピークが重なり合うので解析が大変困難である。これらの問題を解決するために，種々の工夫によりガスクロマトグラフィーや高速液体クロマトグラフィーとの直結が行われ，前者はガスクロマトグラフィー-質量分析法（GC-MS 法），後者は液体クロマトグラフィー-質量分析法（LC-MS 法）と呼ばれる。特に，LC-MS では，生体成分などの極微量で，しかも気化しにくく，熱に弱いような化合物の分析には必須の機器となっている。

ガスクロマトグラフ質量分析計（GC-MS）を用いると，いくつかの有機化合物が混在した試料中の各成分の同定分析を行うことができる。図 7-12 は

4種類の飽和炭化水素が混合した試料のGC–MSスペクトルである。図の（a）はマスクロマトグラム，（b）はEI法を用いた質量スペクトルである。マスクロマトグラムから明瞭に分離された4種類の化合物が，ほぼ等量ずつ含まれていることがわかる。次に各成分の質量スペクトルを見ると，まずいずれにも明瞭にあるM^+ピークから，分子量が170，184，198，226とわかる。また，各成分の各フラグメントイオンピークがいずれも飽和炭化水素の開裂に特有な周期性，すなわち$-CH_2$あるいは$-CH_2CH_3$が次々に開裂していくことを示している。これらのことから各成分が，それぞれ$C_{12}H_{26}$，$C_{13}H_{28}$，$C_{14}H_{30}$，$C_{16}H_{34}$であると推定できる*。

＊　飽和炭化水素の混合試料の各成分質量スペクトルにおいてM^+ピークが必ず明瞭に出現するわけではない。

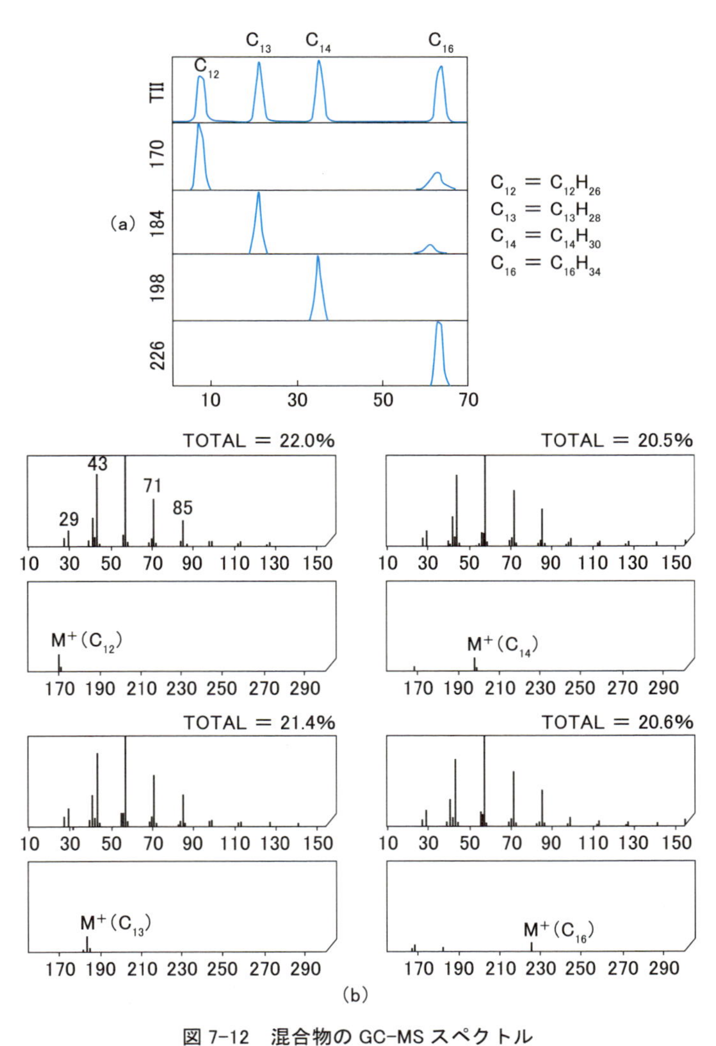

図 7-12　混合物の GC–MS スペクトル
（a）マスクロマトグラム　（b）質量スペクトル

(6) 難揮発性物質の分析（FAB-MS）

ある種の極性の高い不揮発性物質の場合は，FAB 法が用いられる。FAB 法では，グリセリンのような溶解度が高く，しかも真空中で蒸発しない溶媒に溶かした試料に，高い運動エネルギーをもった中性粒子（アルゴンガス，最近ではキセノンガス）を照射することによりイオンを生成させる。高速中性粒子のエネルギーはグリセリン（G）のイオン化に使われ，グリセリンイオンは周りのグリセリン分子とイオン-分子反応を起こし，化学イオン化法における反応イオンと同様な $(G_n+H)^+$ を生成する。試料はこの $(G_n+H)^+$ と反応し，$(M+H)^+$，$(M-H)^-$，$(M+G)^+$，$(M+Na)^+$ などの擬分子イオンとなる。

核酸，ペプチド，多糖類，リン脂質，およびそれらの塩類は生化学の分野で重要な試料であるが，いずれも高質量であり，また極性が高いため揮発性に乏しく，測定が困難な代表的な試料であった。

溶媒に溶かしたこれらの試料をグリセリンと混合し，アルゴンガスでイオン化して得た positive FAB スペクトル（図 7-13）ではいずれも強い $(M+H)^+$ を示し，また分子イオン領域には $(M+Na)^+$，$(M+H+G)^+$，$(M+H+H_2SO_4)^+$ などのイオンが生成され，分子量の確認が容易になっている。

negative FAB スペクトル

positive FAB スペクトルとは異なり，$(M-H)^-$ などのイオンが生成される。

一般に生体物質は塩の形で安定であり，またアルカリ金属などの分離が困難な場合が多いが，FAB 法ではこれらの塩が測定時の妨害物質にならないので最適なイオン化法といえよう。

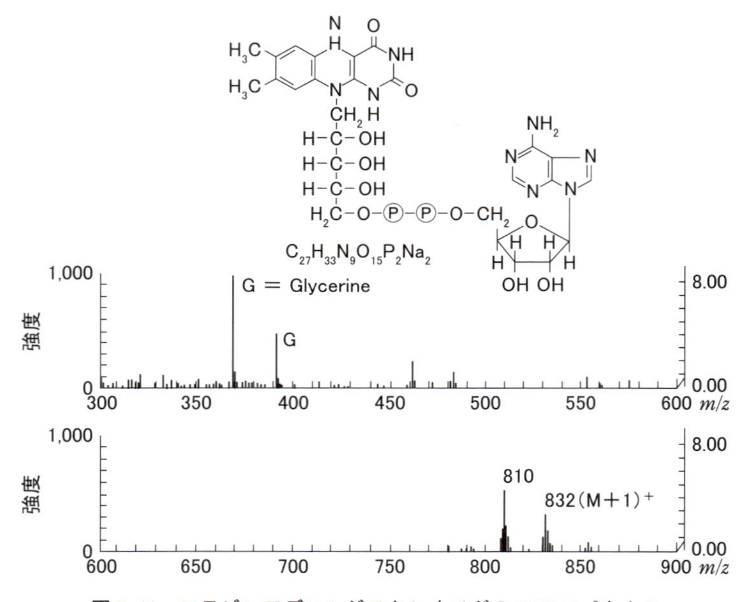

図 7-13　フラビンアデニンジヌクレオチドの FAB スペクトル

（日本電子(株)カタログより）

（7）ICP–MS

半導体用単結晶シリコンは高純度材料の代表であり，加工技術の進歩とともに重要な半導体材料となっている。単結晶シリコンウエハ（単結晶シリコンの薄板）の製造においてはエッチング，洗浄などの工程で多くの高純度薬品や純水が使用される。このためこれらの中の不純物を分析しておく必要がある。

不純物の分析はICP発光分析，原子吸光分析で行われているが，最近，ICP質量分析（ICP–MS）を用いた例が報告された*1。

原子吸光分析
光が原子蒸気層を通過するとき，基底状態の原子が特有の波長の光を吸収する現象を利用し，試料中の元素量を測定する方法である。

*1　白岩，藤野，角田，日本化学会九州支部講演会（1987）。

*2　4章参照。

ICP–MSはICPをイオン化源とした質量分析法で，試料はネブライザー*2で霧化され，ICPに導入される。ICPはイオン化温度が高いので，導入された試料中のほとんどの元素は90％以上の効率でイオン化される。ここで生成するイオンはイオンサンプリング部で真空容器内に取り込まれ，イオンレンズで集束し四重極型質量分析部に導かれ分離，分析される。このようにイオン化率が高く，検出をイオン1個の単位で行うことから非常に高い検出感度が得られる。

表7–2にICP–MSによる品質の異なる3種の洗浄用H_2O_2水の不純物分析結果を示す。前処理はサンプル500 mLを加熱乾固後硝酸2 mLにて溶解し，純水を用いて50 mLに希釈した。

表にはICP–ES*3の結果も併記してあるが，ICP–MSが非常に高感度であることがわかる。

*3　ICP発光分析法のこと，4章を見よ。

表7–2　H_2O_2水のICP–MS分析結果（単位：ppb*）

グレード	A		B		C	
element　　分析法	ICP–ES	ICP–MS	ICP–ES	ICP–MS	ICP–ES	ICP–MS
B	3以下	—	3以下	—		—
Mg	1以下	0.50	1以下	0.35		0.35
Al	10以下	3.50	20.0	17.2		17.1
P	6以下	—	6以下	—		—
Ca	1以下	—	1以下	—		—
Ti	1以下	0.23	1以下	0.12		0.10
Cr	1以下	0.91	1以下	0.38		0.62
Mn	1以下	0.04	1以下	0.01		0.01
Fe	1.7	0.80	1以下	1.00		0.84
Co	2以下	0.003	2以下	0.06		0.09
Ni	2以下	0.10	2以下	0.13		0.12
Cu	1以下	0.09	1以下	0.06		0.03
Zn	1以下	0.16	1以下	0.17		0.23
Cd	2以下	0.35	2以下	0.02		0.05
Sb	6以下	—	6以下	—		—

ppb
Parts per billionの略であり，十億分率ともいう。1 ppb＝0.0000001％である。

演 習 問 題

問題 1

質量分析法で用いられている装置の概略を図示し，簡単に説明を加えよ。

問題 2

質量スペクトルに出現するピークを列挙し，説明を加えよ。

問題 3

質量分析法の応用例について知るところを記せ。

問題 4

n-ペンタナール，2-ペンタノンおよび3-ペンタノンのマススペクトルを下に示した。どのスペクトルがどの化合物に相当するか解析せよ。

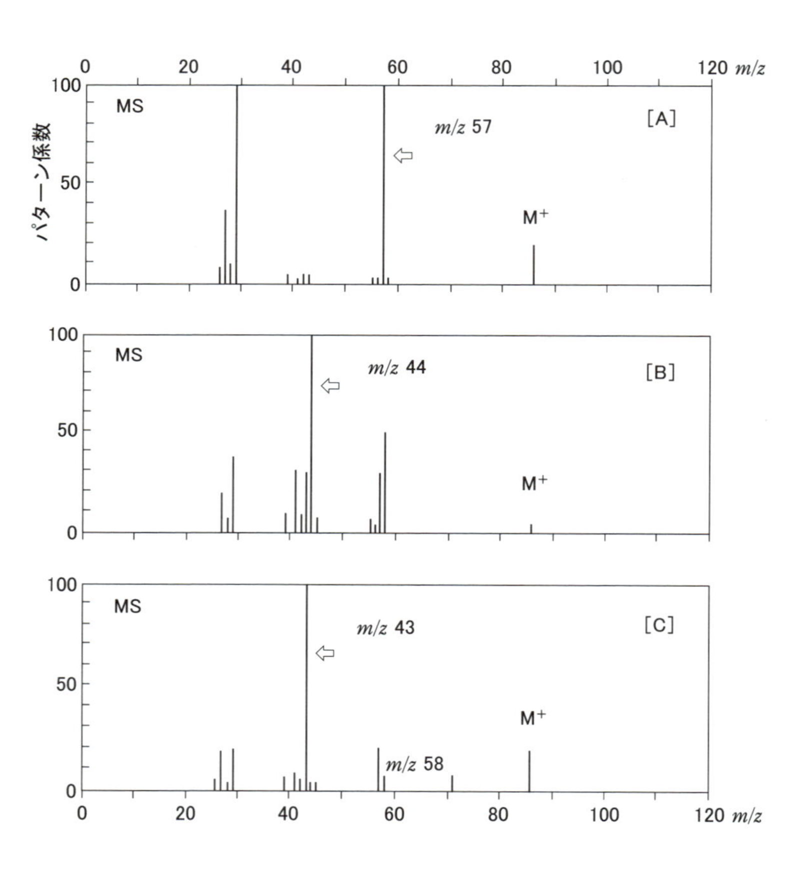

8 クロマトグラフィー

原　理

試料成分は固定相と移動相への分配を繰り返しながら移動するが，各成分により両相への分配の割合が異なると，移動速度に差が生じ，各成分は分離される。クロマトグラフィーは，移動相が気体のガスクロマトグラフィー，移動相が液体の液体クロマトグラフィーおよび移動相が超臨界流体の超臨界流体クロマトグラフィーに大別される。各成分の定性分析は保持値や R_f 値で，定量分析はピーク面積などで行われている。

特　徴

ガスクロマトグラフィーは熱的に安定な揮発性物質の分析に適しているが，難（不）揮発性物質の分析には直接適用できない。ガスクロマトグラフィーは分離能が高く，高感度で迅速，簡便である。液体クロマトグラフィーは逆に，難（不）揮発性物質（適当な溶媒に可溶）の分析に適している。クロマトグラフィーは多成分混合試料の分離分析に特に威力を発揮し，他の分析法の前処理としても非常に重要である。

1906年にTswettが植物色素の混合物からクロロフィルの分離に成功したのがクロマトグラフィー（chromatography）の最初といわれている。その後，1952年にMartinらによってガスクロマトグラフィーが発表され，その簡便性と迅速性のために，ガスクロマトグラフィーは急速に進歩した。その進歩した成果が液体クロマトグラフィーに導入され，1970年代に入り高速液体クロマトグラフィーが急速に発展した。超臨界流体クロマトグラフィー*は高速液体クロマトグラフィーの出現以前の1962年に報告されたが，魅力ある応用分野を提示できず，クロマトグラフィーの主流となることができなかった。現在，ガスクロマトグラフィーと高速液体クロマトグラフィーがクロマトグラフィーのなかで重要な地位を占めている。

クロマトグラフィーは試料中の混合成分をそれぞれの成分に分離しながら定性，定量を行う分離分析法の1つであり，種々の分野で広く利用されている。

Tswett

ミハイル・セミョーノヴィチ・ツウェット（Mikhail Semenovich Tswett, 1872～1919）

ロシアの植物科学者で，緑葉を石油で抽出した液を炭酸カルシウムの層に通したところ，色素が帯状になって分かれることを発見した。

Martin

アーチャー・ジョン・ポーター・マーティン（Archer John Porter Martin, 1910～2002）

イギリスの生化学者で，アミノ酸混合物の新しい分離法を考案し，ペーパークロマトグラフィーの技術を完成させた。1952年に共同研究者のSyngeとともにノーベル化学賞を受賞した。

* 斎藤宗雄，ぶんせき，152-160（2012）。

8.1 クロマトグラフィーの分類

クロマトグラフ系は互いに混り合わない移動相（mobile phase）と固定相（stationary phase）の2つの相から成り立っている。試料中の成分が固定相と，その間隙をぬって流れる移動相に異なる割合で分配されると，成分ごとに移動する速度に差が生じて分離される。このような原理に基づく分離法をクロマトグラフィーという。

表8-1　クロマトグラフィーの分類

分類基準	クロマトグラフィー
移動相の種類	ガスクロマトグラフィー（GC : gas chromatography） 液体クロマトグラフィー（LC : liquid chromatography） 超臨界流体クロマトグラフィー（SFC : supercritical fluid chromatography）
分離機構（固定相の種類）	分配クロマトグラフィー（partition chromatography） 吸着クロマトグラフィー（adsorption chromatography） イオン交換クロマトグラフィー（ion exchange chromatography） サイズ排除クロマトグラフィー（size exclusion chromatography）*
固定相の形式	ペーパークロマトグラフィー（paper chromatography） 薄層クロマトグラフィー（thin-layer chromatography） カラムクロマトグラフィー（column chromatography）

*分子ふるいクロマトグラフィーともいう

現在までに知られているクロマトグラフィーでは，移動相には気体，液体あるいは超臨界流体が，固定相には液体または固体が用いられており，移動相に気体を用いるガスクロマトグラフィー，移動相に液体を用いる液体クロマトグラフィーおよび移動相に超臨界流体を用いる超臨界流体クロマトグラフィーに大別することができる。

超臨界流体

臨界点以上の温度・圧力下の状態にある物質で，低粘性で気体なみの拡散性と液体に近い溶解性がある。SFCでは，二酸化炭素あるいはこれに混ざり合う液体，その中でもメタノールがよく用いられている。

また，試料成分の移動相と固定相への分配機構，すなわち分離機構が何に基づいているかにより，クロマトグラフィーを分類することもできる。分離機構は用いる固定相の種類により異なり，たとえば固定相に液体を用いると，試料成分は固定相液体への溶解性の差により分離される。このような分離機構に基づくクロマトグラフィーを分配クロマトグラフィーという。固定相に吸着剤，イオン交換体，ゲルを用いると，それぞれ吸着力の差，イオン交換能の差，ゲル細孔への浸透性の差により試料成分が分離される。これらをそれぞれ吸着クロマトグラフィー，イオン交換クロマトグラフィー，サイズ排除クロマトグラフィーといい，上述の分配クロマトグラフィーと同様によく用いられている。しかし，2つ以上の機構が同時に作用している場合もしばしば見受けられる。

さらに，固定相を形式上から分類すると，ろ紙を固定相の保持体とするペーパークロマトグラフィー，ガラスやプラスチック平板上に固定相を薄層状に展着した薄層クロマトグラフィー，固定相をクロマト管に柱状に充てんしたカラムクロマトグラフィーに分類できる。今日の主流であるガスクロマトグラフィーと高速液体クロマトグラフィーは形式上，カラムクロマトグラフィーに属しており，これらを中心に概説する。

8.2 クロマトグラフィーの基礎

8.2.1 試料成分の移動

いずれのクロマトグラフ系においても，試料成分は固定相と移動相への分配を繰り返しながら，固定相中に分配されている間は移動せず，移動相中に分配されている間は移動相と同じ速度で移動する。試料成分は分配係数(partition coefficient) K に応じて両相に分配される。C_S，C_M をそれぞれ固定相中，移動相中の成分濃度とすると K は

$$K = \frac{C_S}{C_M}$$

で表わされる。

固定相と移動相の体積がそれぞれ V_S と V_M のカラムを考えると，分配平衡に達したとき，両相に分配される試料成分量の比 k は

$$k = \frac{C_S V_S}{C_M V_M} = K\frac{V_S}{V_M}$$

となり，k を保持係数（retention factor）という。すなわち，試料成分全量のうち $1/(1+k)$ が移動相中にあり，移動相と同じ速度 u で移動するから，その成分全体は $u/(1+k)$ の速度でカラム内を移動することになる。したがって，試料成分が長さ L のカラムを通過するのに要する時間（保持時間(retention time)）t_R は

$$t_R = \frac{L}{u/(1+k)} = \frac{L}{u}(1+k)$$

クロマトグラフィー，クロマトグラフ，クロマトグラム

クロマトグラフィーとは分析法で，使用する装置をクロマトグラフ（chromatograph），検出器応答を記録した図形をクロマトグラム（chromatogram）という。

$u/(1+k)$

固定相中にある成分 $k/(1+k)$ の移動速度はゼロであるので，試料成分全体は $u \times \{1/(1+k)\} + 0 \times \{k/(1+k)\} = u/(1+k)$ の速度で移動することになる。

で表わされる。$t_0 = L/u$ は移動相（固定相に保持されない成分）がカラム一端から他端まで移動するのに要する時間で，$t_R - t_0$ は固定相に保持された正味の時間を示す。

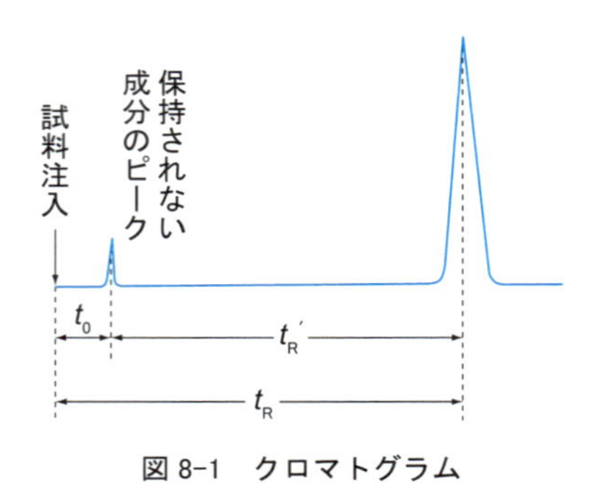

図 8-1　クロマトグラム

$$t_R' = t_R - t_0 = t_0 k$$

この t_R' を調整保持時間（adjusted retention time）という。

$$t_R = t_0(1+k) = t_0\left(1+K\frac{V_S}{V_M}\right)$$

また，t_R は上式のように表わされるので，クロマトグラフ（装置）の条件を一定にすると，t_0，V_S，V_M は一定であり，t_R は K によってのみ変化することになる。したがって，K が異なる成分は t_R が異なり，カラムを通過する間に分離される。

8.2.2　分離効率

試料中の成分を分離するには，カラム中で各成分帯が広がらず，重なり合わないことが必要である。図 8-2(a) では二成分のピークは完全に分離している。図 8-2(b) では二成分のピーク頂点の間隔は図 8-2(a) の場合と同じであるが，成分帯が広がって重なり合った結果，ピークは幅が広くて分離不完全である。

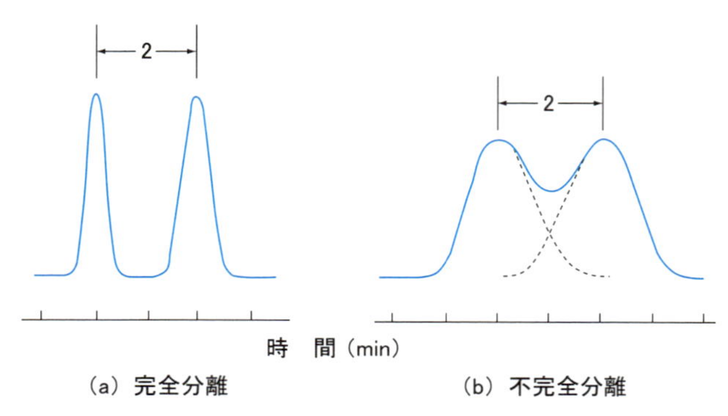

図 8-2　二成分の分離例

このように，カラムを溶出してくる成分帯の広がりの大きさによってカラムの分離効率（性能）を判定することができる。そのようなカラム性能を表わす尺度の1つとして理論段数*（number of theoretical plates）Nがある。

$$N=16\left(\frac{t_R}{t_W}\right)^2=5.54\left(\frac{t_R}{t_{W1/2}}\right)^2$$

ここに，t_Wはベースラインでのピーク幅，$t_{W_{1/2}}$はピーク高さの半分の高さでのピーク幅で半値幅という。Nの大きなカラムほど，同じ保持時間のピーク幅は狭くなり，カラム性能が高いことを意味している。

また，カラム長さLをNで割った一理論段のカラム軸方向の長さを理論段高さ（HETP；height equivalent to a theoretical plate）Hといい，これもカラム性能の尺度となる。

$$H=\frac{L}{N}$$

Hは小さいほどピーク幅は狭くなり，カラム性能が高いことを示す。ところで，Hは種々の因子の和として表わされる。移動相に気体を，固定相に液体を用いる気-液クロマトグラフィー（GLC：gas-liquid chromatography）では，Hは3つの因子の和として表わされる。

$$H=A+\frac{B}{u}+Cu$$

これはvan Deemterの式として知られており，A，B，Cは定数，uは移動相の平均線速度である。第1項は充てん剤粒子の間隙により作られる多くの流路に起因するもので，渦巻拡散項とよばれている。第2項はカラム軸方向での成分の分子拡散に起因する分子拡散項であり，第3項は成分分子が移動相と固定相間を移動する際の遅れに起因する物質移動に対する抵抗の項である。Hとuの関係を図8-4に示すが，Hの最小値H_{min}はuが$\sqrt{B/C}=u_{opt}$のときとなる。

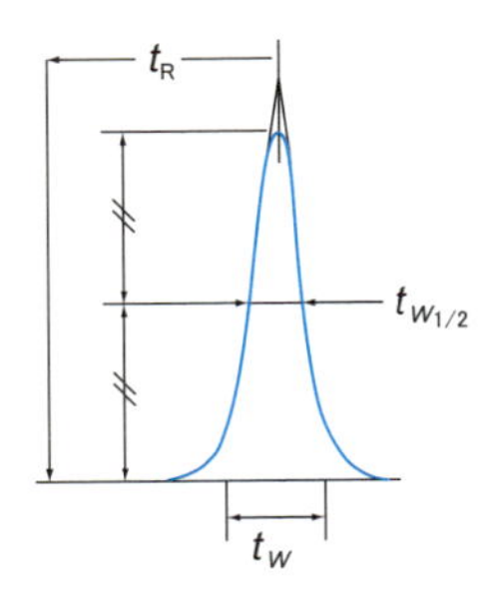

図8-3　理論段数（N）の評価

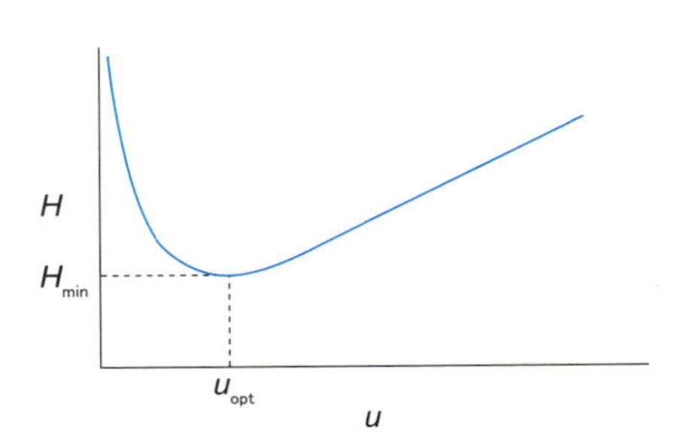

図8-4　van Deemter式のプロット

＊　庄野利之監修，『新版 分析化学演習』，三共出版，9.3.2参照。

気－液クロマトグラフィー

GCおよびLGの系を移動相-固定相の順で表すもので，GLCのほかに気－固クロマトグラフィー（GSC：gas-solid chromatography）液-液クロマトグラフィー（LLC：liquid-liquid chromatography），液-固クロマトグラフィー（LSC：liquid-solid chromatography）がある。

van Deemterの式

オランダの科学者van Deemterらが GLCにおけるピークの広がりを速度論の立場から導いた式で，分離効率の高いカラムがどうすれば得られるかを示唆している。

H_{min}

van Deemter式の最小値を与える移動相の線速度u_{opt}は$dH/du=0$の時のuで，このu_{opt}をvan Deemter式に代入するとH_{min}が得られる。

一方，液体クロマトグラフィーでは移動相中での分子拡散（B/u）は普通無視できるが，H の式はもう少し複雑となる。その式から，粘性の低い移動相を高温でゆっくり流すと H が小さくなることが結論されている。

8.2.3 分　離　度

2 つのピークの相対的な分離の程度を表わす尺度に分離度（resolution）R_S があり

$$R_S = \frac{t_{R_2} - t_{R_1}}{0.5(t_{W_1} + t_{W_2})} \quad (t_{R_2} > t_{R_1})$$

で定義される。これは次式のように書き換えられる。

$$R_S = \frac{1}{4}\left(\frac{\alpha - 1}{\alpha}\right)\sqrt{N}\left(\frac{k_2}{k_2 + 1}\right)$$

ここに，α は分離係数*（separation factor）とよばれ，$\alpha = k_2/k_1$ で表わされる。2 つのピークは $R_S = 0.4$ でほぼ完全に重なり合い，$R_S = 1.5$ でほぼ完全に分離している（ピーク幅により変わる）。上の式より，ある分離を達成するのに必要なカラムの理論段数を計算することができる。

* 相対保持値ともいう（8.3.1 参照）。

$R_S = 1.5$
この値は一般的な充填カラムの場合であり，キャピラリーカラムではより小さな値（たとえば，$R_S = 1.3$）で完全分離が達成される。さらに，2 つのピークの大きさや溶出順によっても異なってくる。

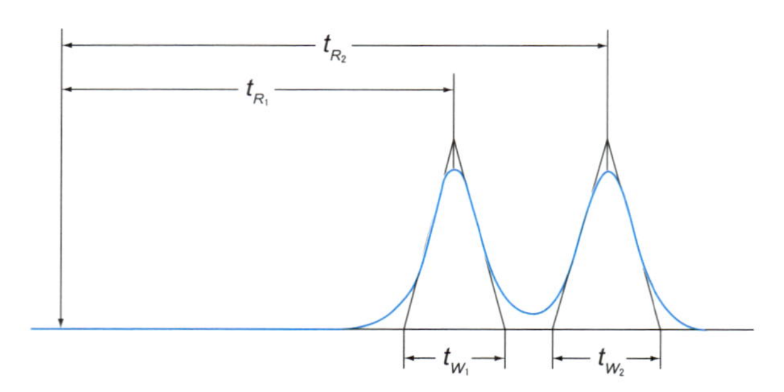

図 8-5　2 つのピークの分離度

8.3 定性と定量

8.3.1 定 性 分 析

試料物質の同定に最もよく用いられている方法は保持時間 t_R に基づくものである。t_R は試料をクロマトグラフに注入してからピークの頂点が現れるまでの時間，すなわち試料成分の最高濃度域が検出器に到達するまでの時間である。さて，t_R は前記した式より明らかなように，クロマトグラフ条件が一定なら，分配係数 K によって変化する。ところで，K は移動相，固定相および温度が一定ならば各成分に固有の値となるため，t_R により試料成分の同定が可能となる。すなわち，同一条件下で測定された同じ成分の t_R は等しく，t_R が異なれば同じ成分でないといえる。しかし，t_R が一致したからといって，必ずしも同じ成分であるとは限らない。したがって，確実に同定を行うには，他の適当な確認法を併用[*1]すべきである。

*1　8.7参照。

保持時間以外に，ピーク頂点が現れるまでに流れた移動相の体積，すなわち保持容量（retention volume）V_R も保持値として用いられており，V_R は熱力学的関数[*2]との関係づけにおいて有利である。

*2　溶解潜熱など。

さて，測定条件を厳密に一定に保つことは難しく，特にカラムは同一カラムを用いない限り同一特性のカラムを再現することはできない。したがって，異なる装置で得られたデータを比較するのに t_R では不都合となる。この欠点を補うために，適当な内標準物質Sを選び，試料成分Xの調整保持時間 $t_R'{}_{\mathrm{X}}$ とSの調整保持時間 $t_R'{}_{\mathrm{S}}$ の比で定義される相対保持値（relative retention）α が用いられている。

$$\alpha = \frac{t_R'{}_{\mathrm{X}}}{t_R'{}_{\mathrm{S}}}$$

α はクロマトグラフ系が同じなら温度にのみ依存し，同一カラムを用いて得られるデータでなくても比較的再現性が良く，好都合である。

GLCにおける保持値をさらに標準化したものに保持指標（retention index）I がある。これはある成分の保持値が，n-アルカンの炭素いくつのものの保持値に等しいかを次式により計算で求めるものである。

$$I = 100\left(\frac{\log t_R'{}_{\mathrm{X}} - \log t_R'{}_{Z}}{\log t_R'{}_{Z+1} - \log t_R'{}_{Z}} + Z\right)$$

ここに，$t_R'{}_{\mathrm{X}}$，$t_R'{}_{Z}$，$t_R'{}_{Z+1}$ はそれぞれ測定成分，炭素数 Z および炭素数 $Z+1$ の n-アルカンの調整保持時間である。たとえば，$I = 940$ なる成分は，炭素数9.4個と想定される n-アルカンに相当する保持がなされることを示している。

8.3.2　定量分析

通常，定量は成分ピークの面積を測定することにより行われており，ピーク面積はコンピュータにより評価されている。各成分の単位量あたりのピーク面積（感度という）は成分によって異なるし，検出器の操作条件によっても変動するので，定量を行う条件下で感度あるいは検量線（calibration curve）を求めておかなければならない。絶対検量線法，内標準法，標準添加法（表8-2）がよく用いられている定量法である。

なお，ピークの幅が狭くて対称な場合は，ピーク面積の代りにピーク高さを用いて定量することも可能である。

表 8-2　定量法

絶対検量線法 (absolute calibration method)	定量成分の絶対量とピーク面積との関係を求めて定量する方法で，厳密に同一条件下で一定量を正確に注入しなければならない。
内標準法 (internal standard method)	試料中の成分ピークと重ならない内標準物質を定量的に加え，定量成分と内標準物質の量比とピーク面積比との関係を求めて定量する方法で，注入量は正確である必要がなく，測定条件が多少変動してもその影響が少ない精度のよい定量法である。
標準添加法 (standard addition method)	一定既知量の定量成分を添加し，添加によるピーク面積の増加分が添加量に基づくものとして定量する方法で，内標準物質に適当なものがない場合に用いられる。

8. 4　ガスクロマトグラフィー（GC）

GC は移動相に気体（キャリヤーガスという）を用いるカラムクロマトグラフィーで，一定流量のキャリヤーガス（carrier gas）流中に試料を注入する。注入された試料は気化してカラムに運ばれ，各成分に分離され，検出器で検出される。このように，試料成分は気体にして分析されるので，分析できる操作温度で安定な気体となり得る物質でなければ直接分析の対象とはならないという制限がある。しかし，GC は分離能が高く，高感度で迅速，簡便であるという特徴をもつ全体的にほぼ確立された方法で，質量分析計との結合は強力な分離法や構造決定法となる。

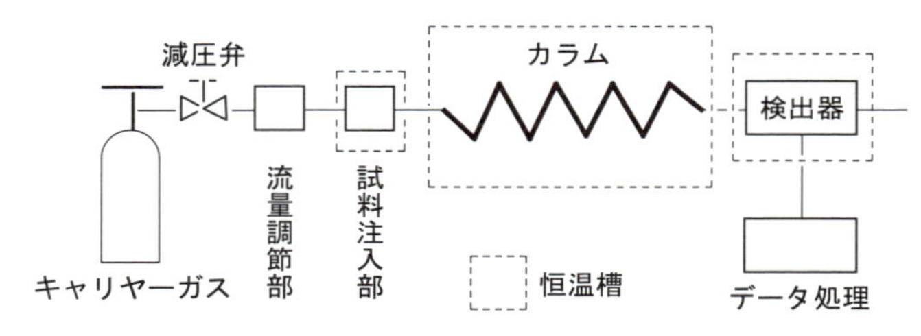

図 8-6　ガスクロマトグラフの概念図
（田中　稔ほか，『分析化学概論』，丸善）

恒温槽

カラム温度は分離に大きく影響を与えるので厳密にコントロールする必要がある。試料注入部は注入と同時に試料が気化してくれるとよく，厳密にコントロールする必要はないが，高すぎて分解などが起こらないように注意しなければならない。検出器の温度はその種類によって TCD のように厳密にコントロールしなければならない場合がある。

8. 4. 1　装　　置

GC 用装置をガスクロマトグラフ（gas chromatograph）というが，試料は注入部，分離カラム，検出器を通って装置系外に放出される。

(1)　キャリヤーガス

キャリヤーガスの流量は定流量バルブなどで一定に保たれており，化学的に不活性で熱的に安定なヘリウム，窒素がよく用いられている。なお，検出器の種類によって適合しないキャリヤーガスがあるので注意しなければならないが，キャリヤーガスの種類によって試料成分の分離状態にはほとんど影響がなく，固定相の選択によって分離が大きく左右されるのが GC の特徴である。

(2) 試料注入部

試料は気体あるいは液体（溶液も可）の状態で，シリンジにてシリコンセプタムを通して注入されることが多い。試料蒸気の拡がり幅を小さくしてカラムへ送り込むほどピークの分離は良いので，試料注入量を少なくすること，注入された試料は瞬間的に気化することが必要である。そのため，試料注入部は加熱装置により一定温度に保てるようになっているが，不必要な高温度にすることは避けなければならない。

充てんカラムおよびワイドボアカラム*の場合には，注入された試料の全量が気化してカラムに導入される（図 8-7）。キャピラリーカラムの場合，充てんカラムと同様の注入法では最初の注入時にバンド幅が大きくなり，シャープなピークが得られなくなるのでいくつかの注入法が考案されている。注入した試料をスプリッターで分割して一部だけをカラムに導入するスプリット法と，スプリットしない全試料注入法がある。

*　カラムの種類は次項 (3) カラムを参照。

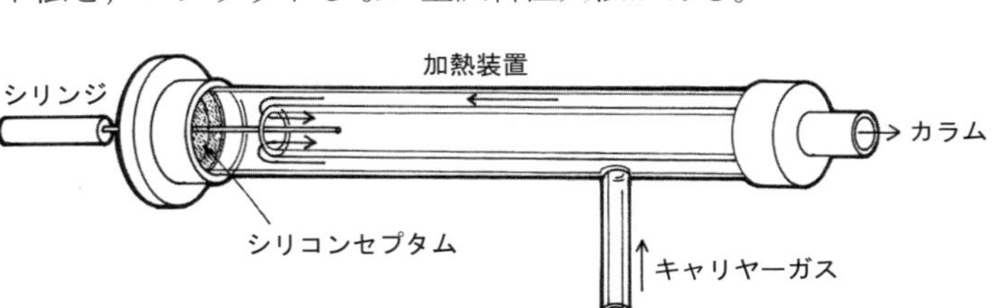

図 8-7　試料注入部の概略図

(3) カ　ラ　ム (column)

カラムには，内径 2〜4 mm，長さ 1〜4 m のステンレスまたはガラス製の細管に充てん剤を詰めた充てんカラム (packed column) と，内径 0.1〜0.75 mm（内径 0.5 mm 以上をワイドボアカラムという），長さ 10〜100 m の溶融シリカキャピラリー内壁に固定相を保持した開管カラム (open tubular column) がある。

a. 充てんカラム　　細管中に詰める充てん剤には，モレキュラーシーブ，アルミナ，シリカゲル，活性炭あるいはポーラスポリマーなどの固体固定相のものと，担体とよばれる不活性な保持体上に液体固定相を物理的あるいは化学的に保持させたものとがある。前者の固体固定相は主に無機ガスや低沸点有機化合物などの分離にしか適用されない。これら以外の試料成分の分離には，非常に多くの種類の液体の固定相が使用されている。表 8-3 に示した固定相液体はこれらのほんの一部にすぎない。この表において，極性はスクアラン (squalane) を基準にした値で，大きくなるほど極性が増大し，使用温度は測定状況により同じ固定相液体でも異なってくる。分析したい試料に適合する極性と使用温度の固定相液体を選択しなければならない。

表 8-3　固定相液体の例

固定相液体	極性	使用温度（℃）
squalane	0	10〜140
apiezon L	140	20〜200
silicone SE-30	220	50〜280
silicone DC-550	620	10〜200
dioctyl phthalate（DOP）	830	0〜140
silicone OV-17	880	20〜300
silicone OV-210	1620	20〜270
polyethylene glycol 20M（PEG20M）	2310	70〜210
diethylene glycol succinate（DEGS）	3540	20〜210

b. 開管カラム　　カラム充てん剤を使わないため，キャピラリーは中空構造になっており，キャリヤーガスの透過性がよい。そのため，開管カラムは長いものが使用でき，カラム効率がきわめて高くなるので，多成分混合試料の分離に威力を発揮する。しかし，試料注入量は充てんカラムの場合に比べはるかに少量でなければならず，特別の付属装置が必要である。当初は固定相液体をキャピラリー内壁に物理的にコーティングしていたが，近年では内壁との化学結合や内壁にコーティングした固定相内での架橋反応により固定相の安定化がはかられ，カラムの寿命が長くなっている。

なお，開管カラムには内径の小さいキャピラリーが一般に使用されているため，開管カラムのことをキャピラリーカラム（capillary column）ともいう。厳密にはキャピラリーカラムとは内径が小さいだけで中空とは限らず，細かい充てん剤を詰めたカラム*もあるが，実際にはほとんど使われていない。したがって，キャピラリーカラムといえば開管カラムを意味していると考えてよい。

* パックドキャピラリーカラム（packed capillary column）という。

カラム温度は保持時間に大きな影響を与えるので注意深くコントロールしなければならない。GC ではカラム温度を一定に保つ定温分析と，カラム温度を昇温させる昇温分析とがある。沸点が広い範囲に分布している試料混合物を定温分析すると，低沸点成分のピークは鋭いが，高沸点成分のピークは幅広くて保持時間が長くなる。低沸点成分の分離に適したカラム温度では高沸点成分は極端な場合には溶出しない。逆に，高沸点成分に適したカラム温度では低沸点成分の分離が不十分となる。このような場合，昇温分析すれば各成分ピークは同じような形状で，短時間に分離できる（図 8-8）。試料に適した昇温プログラムを設定し，このプログラムに従ってカラム温度は昇温される。

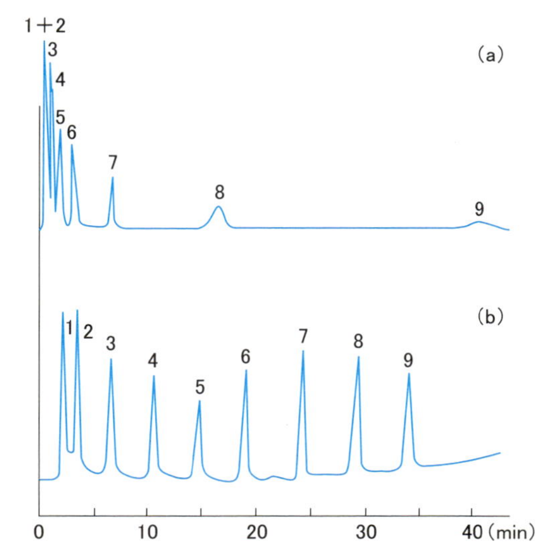

図 8-8　(a)定温分析と(b)昇温分析のクロマトグラムの比較

(4) 検　出　器 (detector)

カラム中で分離されて出てきた各成分を検出し，その流出量に対応する応答を示す働きをするのが検出器である。検出器には不特定多数の化合物に応答する万能型のものと，特定の化合物にのみ高感度に応答する選択的なものがある。また，検出過程で試料成分が破壊される場合と，破壊されない場合がある。以下に述べる検出器がよく用いられており，近年では高感度で万能型の質量分析計の利用が普及している*1。なお，検出器は分析目的などにより選択すればよい。

*1　8.7 参照。

a. 熱伝導度検出器 (TCD : thermal conductivity detector)　　GC の誕生初期から現在に至るまで使用されている最も一般的な検出器である。試料成分ガスが通る R_1 とキャリヤーガスのみが通る R_4 からなる図 8-9 のような回路に一定電流を通じ，R_1 と R_4 ともキャリヤーガスだけが流れている状態でつり合わせておく。R_1 にキャリヤーガスと熱伝導度*2 の異なる成分が入ってくると，R_1 の温度が変化し，R_1 の抵抗値が変化する。この変化を G の電位差として検出する。抵抗体の温度変化を検出しているため，キャリヤーガスの種類と流量，検出器の温度，回路の電流などの操作条件を一定にしなければならない。また，キャリヤーガスと試料成分との熱伝導度の差が大きいほど検出器の応答は大きく，他の物質より熱伝導度の高いヘリウムがキャリヤーガスとしてよく使用される。したがって，キャリヤーガスと同じ熱伝導度を示す物質が検出できないだけで，キャリヤーガス以外の物質の検出が実質的には可能といえる。

*2　熱伝導率のこと。

ヘリウム

水素の熱伝導度（熱伝導率）はヘリウムより少し高いが，その数値が近いため，水素を感度よく検出できない。したがって，ヘリウムより 1 桁熱伝導度が低い窒素，アルゴンなどをキャリヤーガスに代えて使用すればよい。

経験

ピークの同定のための標品としてある芳香族ケトンを合成し，その反応物の確認をFID-GCで繰り返し試みたが，新しいピークは認められなかった。そんなはずはないと念のためにTCD-GC装置に注入したところピークが現れたという経験を1度したことがあった。

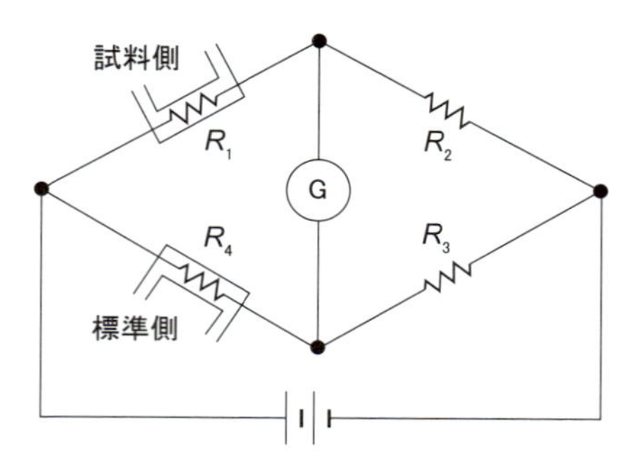

図 8-9　TCD の原理図

b. 水素炎イオン化検出器（FID：flame ionization detector）　カラムからの流出ガスに水素ガスを混ぜ，ノズル尖端で燃焼させる（酸化的炎）。ノズル上部の電極間には電圧（300 V）がかかっており，キャリヤーガスだけの場合は両電極間に流れるイオン電流は小さく，一定である。ここに水素炎でイオン化される有機化合物が入ってくると，電極間に流れるイオン電流が増大するので，このイオン電流を測定することにより，有機化合物を高感度に検出できる（図 8-10）。しかし，水素炎でイオン化されない無機化合物などは検出できない（有機化合物の二硫化炭素，ホルムアルデヒド，ギ酸なども応答しない）。

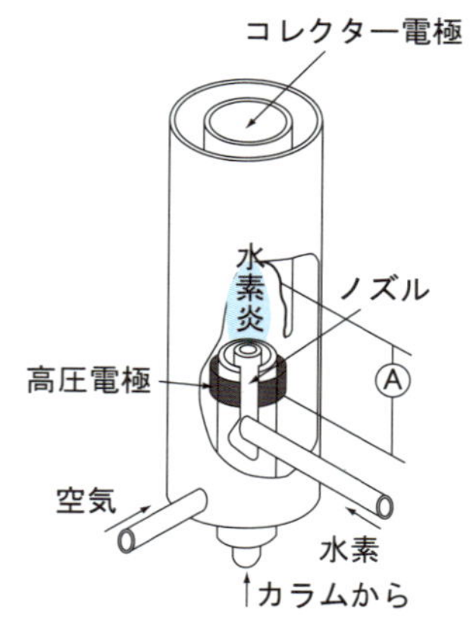

図 8-10　FID の原理図

c. 炎光光度検出器（FPD：flame photometric detector）　還元的水素炎中で硫黄，リン，スズなどを含む化合物はそれぞれ特有の炎光を発するので，光学フィルターを通してこれらの光を光電子増倍管で測定すれば，硫黄，リン，スズなどを含む化合物が選択的に検出できる（たとえば，硫黄，リン，スズ化合物の測定波長はそれぞれ 394，528，610 nm）。リンやスズ化合物の場合，試料量と検出器応答は直線関係にあるが，硫黄化合物の場合には検出器応答は試料量のほぼ二乗に比例する。

d. 熱イオン化検出器（TID : thermionic detector）　加熱されたアルカリ金属塩表面上で選択的に生成した化学種とアルカリ金属原子間の電子移動によるイオン電流の増大を測定している。この場合，検出器に供給するガスの組成や加熱温度により検出器の応答が異なってくる。水素炎を用いるFTD（flame thermionic detector）は窒素*やリンを含む化合物に対して高い応答を示す。

＊ 炭素に結合する窒素。

e. 電子捕獲検出器（ECD : electron capture detector）　^{63}Ni からの β 線でキャリヤーガス（窒素）をイオン化し，電極間に電圧をかけると一定の電流が流れる。ここに親電子性物質が入ってくると，電子を捕獲して負イオンとなり移動速度が遅くなる。また，負イオンは陽イオンと結合しやすいため，電極間の電流は減少する。この減少分を測定すれば，親電子性物質を選択的に検出できる。炭化水素類はECDにほとんど応答を示さないが，ハロゲン，リン，ニトロ基などを含む化合物を高感度に検出することができる。ECDには，この放射線源方式のほかに非放射線源方式のタイプもある。

非放射線源方式

非放射線源方式EDCはキャリヤーガスのHeを放電により準安定状態に励起し，これをCO_2と衝突させてCO_2をイオン化している（ペニング効果）。

これら5種類の検出器の比較を表8-4に示したが，検出下限は特に高感度に応答する化合物に対する値であり，化合物の種類と装置の条件や状態によっても大きく変化する。

表8-4　検出器の比較

検出器	検出下限（g）	ダイナミックレンジ	分析対象
TCD	10^{-8}	10^{5}	キャリヤーガス以外
FID	10^{-10}	10^{7}	有機化合物
FPD	10^{-11}	10^{5}	硫黄，リン，スズを含む化合物
FTD	10^{-14}	10^{4}	窒素，リンを含む化合物
ECD	10^{-13}	10^{4}	ハロゲン，ニトロ基を含む化合物

8.4.2　誘導体化ガスクロマトグラフィー

GCは揮発性の乏しい物質や不揮発性物質ではそのまま直接分析することはできず，適当な揮発性物質に変換してGC分析する誘導体化（derivatization）が行われている。この誘導体化反応の際に，特定の検出器に高感度に応答する部位を導入すれば高感度分析が可能となる。ECDに対して，このような目的の誘導体化がよく用いられ，種々の誘導体化試薬が考案されている。

誘導体化には，プレカラムとポストカラム法があり，それぞれにオンラインとオフライン方式がある。

このような手法により，GC適用範囲の拡大や高感度分析への応用がなされている。

表 8-5　誘導体化反応の例

誘導体化反応	適用例
シリル化	アルコール，カルボン酸，チオール，アミン
エステル化	カルボン酸
アシル化	アルコール，チオール，アミン
エーテル化	アルコール
キレート化	金属イオン

8.5 高速液体クロマトグラフィー（HPLC）*

* high performance liquid chromatography

初期のカラム液体クロマトグラフィーでは，固定相を充てんしたカラム中の移動相（液体）の流れは重力によっていた。そのため，試料成分のカラム通過時間が非常に長くなり，成分帯の拡散のために分離が悪くなることがしばしばあった。したがって，長い間あまり広く用いられることがなかった。しかし，送液ポンプを使って移動相を高速で流す HPLC が出現し，充てん剤や検出器の開発とあいまって，初期のものとは比較にならないほど迅速で高分離能な分析が可能となった。

さて，GC では熱的に安定な揮発性物質でなければ直接分析の対象とはならないのに対し，液体クロマトグラフィー（LC）では適当な溶媒に溶ける物質であれば分析対象となり得るため，GC に比べてはるかに適用範囲が広く，目的対象に適する分離モードと分離カラムや移動相の選択が重要である。

8.5.1 装　　置

図 8-11 に基本的な HPLC 用装置の概念図を示すが，送液ポンプで送られている一定流量の移動相（液体）の流れ中に試料注入部より注入された試料は，分離カラム，検出器を通り廃液槽またはコレクターに集められる。

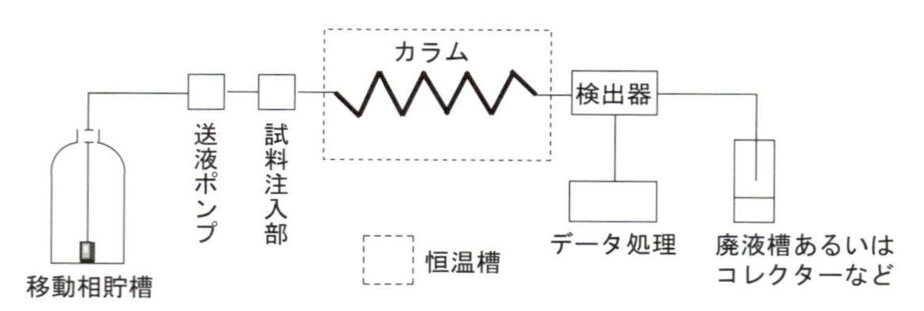

図 8-11　高速液体クロマトグラフの概念図
（田中　稔ほか，『分析化学概論』，丸善，p. 204）

恒温槽

通常の分析では，LC カラムは GC カラムほど厳密に温度コントロールする必要はなく，空調された部屋で測定していれば問題はない。

(1) 送液ポンプ

送液ポンプのタイプを表 8-6 に示すが，モーター駆動でプランジャーの往復運動により移動相を吸引，吐出するプランジャー型ポンプがよく使われており，低脈流で安定した送液性能が要求される。

移動相液体はメンブランろ過後脱気し，流路中で気泡が発生しないようにする。さて，GC と異なり，LC では移動相の種類はもちろん，その組成によっても試料成分の保持は変化する。したがって，GC の場合のように多くの種類の固定相は必要でなく，移動相の選択により成分の保持を広範囲に変えることができるのが特徴である。

表 8-6　送液ポンプのタイプ

ポンプのタイプ	特　　徴
プランジャー型	連続送液が可能で流量制御が容易なことから，最もよく用いられている
シリンジ型	無脈流の送液が可能であるが，一定量以上の連続送液は不可ミクロカラムを用いる HPLC で使用される
ガス圧型	大流量の送液が可能なことより，カラム充填用や大量分取用 HPLC で使用される

移動相に終始単一または一定組成の混合溶媒を用いる方法を単一溶離とか均一濃度溶離（isocratic elution）という。この方法は簡単だが，遅く溶出する成分のピークほど幅が広くなる。早い溶出成分と非常に遅く溶出する成分が共存する試料の分析には適さない。しかし，固定相に強く保持される成分を早く溶出するように移動相を変える方法がある。この場合，移動相を不連続的に変える段階溶離（stepwise elution）と連続的に移動相の組成を変える勾配溶離（gradient elution）がある。この方法は組成の再現性がきわめて重要であり，また初期条件に完全にもどすために時間が必要となる。

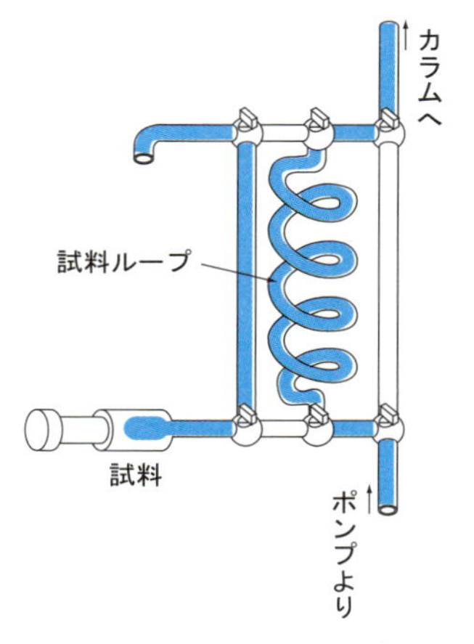

図 8-12　ループバルブインジェクターによる注入

ループバルブインジェクター

まず，図 8-12 の左下から試料を試料ループ内に満たす。この時，移動相はポンプから直接カラムへ流れている。次に，流路をポンプからの移動相が試料ループ内の試料をカラムへ押し出すように切換える（図 8-12 の状態）。

(2) 試料注入部

試料の注入は GC と同様にマイクロシリンジでセプタムを通して注入する方式と，一定内容積のループ内に試料を満したのち流路バルブを切り換えて注入する方式があり，後者のループバルブインジェクター（図 8-12）が広く用いられている。

(3) カ　ラ　ム

一般分析用には内径 2〜5 mm，長さ 5〜30 cm の真っすぐなステンレス製のクロマト管が使われている。分取用には目的に応じて種々のサイズのものが用いられている。

カラム充てん剤には表面多孔性粒子と全多孔性粒子がある（図 8-13）。前者は空隙のない球状内核の表面を多孔性薄膜で覆ってあり，後者は粒子全体が球状で多孔性となっている。多孔性の部分が試料成分との相互作用に関与しており，表面多孔性粒子では平衡到達は速いが，試料負荷量が小さい。現在，試料負荷量が大きく，分離効率のよいカラムが得られる内径 2〜10 μm の全多孔性のシリカゲル系やポーラスポリマー系の充てん剤がよく用いられている。その固定相の種類により，分配，吸着，イオン交換，サイズ排除の代表的な 4 つのタイプの HPLC に分けられる（表 8-1）。

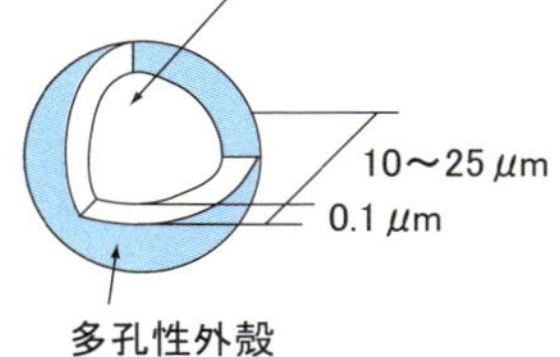

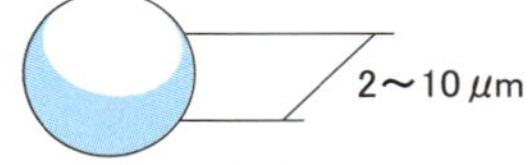

図 8-13　カラム充てん剤

(4) 検　出　器

HPLC 用検出器のセルは内容積の小さいフローセルで，下記の検出器がよく用いられている。特に紫外吸収検出器は最もよく使われている。近年では質量分析計の利用が普及してきている[*1]。

*1　8.7 参照。

a. 紫外吸収検出器（ultraviolet absorption detector）　測定波長が固定のものと，連続可変のものがある。感度は高く，移動相流速や温度の影響を受けにくく，勾配溶離が可能なため非常に便利であるが，紫外線を吸収する成分でないと直接検出できない。

b. 示差屈折率検出器（differential refractive index detector）　移動相と試料成分を含む溶出液との屈折率の差を利用しているため，すべての試料成分を検出できるが，感度が低く，勾配溶離が不可能なため，分析用よりも分取用に適している。

c. 蛍光検出器（fluorescence detector）　蛍光性の成分を高感度で選択的に検出することができる。蛍光性でない多くの成分は，蛍光試薬と反応させ，蛍光誘導体に変換することにより検出可能となる。

d. 電気化学検出器（electrochemical detector）　フェノールやカテコールアミン類のように，電気化学的活性物質を選択的高感度に検出できる。設定された電位で酸化あるいは還元により流れる電流を検出するもので，設定電位により検出される物質が決まる。

e. 電気伝導度検出器（electric conductance detector）　イオン性の物質の検出に使用されているが，この検出器は温度，移動相の種類と流速変化の影響を受けやすい。

表 8-7 にこれら検出器の検出下限，温度の影響，勾配溶離の可・不可を簡単に示した。

表 8-7　HPLC 用検出器の比較

検出器	検出下限（g/mL）	温度の影響	勾配溶離
紫外吸収検出器	10^{-10}	少ない	可
示差屈折率検出器	10^{-7}	有	不可
蛍光検出器	10^{-12}	少ない	可
電気化学検出器	10^{-12}	有	困難
電気伝導度検出器	10^{-8}	有	不可

8.5.2　分配クロマトグラフィー（LLC）[*2]

*2　LLC : liquid liquid chromatography

分配クロマトグラフィーは担体上に保持された固定相液体と移動相液体への分配（溶解）の差により試料成分は分離され，固定相液体に溶解する割合の大きい成分ほど溶出が遅くなる。

担体にはシリカゲルとポーラスポリマーがよく使われており，初期の分配クロマトグラフィーでは GC と同様に担体表面に固定相液体を物理的コーティングして使用していた。しかし，これでは使用中に固定相液体が移動相液体により流出し，長期間のカラム性能維持が困難であり，現在ではほとんど使用されていない。物理的コーティングの代りに，固定相液体を担体表面に化学結合させた充てん剤がもっぱら用いられている。この化学結合型充てん剤の大部分はシリカゲル表面のシラノールに有機シリコーン化合物を反応させて得られるもので，表 8-8 に導入されている結合基の例を示す。特に，オクタデシル基を導入した充てん剤[*1]は種々の分離に広く用いられている。この場合，固定相は疎水性であり，移動相には固定相より極性の高いものが用いられる。このような系を逆相（reversed phase）といい，逆に移動相に固定相より極性の低いものを用いる系を順相（normal phase）という。一般に，前者は疎水性物質の分離に，後者は極性物質の分離に適している。

ところで，シリカゲルはアルカリに弱いため，シリカゲルを担体とする充てん剤は pH 2〜8 での使用に限られ，アルカリ側での使用にはポーラスポリマーを担体とする充てん剤が適している。

＊1　ODS : octa decyl silyl

吸着クロマトグラフィー

1）分配，2）吸着，3）イオン交換，4）サイズ排除のどのモードを選択するかは，分子量，解離，極性，溶解性など，対象物質および共存物質の情報を知ることが重要となる。高分子量物質や分子量差の大きい成分の分離には 4)，電解質の分離には 3)，その他の非電解質の分離には 1）あるいは 2）のモードが一般的であるが，異性体の分離は通常 1）では困難で，有機溶媒を移動相とする 2）のモードが適している。

表 8-8　化学結合型充てん剤の結合基の例

疎水性結合基
オクタデシル，オクチル，メチル，フェニルメチル，ジクロロフェニル
極性結合基
アミノプロピル，シアノプロピル，ニトロフェノール，ジオール，アクリルアミド，プロピルアルコール

8. 5. 3　吸着クロマトグラフィー（LSC）[*2]

＊2　LSC : liquid solid chromatography

吸着クロマトグラフィーは固定相である吸着剤表面の活性点への吸着力の差により試料成分は分離され，強く吸着する成分ほど溶出が遅くなる。固定相に吸着されるのは成分だけでなく，移動相の吸着も競合して起こっている。したがって，固定相に対する親和力（吸着力）の強い移動相を使うほど試料成分は早く溶出する結果となる。8. 5. 2 の分配クロマトグラフィーでは，試料成分の溶解性の高い移動相を用いるほど成分が早く溶出するのと同じように，移動相の選択が微妙に試料成分の保持に影響を与える。

表 8-9 に示す吸着剤などが固定相として用いられており，シリカゲルが順相モードで，ポリスチレンゲルが逆相モードで最もよく使われている。

表 8-9　LSC 用吸着剤の例

LSC 用吸着剤
シリカゲル
アルミナ
ポーラスポリマー
疎水性：ポリスチレンゲル，ポリ酢酸ビニルゲル，ポリメチルメタクリレートゲル
親水性：ポリヒドロキシエチルメタクリレートゲル，ポリビニルアルコールゲル

8.5.4 イオン交換クロマトグラフィー

イオン交換クロマトグラフィーは固定相であるイオン交換体への親和力の差により試料イオンは分離される。

イオン交換体は骨格をなす基材と，イオン交換能をもつ交換基とから成る。基材にはシリカゲルやポーラスポリマーが用いられ，前者の場合はイオン交換のみが分離に関与していると考えられるが，後者の場合には疎水性相互作用なども関与してくることが多い。

表 8-10　交換基によるイオン交換体の分類

イオン交換体	交換基	有効 pH*
強酸性陽イオン交換体	$-SO_3H$	2～14
弱酸性陽イオン交換体	$-COOH$	8～14
弱塩基性陰イオン交換体	$-N^+H(CH_3)_2Cl^-$	0～6
強塩基性陰イオン交換体	$-N^+(CH_3)_3Cl^-$	0～10

*シリカゲル基材のものは pH 2～8 以外での使用は好ましくない

イオン交換体は交換基により表 8-10 に示す 4 種類に分類される。基材にスチレンとジビニルベンゼン共重合体を用い，これにイオン交換基を導入したイオン交換樹脂がよく用いられている。陽イオンの交換に用いられる代表的なものにスルホン酸基を導入したものがあり，たとえば H 形樹脂中の H^+ は溶液中の Na^+ と次式のように交換される。

$$\underset{\text{H 形}}{R\text{-}SO_3^-H^+} + Na^+ \rightleftharpoons \underset{\text{Na 形}}{R\text{-}SO_3^-Na^+} + H^+$$

スルホン酸基は強酸性で，pH 2 以上でほぼ完全に解離して有効にイオン交換でき，強酸性陽イオン交換体とよばれている。カルボキシル基をもつ交換体も陽イオンの交換が可能だが，弱酸性のため pH 8 以上でなければ有効にイオン交換できず，弱酸性陽イオン交換体とよばれている。

陰イオン交換体は第四級アンモニウム基を導入した強塩基性陰イオン交換体と，第一から第三アミノ基を導入した弱塩基性陰イオン交換体に分けられる。後者は pH 6 以下の酸性側でのみアンモニウム基の状態になり，イオン交換できる。OH 形の陰イオン交換体の Cl^- とのイオン交換は

$$R\text{-}N^+(CH_3)_3OH^- + Cl^- \rightleftharpoons R\text{-}N^+(CH_3)_3Cl^- + OH^-$$
$$\underset{\text{OH 形}}{R\text{-}N^+H(CH_3)_2OH^-} + Cl^- \rightleftharpoons \underset{\text{Cl 形}}{R\text{-}N^+H(CH_3)_2Cl^-} + OH^-$$

で表わされる。

このような原理により，H 形強酸性陽イオン交換樹脂と OH 形強塩基性陰イオン交換樹脂の混合床中に水を通すと，水中の陽イオンと陰イオンはそれぞれ H^+ と OH^- とイオン交換し，非常に純度の高い脱イオン水を得ることができる。

また，イオンの価数や大きさによりイオン交換体に対する親和力が異なる

混合床の再生

混合床に交換樹脂の交換容量以上の原水（水道水など）を通すと，イオン交換できなくなり，脱イオン水は得られなくなる。そこで，カラム中で混合床を陰イオン交換樹脂と陽イオン交換樹脂に分離し，まず NaOH 水溶液で陰イオン交換樹脂を OH 形に再生し，次に陽イオン交換樹脂部分のみを HCl 水溶液で H 形に再生し，最後に両樹脂を再び混合する。

ため，イオン同士の分離が可能である。たとえば，金属イオンの一般的傾向として，イオン価が異なる場合はイオン価の大きいものほど，イオン価が等しい場合は原子番号の大きいものほど強酸性陽イオン交換体に対する親和力が強いといわれている。イオン交換体による試料イオンの保持は移動相のイオン強度により変化するし，弱電解質の試料では解離に影響を与える因子（移動相の pH，組成など）によっても変わる。

無機イオンを対象とするイオン交換クロマトグラフィーで，分離カラムの後に除去カラムを接続し，試料イオンと反対の電荷をもつ移動相中のイオンを取り除いて，電気伝導度検出器で高感度検出するイオンクロマトグラフィー（ion chromatography）とよばれる方法が開発された。なお，除去カラムは必ずしも必要ではなくなり，無機イオンだけでなく有機イオンの分析も可能である。

試料イオンをイオン交換モードで分離するのではなく，移動相中に対イオンを加え，試料イオンとイオン対（ion pair）を形成させ，このイオン対を逆相モードで分離しようとするイオン対クロマトグラフィー（ion-pair chromatography）も広く用いられている。加えるイオン対試薬として，陰イオン性試料にはアルキルアンモニウム塩が，陽イオン性試料にはアルキルスルホン酸塩がよく使われている。

8.5.5　サイズ排除クロマトグラフィー

サイズ排除クロマトグラフィーは固定相に三次元網目構造をもつ多孔性粒子を用い，試料成分はその細孔への浸透性の差により分離される。細孔の大きさより大きい成分は細孔内部へ浸透できないため粒子の間を素通りしてくる。一方，細孔内部へ浸透できる成分は細孔内に取り込まれるため，溶出が遅くなる。

サイズ排除クロマトグラフィー
親水性ゲルを用いてタンパク質，アミノ酸などの親水性物質を分解するゲルろ過クロマトグラフィー（gel filtration chromatography）と，疎水性ゲルを用いて親油性高分子物質の分子量分布の測定などをするゲル浸透クロマトグラフィー（gel permeation chromatography）に大別される。

表 8-11　サイズ排除クロマトグラフィー用固定相の例

多孔性シリカ
多孔性ガラス
ポリスチレンゲル
ポリビニルアルコールゲル
ポリヒドロキシエチルメタクリレートゲル

固定相となるゲルには，多孔性シリカや多孔性ガラスのほかに架橋された有機ポリマーゲルなどが用いられている。ゲルの細孔の大きさにより，A より大きい分子はゲルの全細孔から排除されて浸透できず，B より小さい分子はゲル細孔に完全に浸透できる。A を排除限界，B を全浸透限界といい，A と B の間の大きさの分子が大きい分子から順に溶出してくる（図 8-14）。ゲルには種々の細孔径のものが市販されており，分離しようとする成分の大きさに適合するゲルを選択する必要がある。

さて，有機ポリマーゲルの場合，移動相によって膨潤割合が異なることがあるので，ゲルをよく膨潤させる溶媒を移動相に用いることが必要である。多孔性ガラスや多孔性シリカではその心配はないが，吸着サイトがあるので注意しなければならない。

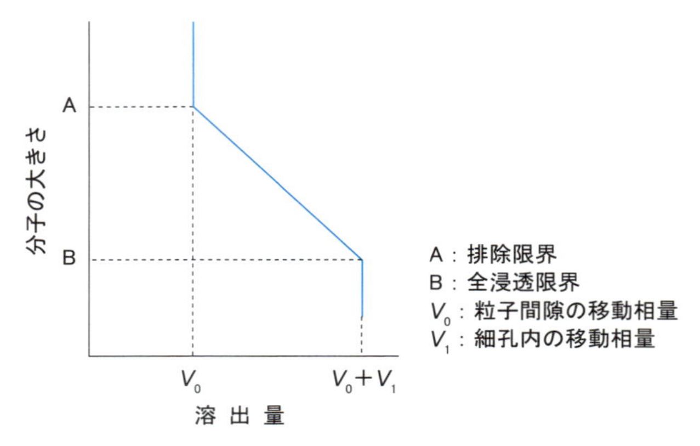

図 8-14　ゲルの仮想的な較正（校正）曲線

8. 6 薄層クロマトグラフィー（TLC）*

* TLC : thin layer chromatography

ガラス，プラスチックスなどの平板上に固定相を薄層状に展着したプレートの下端から一定の距離に試料溶液を小さいスポットとしてつける（原点，図 8-15(a)）。密閉した展開槽中の移動相液中にプレートの下端を浸して展開する。移動相のフロントがプレートの他端近くに上昇すれば展開を中止し，溶媒を蒸発させる。試料成分が着色している場合には，スポットの位置は直接検出できるが，無色の場合には，適当な発色剤を噴霧して成分を発色させるか，紫外線ランプで照射するなどして試料成分のスポット位置を検出する。

紫外線ランプで照射

暗所で蛍光指示薬を加えた薄層プレートに紫外線を照射すると，成分（蛍光性でない）のスポット位置で蛍光消光が起こり，黒いスポットとして検出できる。

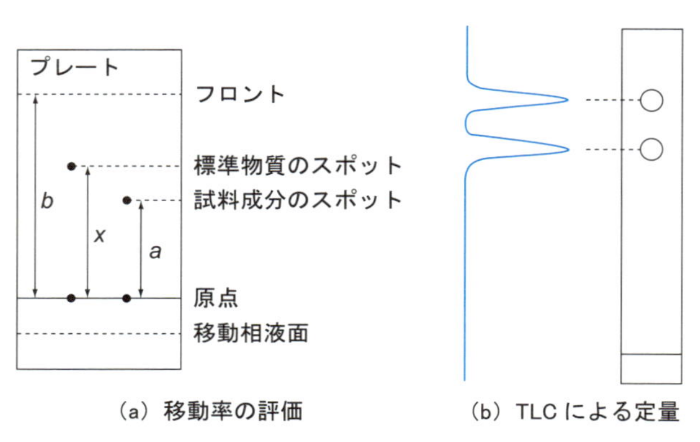

(a) 移動率の評価　　(b) TLC による定量

図 8-15　TLC による定性(a)および定量(b)

試料成分の定性は，溶媒に対する試料成分の移動率 $R_f = a/b$，または標準物質に対する移動率 $R_x = a/x$ を，標品のそれらと比較して行う。なお，

R_f 値は0.1～0.7の範囲が適当である。

試料成分の定量は，デンシトメーターを使ってスポットによる光の吸収を測定し，得られたピーク面積から行える（図8-15(b)）。

8.7　クロマトグラフィーと質量分析法の直結

クロマトグラフィーでは，分離された成分は一般にピークとして検出され，そのピークの位置から定性が，そのピーク面積から定量が行われる。このため，検出成分に関する情報は乏しく，全く未知の成分を同定することは不可能に近いと言える。したがって，成分の同定に関する情報を提供する他の分析法との併用が必要であり，質量分析法や赤外分光法などとの直結が行われている。質量分析法や赤外分光法などの分析法は成分が共存するとそのまま情報が重なってしまうため，クロマトグラフィーで分離して単一成分とすることが好都合となる。質量分析法は高感度，高検出選択性および高定性能力で試料サイズも同程度であるため，これをクロマトグラフィーと直結すると互いの長所を効果的に発揮でき，複雑な混合成分からなる環境試料などの実試料の分析にも非常に強力な分析手法となる。

8.7.1　ガスクロマトグラフ質量分析法（GC-MS）[*1]

＊1　GC-MS：gas chromatography-mass spectrometry

ガスクロマトグラフの出口は大気圧で，質量分析計は減圧下で稼働しているため，ガスクロマトグラフからの溶出成分をセパレーター（図8-16）を通し，キャリヤーガス（He）と分離してから質量分析計に導入しなければならない。軽いHeは大部分が真空ポンプで除去され，重い試料分子の多くは直進して質量分析計に入る。しかし，キャリヤーガス流量が少ないキャピラリーカラムの場合は，セパレーターなしで直接質量分析計に導入できる。

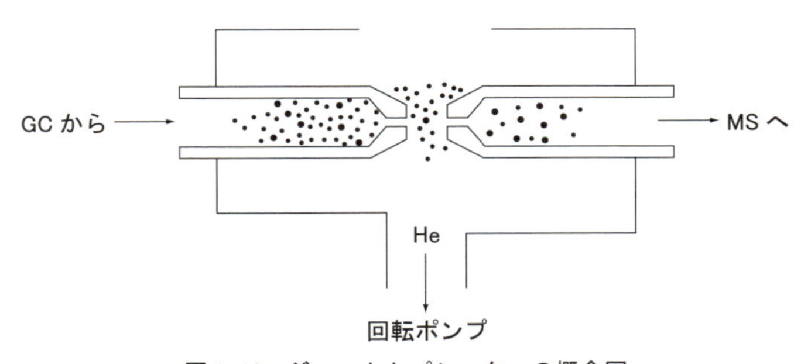

図8-16　ジェットセパレーターの概念図
（土屋正彦ほか　訳，『有機質量分析法』，p.37，丸善）

8.7.2　液体クロマトグラフ質量分析法（LC-MS）[*2]

＊2　LC-MS：liquid chromatography-mass spectrometry

GCに比べてLCでは，移動相の流量が多い，試料が難揮発性・不安定である，難揮発性の緩衝液を使う，などの試料のイオン化に関して難解な問題点がある。また，LCで分析する多くの化合物にはGC–MSで汎用されているCI法やEI法（気相でのイオン化法）を用いることができず，液相でのイオン化が可能な方法(エレクトロスプレーイオン化法や大気圧化学イオン化法)がよく用いられている。

エレクトロスプレーイオン化（ESI : electrospray ionization）法（図8–17）では，数kVに印加されたキャピラリー先端で，LCカラムから出てきた溶出液中の正イオンと負イオンの部分的分離が起こり，印加電圧と同符号の電荷のイオンを過剰に含む液滴が先端から対向電極に引っぱられる。キャピラリー先端から噴霧された帯電液滴の体積の減少で表面電荷密度が増大し，クーロン反発力により，液滴が分裂して試料イオンが生成するといわれており，イオン性，高極性化合物のイオン化に有効である。

大気圧化学イオン化（APCI : atmospheric pressure chemical ionization）法（図8–18）では，LCカラムから溶出してきた試料溶液を噴霧し，噴霧口近くに置いた針電極に数kVの電圧を印加してコロナ放電をすると，溶媒分子

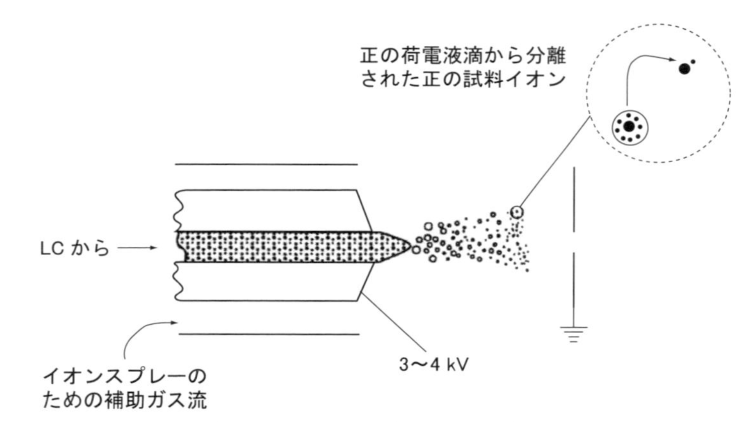

図8–17　ESI法のイオン化過程の概念図
（土屋正彦ほか　訳，「有機質量分析法」，p. 185，丸善）

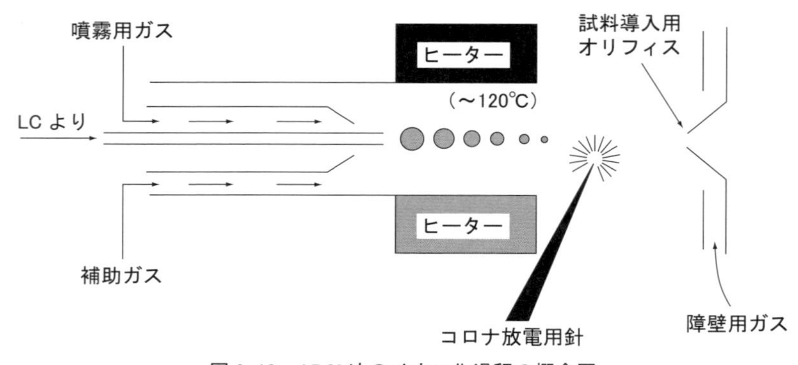

図8–18　APCI法のイオン化過程の概念図
（土屋正彦ほか　訳，『有機質量分析法』，p. 63，丸善）

などがイオン化される。このイオンと試料分子とのイオン–分子反応で，試料分子がイオン化され，低極性から中極性化合物のイオン化に有効である。

8. 7. 3　タンデム質量分析法*

* tandem mass spectrometry

第1の質量分析計である特定の質量のイオンを選択し，第2の質量分析計でそのイオン（プリカーサーイオン）から生成するイオン（プロダクトイオン）を測定する方法がタンデム質量分析法（MS/MS）である。シングルMSでは異なる試料からの同じ質量数のイオンは識別できないが，MS/MSでは同じ質量数のイオンでもプロダクトイオンが異なってくるため識別が可能となり，選択的に高感度の測定ができる。

演　習　問　題

問題 1

van Deemter 式 $H = A + B/u + Cu$ において，各定数はつぎのような値であった。

$A = 0.07$ cm，$B = 0.15$ cm^2・S^{-1}，$C = 0.02$ S

この条件下での移動相の最適線速度 u_{opt} と H_{min} はいくらか。

問題 2

一定の液体クロマトグラフ条件下で測定した化合物AおよびBのある固定相を用いたときの保持時間はそれぞれ2.35 minおよび5.86 minであった。また，固定相に保持されない成分の保持時間は0.5 minであった。

(1) AおよびBの調整保持時間，(2) AおよびBの保持係数，(3) BのAに対する相対保持値，を求めなさい。

問題 3

隣接する二成分の保持時間が8.80と9.46 min，カラムを素通りする成分の保持時間が1.35 minのとき，二成分のピークの分離度 $R_S = 1.5$ を達成するのに必要なカラムの理論段数はいくらか。また，カラムのHETPが1.5 mmであればカラム長さはいくら必要であるか。

問題 4

ある固定相液体を使用したガスクロマトグラフィーにおいて，*n*–ヘプタン，ベンゼンおよび*n*–オクタンの調整保持時間はそれぞれ7.61 min，8.94 minおよび10.83 minであった。これらの結果によりベンゼンの保持指数を求めなさい。

問題 5

ある試料溶液中のクロロベンゼン濃度を決定するため，濃度既知のクロロベンゼン標準溶液を5種類（同じ体積）準備した。これらに一定濃度のブロモベンゼン溶液を同量ずつ加え，ガスクロマトグラフに注入した。標準溶液と同体積の試料溶液に，標準溶液の場合と同量のブロモベンゼン溶液を加え，ガスクロマトグラフに注入し, 下表の結果を得た。試料溶液中のクロロベンゼン濃度を求めなさい。

クロロベンゼン濃度（ppm）	ピーク面積（カウント数）	
	クロロベンゼン	ブロモベンゼン
2	2652	4572
4	5875	5021
6	8216	4695
8	11534	4908
10	13000	4437
試料溶液	7711	4819

問題 6

GC と LC における誘導体化の主な目的について述べなさい。

電気分析法

原　理

電位差分析：試料溶液中に目的イオンに感応する指示電極と，目的イオンの濃度に無関係に一定電位を示す参照電極とを浸し，この両電極間の電位差を測定することにより目的イオンの濃度を求める。

サイクリックボルタンメトリー：電位規制電解分析法の一種である滴下水銀電極を作用電極としたポーラログラフィーは，被酸化性または還元性の試料を含む溶液に，分極性の微小電極と非分極性の対極とを浸し，この両電極間に連続的に変化する電圧を加えて電解し，電流-電圧曲線を得る。電解電位から定性分析を，電解電流から定量分析をする。電極が常に再生され定性・定量分析をはじめ電極反応機構の解析まで，現在でもその有効性に変わりはない。しかしながら，電気化学分析の迅速性と化学反応速度の解析に対する要求から，電位掃引速度を大きくすることができるサイクリックボルタンメトリーが主流になってきた。

電解分析：試料溶液に一組の電極を浸し，この両電極間に直流電圧をかけて電解し，電極上に析出した質量を重量法により測定して目的成分を定量分析する。

電量分析：目的成分を電流効率 100％の条件下で電解し，これに要した電気量から定量分析する。

電導度分析：試料溶液中に一対の白金電極を浸し，両電極間の導電率を測定することにより，目的イオンの濃度を求める。

特　徴

定量感度が優れている。また，非破壊分析であるため状態分析が可能であり，定性・定量分析のみならず，化学平衡や電極反応機構の解析にも有効である。

測定法が簡便で，かつ測定の自動化が容易にできるため，多検体の迅速分析に適している。さらに，化学反応の工程分析や監視に応用できる。

電気分析法は試料溶液中の化学種を電気化学的手法により分析または解析する方法である。溶液中に浸した2電極間の電位差を測定する電位差分析，電気伝導度を測定する電導度分析，電気分解を行い電極上に析出した重量を測定する電解重量分析，ファラデーの法則に基づき電解中に流れた電気量を測定する電量分析（クーロメトリー），加電圧と電解電流との関係曲線を測定するボルタンメトリー（サイクリックボルタンメトリー）がある。

電気分析法では分析試料は溶液であり，i）分析感度が優れていること，ii）おもに非破壊分析であり状態分析ができること，iii）装置が簡便で安価であること，iv）分析の自動化が容易であることなどの特徴がある。それ故，イオンまたは分子の定性・定量分析のみならず，化学反応の平衡や機構の解析手法としても広く活用されている。

9.1 電位差分析法

9.1.1 概　　要

溶液中に分析目的イオンに感応する電極（指示電極）と目的イオンの濃度に無関係に一定電位を示す電極（参照電極）とを浸し，この両電極間の電位差を測定する分析法である。

電位差の値からあらかじめ作成した検量線を用いて目的イオンの濃度を求める直接法と，酸-塩基反応や酸化還元反応など滴定反応により当量点を決定し，試料中の目的イオンの濃度を求める電位差滴定法がある。指示電極としては目的イオンに選択的に感応するイオン選択性電極や白金電極などが用いられ，参照電極として，飽和甘コウ電極や銀-塩化銀電極が用いられる。特に，指示電極として難溶性塩を用いた固体膜電極，イオン交換液膜電極，ガス隔膜型電極，固定化酵素膜を用いた酵素電極などが開発され，電位差分析法が広い分野に用いられるようになってきている。

9.1.2 原　　理

(1) 電極電位とネルンスト式

いま金属イオン M^{n+} の溶液中に同種の金属棒Mを浸した系について考える。金属原子は溶液中にイオンとなって溶け出す傾向を示す。すなわち金属Mは酸化されて M^{n+} となり，金属棒上に電子を放出する。一方，溶液中のイオン M^{n+} は金属上に原子として析出する傾向を示す。すなわち M^{n+} は電子を受け取り還元される。このときの反応は次式で表される。

$$M^{n+} + n\mathrm{e} \rightleftharpoons M \qquad (9\text{-}1)$$

この酸化還元反応が平衡状態に達したとき，金属棒（電極）は溶液に対してある一定の電位 E（電極電位）を示す。

$$E_{\mathrm{M,M}^{n+}} = E^0{}_{\mathrm{M,M}^{n+}} + \frac{RT}{nF}\ln\frac{[a_{\mathrm{M}^{n+}}]}{[\mathrm{M}]} \qquad (9\text{-}2)$$

これをネルンスト式といい，$E^0{}_{\mathrm{M,M}^{n+}}$ はこの系の標準酸化還元電位，R は気体定数，T は絶対温度，n は反応に関与する電子数，F はファラデー定数である。

このような系を半電池（half-cell）という。この半電池の電位は単独では測定できないため，2つの半電池を組み合わせて電池（cell）を構成し，この電池の起電力（半電池間の電位差）を測定する。これが電位差分析の基本となっている。

電気化学においては，基準となる半電池として，図9-1に示すような水素電極を用いており，水素ガス1気圧，水素イオン活量* 1の溶液に白金電極を浸したときの電極反応の電位を零と定めている。

$$H^+ + e \rightleftharpoons 1/2H_2\ (E^0 = 0.000) \qquad (9\text{-}3)$$

$$E = E^0 + \frac{RT}{F}\ln\frac{a_{\mathrm{H}^+}}{(P_{\mathrm{H}_2})^{1/2}} \qquad (9\text{-}4)$$

これを標準水素電極（NHE：normal hydrogen electrode）といい，測定対象とする半電池とを組み合わせて電池を構成し，両者の電位差を測定する。

ただし，水素電極は使用上便宜的でないため，この電極に対して一定電位を示す電極，たとえば，甘コウ電極や銀-塩化銀電極が参照電極として用いられる。

* イオンの活量 $= \gamma \times$（イオンのモル濃度），γ はイオンの活量係数で，希薄溶液ではイオンの活量≒イオンのモル濃度とおけるが，濃い溶液の場合は $\gamma < 1.0$ となる。

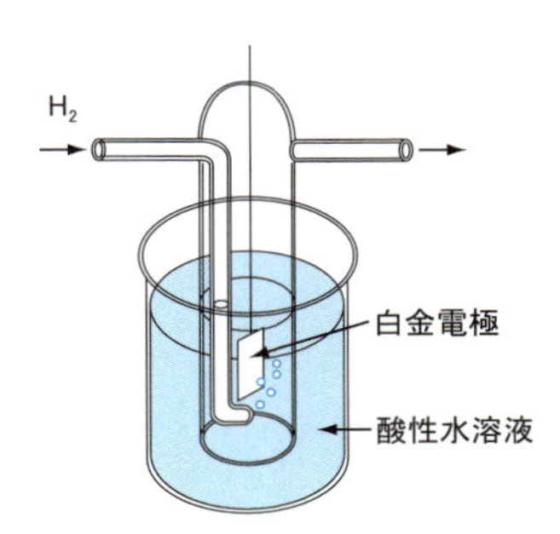

図9-1　水素電極の模式図

(2) 種々の半電池と電極電位

a. 金属/金属イオン電池　　上記のように，最も一般的な型で，たとえばAg線を Ag^+ の溶液に浸したとき，半電池は $Ag|Ag^+\|$ と表わす。ここで縦線（|）は接触している相の違いを，縦二重線（‖）は液絡により他の半電池と接触していることを示す。このときの電極電位は次式で表わされる。

$$E = E^0 + \frac{RT}{F}\ln\frac{a_{\mathrm{Ag}^+}}{[\mathrm{Ag}]}$$
$$= E^0 + 0.0591\log a_{\mathrm{Ag}^+} \quad (25℃) \qquad (9\text{-}5)$$

ここで，E^0 は標準状態（$a_{\mathrm{Ag}^+} = 1$）における電極電位で，標準水素電極に対する値として多くの酸化還元系に対して求められている。これを表9-1に示す。

b. 酸化還元電池　　たとえば，Fe^{2+} と Fe^{3+} とを含む溶液に白金のような酸化還元反応に関与しない電極（不活性電極）を浸したときの半電池は，$Pt|Fe^{2+}, Fe^{3+}\|$ と表わされ，電極電位はネルンスト式より次式で表わされる。

$$E = E^0{}_{\mathrm{Fe}^{2+},\mathrm{Fe}^{3+}} + \frac{RT}{F}\ln\frac{a_{\mathrm{Fe}^{3+}}}{a_{\mathrm{Fe}^{2+}}} \qquad (9\text{-}6)$$

c. ガス-イオン電極　　さきに記した水素電極がこれに相当する。

＊ 標準水素電極に対する値（25℃）

表 9-1　標準酸化還元電位＊

反　応	E^0 (volt)	反　応	E^0 (volt)
$F_2+2e = 2F^-$	2.65	$Hg_2Cl+2e = 2Hg+2Cl^-$	0.28
$S_2O_8^{2-}+2e = 2SO_4^{2-}$	2.01	$IO_3^-+3H_2O+6e = I^-+6OH^-$	0.26
$Co^{3+}+e = Co^{2+}$	1.82	$AgCl+e = Ag+Cl^-$	0.22
$H_2O_2+2H^++2e = 2H_2O$	1.77	$Cu^{2+}+e = Cu^+$	0.15
$MnO_4^-+4H^++3e^- = MnO_2+2H_2O$	1.70	$Sn^{4+}+2e = Sn^{2+}$	0.15
$HClO+H^++e = 1/2Cl_2+H_2O$	1.63	$S+2H^++2e = H_2S$	0.14
$Ce^{4+}+e = Ce^{3+}$	1.61	$CuCl+e = Cu+Cl^-$	0.14
$MnO_4^-+8H^++5e = Mn^{2+}+4H_2O$	1.51	$AgBr+e = Ag+Br^-$	0.10
$PbO_2+4H^++2e = Pb^{2+}+2H_2O$	1.46	$S_4O_6^{2-}+2e-2S_2O_3^{2-}$	0.08
$Cl_2+2e = 2Cl^-$	1.36	$2H^++2e = H_2$	0.00
$Cr_2O_7^{2-}+14H^++6e = 2Cr^{3+}+7H_2O$	1.33	$Pb^{2+}+2e = Pb$	−0.13
$MnO_2+4H^++2e = Mn^{2+}+2H_2O$	1.23	$CrO_4^{2-}+4H_2O+3e = Cr(OH)_3+5OH^-$	−0.13
$O_2+4H^++4e = 2H_2O$	1.23	$Sn^{2+}+2e = Sn$	−0.14
$IO_3^-+6H^++5e = 1/2I_2+3H_2O$	1.20	$AgI+e = Ag+I^-$	−0.15
$ClO_4^-+2H^++2e = ClO_3^-+H_2O$	1.19	$Ni^{2+}+2e = Ni$	−0.25
$Br_{2(aq)}+2e = 2Br^-$	1.09	$PbCl_2+2e = Pb+2Cl^-$	−0.27
$VO_2^++2H^++e = VO^{2+}+H_2O$	1.00	$Co^{2+}+2e = Co$	−0.28
$AuCl_4^-+3e = Au+4Cl^-$	1.00	$PbSO_4+2e = Pb+SO_4^{2-}$	−0.36
$2Hg^{2+}+2e = Hg_2^{2+}$	0.92	$Cd^{2+}+2e = Cd$	−0.40
$Cu^{2+}+I^-+e = CuI$	0.86	$Cr^{3+}+e = Cr^{2+}$	−0.41
$Ag^++e = Ag$	0.80	$Fe^{2+}+2e = Fe$	−0.44
$Hg_2^{2+}+2e = 2Hg$	0.79	$2CO_{2(g)}+2H^++2e = H_2C_2O_{4(aq)}$	−0.49
$Fe^{3+}+e = Fe^{2+}$	0.77	$Cr3++3e = Cr$	−0.74
$PtCl_4^{2-}+2e = Pt+4Cl^-$	0.73	$Zn^{2+}+2e = Zn$	−0.76
$Q+2H^++2e = H_2Q$ (ハイドロキノン)	0.70	$Mn^{2+}+2e = Mn$	−1.18
$MnO_4^-+e = MnO_4^{2-}$	0.56	$Al^{3+}+3e = Al$	−1.66
$I_3^-+2e = 3I^-$	0.54	$Mg^{2+}+2e = Mg$	−2.37
$I_{2(s)}+2e = 2I^-$	0.54	$Na^++e = Na$	−2.71
$Cu^++e = Cu$	0.52	$Ca^{2+}+2e = Ca$	−2.87
$Fe(CN)_6^{3-}+e = Fe(CN)_6^{4-}$	0.36	$Ba^{2+}+2e = Ba$	−2.90
$VO^{2+}+2H^++e = V^{3+}+H_2O$	0.36	$K^++e = K$	−2.93
$Cu^{2+}+2e = Cu$	0.34	$Li^++e = Li$	−3.05

d. 参照電極

1）飽和甘コウ電極（SCE：saturated calomel electrode）　塩化カリウムで飽和した水溶液に甘コウ（Hg_2Cl_2）と水銀を浸した電極で Hg｜Hg_2Cl_2, KCl（飽和）‖と表わされる。電極反応および電極電位は次式で表わされる。

$$Hg_2Cl_2+2e \rightleftharpoons 2Hg+2Cl^- \tag{9-7}$$

$$E = E^0+\frac{RT}{2F}\ln\frac{[Hg_2Cl_2]}{[Hg](a_{Cl})^2}$$

$$E = E^0+\frac{0.00591}{2}\ln\frac{[Hg_2Cl_2]}{[Hg](a_{Cl})^2}\ (25℃) \tag{9-8}$$

標準状態の定義より，〔Hg〕＝ 1,〔Hg_2Cl_2〕＝ 1 であるから

$$E = E^0-0.0591\log a_{Cl^-} \tag{9-9}$$

表 9-1 より，E^0 ＝ 0.280（V），飽和 KCl 溶液の Cl^- の濃度は既知であるから，E ＝ ＋0.246 V が得られる。この式から，甘コウ電極電位は，Cl^- の濃度に

依存して変化することがわかる。

2）銀－塩化銀電極　　これは銀線を塩化銀で被覆した電極で，通常 AgCl で飽和した 3.5 M KCl 溶液に浸してある。この電極は水銀を用いていないことから最近よく用いられるようになってきた。電極反応と電極電位は次式で表わされる。

$$\mathrm{AgCl}+\mathrm{e} \rightleftharpoons \mathrm{Ag}+\mathrm{Cl}^- \tag{9-10}$$

$$E = E^0 - 0.0591 \log a_{\mathrm{Cl}^-} \ (25℃) \tag{9-11}$$

この電極も甘コウ電極と同様 Cl^- の濃度に依存して電位が変化する。図 9-2 に参照電極の概略図を，表 9-2 に電極電位をそれぞれ示す。

表 9-2　参照電極の電位（25℃）

参照電極	電極電位（V vs. NHE）
規定水素電極（$a_{H^+}=1$）	0.000
規定甘コウ電極（1 M KCl）	0.281
飽和甘コウ電極（飽和 KCl）	0.246
銀-塩化銀電極（3.5 M KCl）	0.205
飽和銀-塩化銀電極（飽和 KCl）	0.199

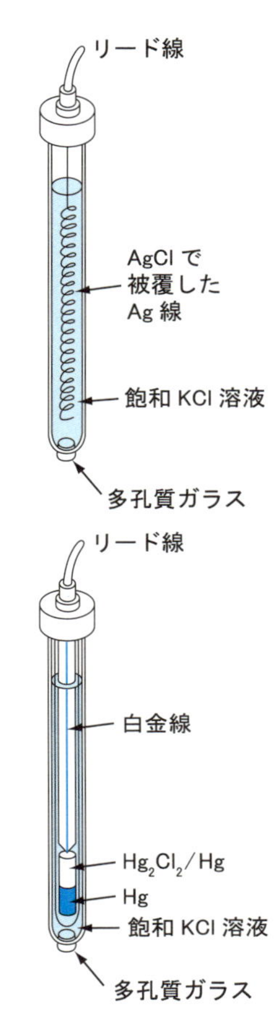

図 9-2　参照電極の一例

e．電池の構成　　半電池を組み合わせて電池を構成する場合それぞれの電解液が混ざり合わないで，かつ電気を通すためにイオンが流れるようにする必要がある。このために多孔質ガラス（セラミックス）や塩橋（KCl 塩を溶解した寒天ゲル）が液絡部として用いられる。この際，液間電位差が生じるが，KCl 塩の濃度を高くすることによってほとんど無視できるようになる。

f．イオン電極（膜電極）　　特定のイオンに感応する膜（感応膜）を有する電極で，電極電位は膜の両側の溶液中のイオン濃度の差から生じる電位差（膜電位）で与えられる。種々の感応膜が開発されているが，最も代表的なものはガラス薄膜を用いたガラス電極で，これは水素イオン（H^+）に感応し，pH 測定用に広く用いられている。図 9-3 に各種イオン電極の模式図を示す。

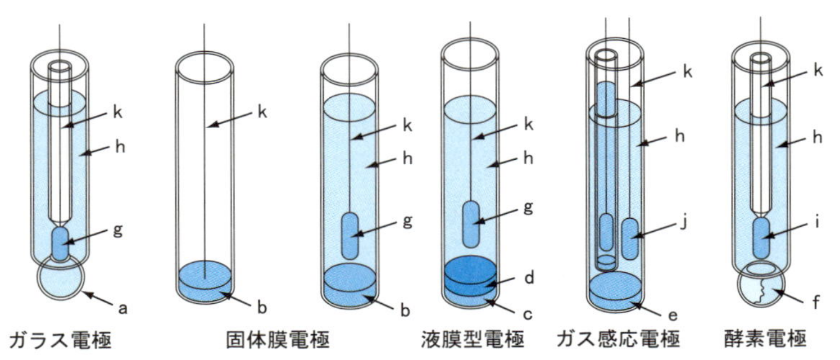

a：ガラス膜，b：固体膜，c：多孔質膜，d：イオン交換液膜，e：ガス透過膜，
f：酵素含有膜，g：内部電極，h：内部液，i：内部イオン選択性電極，j：参照電極，
k：リード線

図 9-3　各種イオン電極の模式図

1）ガラス電極　水溶液の水素イオン濃度を表わす尺度として，pH は次のように水素イオン濃度（g・イオン/L）の逆対数として定義された。

$$\mathrm{pH} = -\log[\mathrm{H}^+]$$

しかし，電池の起電力の測定において，実測されるのは水素イオンの活量であることより

$$\mathrm{pH} = -\log a_{\mathrm{H}^+} = -\log \gamma_{\mathrm{H}^+}\cdot[\mathrm{H}^+]$$

と改められた。ここで，a_{H^+} は H^+ の活量で，γ_{H^+} は H^+ の活量係数である。

ガラス電極による pH の測定はガラス薄膜を水素イオンが選択的に透過することに基づいている。すなわち，ガラス電極はガラス膜内に内部液として pH 既知の溶液（$[\mathrm{H}^+]_1$）を入れ，これに内部電極として参照電極（1）を浸してある。このガラス電極ともう 1 つの参照電極（2）とを pH 測定用溶液（$[\mathrm{H}^+]_2$）に浸し，次のような電池を構成する。

参照電極（1）$|[\mathrm{H}^+]_1|[\mathrm{H}^+]_2\|$参照電極（2）

ここで，｜はガラス薄膜を表わしている。膜の両側の水素イオン濃度が異なるとき，水素イオンがこのガラス薄膜を選択的に透過・拡散することから一種の濃淡電池が構成され，膜電位 E_g が生じる（$a_{\mathrm{H}^+} = [\mathrm{H}^+]$ とした）。

$$E_g = 0.0591 \log \frac{[\mathrm{H}^+]_1}{[\mathrm{H}^+]_2} \ (25℃)$$

このときの電池の起電力は次式で表わされる。

$$E = (E_1 - E_2) + 0.0591 \log \frac{[\mathrm{H}^+]_1}{[\mathrm{H}^+]_2} + Ea \tag{9-12}$$

ここで，E_1 はガラス電極内の参照電極（1）の電位，E_2 は外部参照電極（2）の電位で，Ea は測定系の電極に由来する液間電位差と不斉電位差である。これらは一定と見なすことができ，$[\mathrm{H}^+]_1$ も一定であるから，これを E_{const} とおくと，式（9-12）は次式で表わされる。

$$E = E_{\mathrm{const}} + 0.0591 \log \frac{1}{[\mathrm{H}^+]_2}$$

$$= E_{\mathrm{const}} + 0.0591\,\mathrm{pH} \tag{9-13}$$

ところで，水素イオンの活量 a_{H^+} と活量係数 γ_{H^+} は正確に実測できないので，0.05 M のフタル酸水素カリウム溶液の 15℃における pH を 4.000 とし，これを標準として pH を測定する方法が採用されている。それ故，pH 値は相対的な値として次式で与えられる。

$$\mathrm{pH(x)} - \mathrm{pH(s)} = \frac{E_{\mathrm{X}} - E_{\mathrm{S}}}{0.0591} \tag{9-14}$$

ここで，pH(x)，pH(s) は未知および標準溶液の pH で，E_{X} と E_{S} は未知溶液および標準溶液の水素電極と甘コウ電極を用いて電池を構成したときのそれぞれの起電力である。

2）ガラス電極以外のイオン選択性電極

ｉ）固体膜電極　　難溶性無機塩や単結晶膜を感応膜とする電極で図9-3に示すように感応膜とリード線を直接接続して用いられる。

ⅱ）液膜型電極　　イオン交換体または中性のイオンキャリヤーを可塑剤とともに高分子膜中に溶解あるいは分散させ，これを感応膜とした電極である。

ⅲ）ガス隔膜型電極（ガス感応電極）　　特定のガスを透過する隔膜を感応膜とする電極で，透過したガスによって生じる内部液の変化を内蔵電極で測定する。

ⅳ）酵素電極　　イオン選択性電極の膜表面を酵素で被覆した電極で，酵素の作用により生成した特定イオンを内蔵のイオン選択性電極で測定するように構成されている。

上記イオン電極を用いて試料溶液を測定したときの電位は，単独イオンの場合ネルンスト式で表わされる。

$$E = E_{\mathrm{const}} + \frac{RT}{z_{\mathrm{i}}F} \ln a_{\mathrm{i}} \qquad (9\text{-}15)$$

ここで，E_{const} は参照電極や内部電極の液間電位差などを含む定数，z_{i} はイオンｉの電荷，a_{i} はイオンｉの活量である。

目的イオン以外に同符号の電荷を有するイオンｊが含まれているときの電位は次式で表される。

$$E = E_{\mathrm{const}} + \frac{RT}{z_{\mathrm{i}}F} \ln\{(a_{\mathrm{i}} + k_{\mathrm{ij}}^{\mathrm{pot}} a_{\mathrm{j}}^{z_{\mathrm{i}}/z_{\mathrm{i}}})/a'_{\mathrm{i}}\} \qquad (9\text{-}16)$$

ここで，a_{i}，a_{j} は試料溶液中のイオンｉおよびｊの活量，z_{i}，z_{j} はそれらの電荷，a'_{i} は内部液中のイオンｉの活量である。$k_{\mathrm{ij}}^{\mathrm{pot}}$ は選択係数とよばれ，目的イオン（i）の測定を妨害する尺度となり，$k_{\mathrm{ij}}^{\mathrm{pot}}$ が大きいほどイオンｊによる妨害が大きい。表9-3におもなイオン電極の感応膜，測定範囲および妨害イオン

表9-3　おもなイオン選択性電極

測定イオン	感応膜組成	測定範囲（M）	主な妨害イオン
固体膜電極			
F^-	LaF_3	$1 \sim 10^{-6}$	OH^-
Cl^-	AgCl，$AgCl\text{-}Ag_2S$	$1 \sim 10^{-5}$	(S^{2-})，(CN^-)，(Br^-)，I^-
Br^-	AgBr，$AgBr\text{-}Ag_2S$	$1 \sim 5 \times 10^{-5}$	(S^{2-})，CN^-，I^-
I^-	AgI，$AgI\text{-}Ag_2S$	$1 \sim 5 \times 10^{-6}$	(S^{2-})
CN^-	AgI	$0.01 \sim 10^{-6}$	(S^{2-})，I^-
SCN^-	AgSCN	$1 \sim 10^{-5}$	(S^{2-})，I^-，Br^-
S^{2-}	Ag_2S	$1 \sim 10^{-7}$	Hg^{2+}
Ag^+	Ag_2S	$1 \sim 10^{-7}$	(Hg^{2+})
Pb^{2+}	$PbS\text{-}Ag_2S$	$1 \sim 10^{-6}$	(Ag^+)，(Hg^{2+})，(Cu^{2+})
Cd^{2+}	$CdS\text{-}Ag_2S$	$1 \sim 10^{-6}$	(Ag^+)，(Hg^{2+})，(Cu^{2+})
Cu^{2+}	$CuS\text{-}Ag_2S$	$1 \sim 10^{-7}$	(Ag^+)，(Hg^{2+})

液膜型電極			
Li^+	クラウンエーテル/Li^+	$1 \sim 10^{-5}$	Na^+
Na^+	クラウンエーテル/Na^+	$1 \sim 10^{-5}$	K^+
K^+	バリノマイシン/K^+	$1 \sim 10^{-6}$	Cs^+
NH_4^+	ノナクチン/NH_4^+		
Ca^{2+}	ジデシルリン酸/Ca^{2+}	$1 \sim 10^{-5}$	Zn^{2+}, Pb^{2+}, Fe^{2+}
2価陽イオン	ジデシルリン酸2/価陽イオン	$1 \sim 10^{-6}$	Zn^{2+}, Fe^{2+}, Cu^{2+}
BF_4^-	Ni-バソフェナントロリン/BF_4^-	$0.1 \sim 10^{-5}$	I^-, NO_3^-
Cl^-	ジメチルジステアリルアンモニウム/Cl^-	$1 \sim 10^{-5}$	ClO_4^-, NO_3^-, I^-, Br^-, OH^-
ClO_4^-	Fe-バソフェナントロリン/ClO_4^-	$0.1 \sim 10^{-5}$	OH^-, I^-, ClO_3^-
NO_3^-	Ni-バソフェナントロリン/NO_3^-	$0.1 \sim 10^{-5}$	ClO_4^-, I^-, ClO_3^-, Br^-
ガス隔膜電極			
NH_4^+	pH感応ガラス膜[1]	$\sim 10^{-6}$	
HSO_3^-	pH感応ガラス膜[1]	$\sim 10^{-6}$	
HCO_3^-	pH感応ガラス膜[1]	$\sim 10^{-5}$	
酵素電極			
尿素	ウレアーゼ[2]	$10^{-2} \sim 5 \times 10^{-6}$	
L-アミノ酸	L-アミノ酸オキシダーゼ[2]	$10^{-2} \sim 10^{-4}$	
グルコース	グルコースオキシダーゼとパーオキシダーゼの混合[2]	$10^{-3} \sim 10^{-4}$	

(　)内は共存してはいけないイオン，1) 内部電極，2) 用いる酵素

について まとめて示す。これらはすでに市販されている。

9.1.3 装　　置

電流示零器とポテンショメーターから成る補償式電位差計と増幅器を備えた直示式電圧計とがある。たとえば，ガラス電極pHメーターは，試料溶液の電位差を検出するガラス電極と参照電極から成る検出部および電位差を増幅して指示する指示計部から構成されている。指示計部の電気回路には不斉電位差を調整するための可変抵抗と，スロープとよばれる感度調整用の微小可変抵抗が備えられている。通常は2種のpHの異なる標準溶液を用いてpHメーターを校正する。市販装置ではpH直読式とディジタル式とがあり，pH目盛（0～14）以外に，電位差測定用にmV目盛が付けられており，イオン濃度計としても使用できるようになっている。

9.1.4 測　定　法

(1) 直接分析法

イオン電極と参照電極とを試料溶液に浸し電位差を測定し，あらかじめ作成した検量線から目的イオンの濃度を求める方法であり検量線法という。また，試料溶液に標準溶液の一定量を添加して，添加前後における電位差の変化を測定して濃度を求める方法を標準添加法という。この場合，次に示すグランプロット（Gran's plot）から濃度を求めることができる。いま，試料溶液中の目的イオン（A）の濃度をC_x，溶液量をV（mL）としこの溶液に濃度cの標準溶液v（mL）を加えたときの電位差をEとすると

$$E = E_A + s\log\left(\frac{C_xV+cv}{V+v}\right) \tag{9-17}$$

ここで，s は電位勾配である。

式 (9-17) を変形して

$$(V+v)10^{E/s} = (C_xV+cv)10^{E_{A/S}}$$

が得られる。$10^{E_{A/S}}$ が一定であることから，縦軸に $(V+v)10^{E/s}$ を，横軸に添加量 v をとり，これを数点プロットし，得られた直線を外挿して横軸との交点を v_x とすると次式 $C_x = (C_sv_x)/V$ が得られ，目的イオンの濃度が求められる。グランプロットの例を図 9-4 に示す。

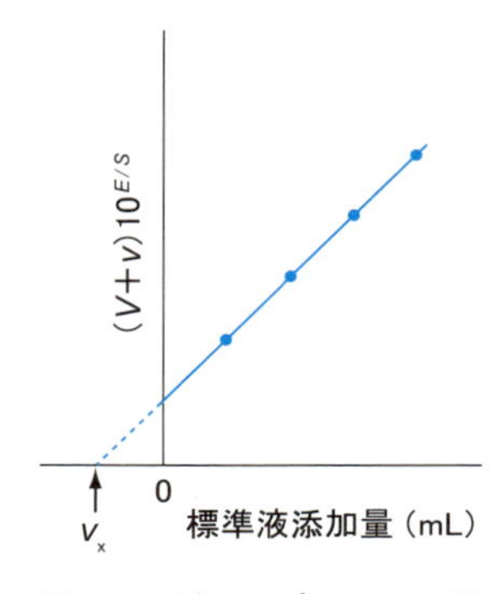

図 9-4　グランプロットの例

(2) 電位差滴定

適当な指示電極と参照電極とを被滴定液に浸し，滴定液の添加にともなって電位差を測定し，滴下量と電位差とのプロットから当量点を求め，被滴定液中の目的成分の濃度を決定する方法で，酸-塩基滴定，酸化還元滴定，沈殿滴定，キレート滴定などに応用される。

a. 酸-塩基滴定　　通常は指示電極としてガラス電極を用い，滴定中の pH 変化を測定して滴定曲線を作成し，pH 変化の最大となる点から当量点を求める方法である。また，滴定曲線から弱酸や弱塩基などの pK_a (酸解離定数) を求めることができる。

b. 酸化還元滴定　　指示電極として白金などの不活性電極を用い，滴定中の酸化還元電位を測定して，電位の急変する部分から当量点を求める方法である。いま，次のような酸化還元系による滴定の場合を考えてみる。

$$m\mathrm{Red}_1 + n\mathrm{Ox}_2 \rightleftarrows m\mathrm{Ox}_1 + n\mathrm{Red}_2$$

$\mathrm{Ox}_1 \rightarrow \mathrm{Red}_1$ および $\mathrm{Ox}_2 \rightarrow \mathrm{Red}_2$ の標準酸化還元電位をそれぞれ $E^0{}_1$，および $E^0{}_2$ とすると，当量点における電位 E_{eq} は次式で与えられる。

$$E_{eq} = \frac{nE^0{}_1 + mE^0{}_2}{m+n} \tag{9-18}$$

c. 沈殿滴定　　沈殿反応に関与するイオンに感応する電極を指示電極として用いる。たとえば，塩化物イオンを硝酸銀溶液で滴定する場合には，銀電極を指示電極として用いる。銀電極の電位 E は次式で与えられる ($a_{Ag^+} = [Ag^+]$ とした)。

$$E = E^0 + 0.0591\log[Ag^+]\ (25℃)$$

当量点においては $[Ag^+] = [Cl^-]$ であるから

$$[Ag^+] = \sqrt{K_{AgCl}} \qquad (K_{AgCl}\text{ は塩化銀の溶解度積})$$

それ故，当量点の電位 E_{eq} は次式で与えられる。

$$E_{eq} = E^0 + \frac{0.0591}{2}\log K_{AgCl}\ (25℃)$$

9.1.5 応　　用

ガラス電極をはじめとする多くのイオン選択性電極を用いた電位差分析法によるイオン濃度の測定は広い分野に応用されている。これは，分析操作が簡便であり，分析の自動化に適しているためである。さらに，電極を小型化することが可能であり，きわめて少量の試料を分析することができる。なかでも，ガラス電極による pH の測定は水溶液を扱うあらゆる分野で行われており，水質保全のための工場排水の管理などにおいては，自動化が進んでいる。また，イオン電極に関しては，最近大いに改良され，感度の向上とともに選択性の優れた電極が多数市販されるようになっている。生体試料中の Na^+ や K^+ の分析や，CN^- などの極微量の有毒な水質汚染物質の測定に用いられている。

一方，電位差滴定法は自動滴定装置の開発とともに一段と応用範囲が広くなり，酸解離定数，溶解度積，錯生成定数および酸化還元電位などの決定に用いられるのをはじめ,化学工業における工程分析や管理に応用されている。

9.2 サイクリックボルタンメトリー（CV 測定法）

9.2.1 概　　要

表面積一定の静止電極に一定速度で変化する電位を掃引して電流-電位曲線（ボルタモグラム）を得る方法で，電位走査ボルタンメトリーという。図 9-5 のような線形電位走査の方法を単掃引電位走査ボルタンメトリーという。図 9-7 のように三角波の電位走査を行い，その際流れる電流を計測して電流-電圧曲線（これをサイクリックボルタモグラム，CV : cyclic voltammogram）を得て，これを解析することにより，試料化合物の酸化・還元特性を評価する方法である。この方法をサイクリックボルタンメトリーという。

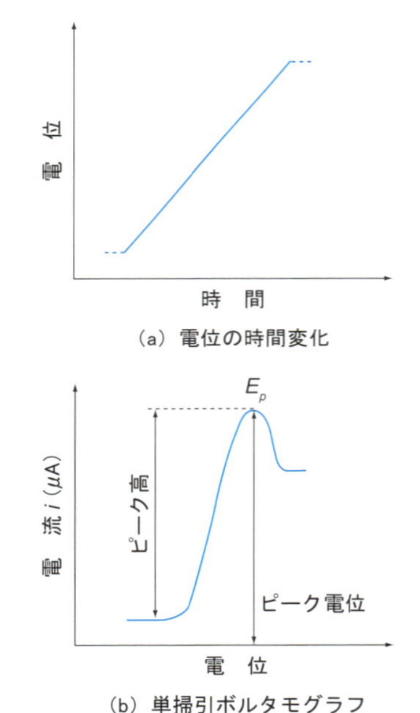

図 9-5　単掃引ボルタンメトリー

電位走査が速い（10 mV/sec～100 V/sec）ため試料の拡散は非定常となり,ピークを有するボルタモグラムとなる。ピーク電位から定性分析が,ピーク高から定量分析ができる。感度は直流ポーラログラフ法と同程度であるが,迅速分析に適している。

図 9-6 に CV 測定装置の模式図を示す。

電解セルに試料と支持電解質（supporting electrolyte）を含む試料溶液を入れ，この中に作用電極（working electrode），比較電極（参照電極，reference electrode）および対極（補助電極，auxiliary electrode）を浸し，さらに溶存酸素を除去するための不活性ガス導入管を入れる。ポテンショスタットを通して作用電極と参照電極間に，図に示すように時間に対して直線的に増加・減少する三角波形の電圧を印加する。電解液中の被酸化還元物質（電極活性物質）酸化還元電位を超えた電位まで掃引した後，反転電位（スイッチング電位）と呼ばれる電位で掃引の方向を逆転させる。このようにして得られた

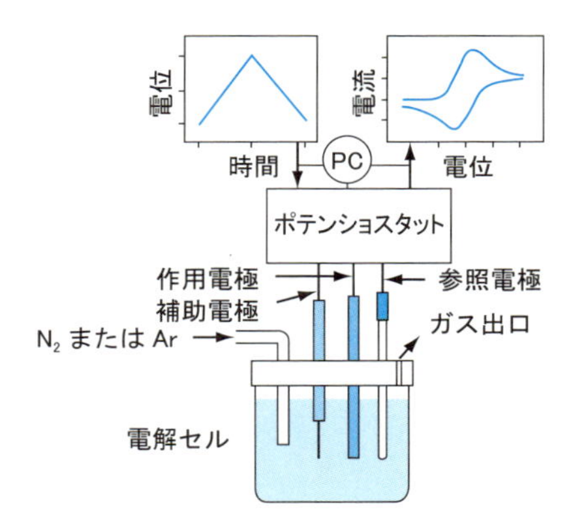

図 9-6　CV 測定装置の模式図

CV は図に示すように，還元および酸化の両方でピークを示す。ここでは，原点から右に負電位の増加を，また，原点から上方向に還元電流に基づく電流をとることにする。なお，最近の機器では PC を接続しており，電位の掃引幅，電位掃引の時間（スキャン時間）などは，PC のモニター画面上で操作できる。また，得られる CV はモニターに表示され，メモリーに保存できるようになっている。

9. 2. 2　CV の原理と定量的取扱い

電解溶液中に電極活性物質である酸化体 Ox のみが存在し，この静止した溶液に静止電極を挿入し，次に示す電極反応を CV 法により測定する場合について考える。なお，この酸化還元対の電極反応は，0.0 V から －0.5 V の電位範囲内起こるものとする。

$$\mathrm{Ox} + n\mathrm{e} \rightleftharpoons \mathrm{Red} \tag{9-19}$$

図 9-7(a) は参照電極に対して作用電極に印加される電位波形を示しており，電位は時間に対して直線的に増加する。初期電位 E_i (0.0 V) は，通常電解電流（ファラデー電流）が流れないように設定し，電位を掃引する。Ox の還元に基づく電流 (cathodic current) がピークを与えたのち，さらに少し負電位まで掃引する。この電位（反転電位，E_f，－0.5 V）で電位の掃引方向を逆転させ，順方向と同じ電位掃引速度で E_i まで掃引する。これを短掃引といい，繰り返しこの操作を行うことを多重掃引という。

この電位掃引によって得られる電流-電位曲線（図 9-7(b)）では，還元および酸化電流 (anodic current) の両方向にピークが生じるが，その原因は次のように説明される。

いま，Ox/Red の系が可逆系であるとすると，ネルンスト式から電極表面での Ox と Red の濃度比は次式で表される。

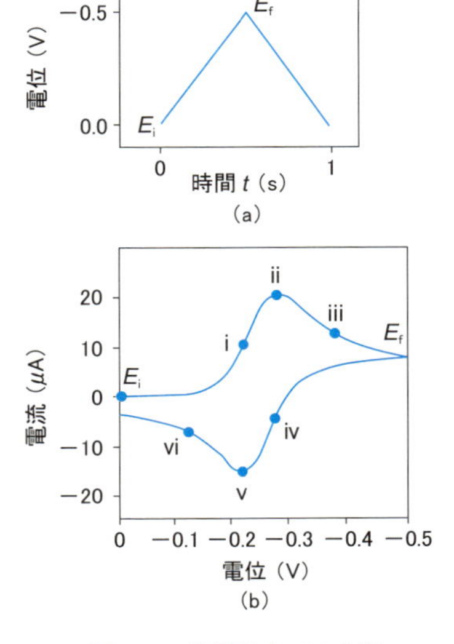

図 9-7　典型的な CV の例

$$E = E^{0\prime} + \frac{RT}{nF} \ln \frac{[\mathrm{Ox}]}{[\mathrm{Red}]} \qquad (9\text{-}20)$$

ここで，$E^{0\prime}$ は Ox/Red 酸化還元対の式量酸化還元電位であり，電極表面で $[\mathrm{Ox}] = [\mathrm{Red}]$ になった時の電位である*。

* 電極表面上での Ox の濃度 C^{s}_{Ox} と Red の濃度 C^{s}_{Red} の比 $C^{s}_{\mathrm{Red}}/C^{s}_{\mathrm{Ox}}$ は，標準電位からの電位変化に応じて次のように変化する。(25℃，n：電子移動数)

$C^{s}_{\mathrm{Red}}/C^{s}_{\mathrm{Ox}}$	電位（mV）	
	$n=1$	$n=2$
1/10,000	236	118
1/1,000	177	88.5
1/100	118	59
1/10	59	29.5
1	0	0
10/1	−59	−29.5
100/1	−118	−59
1,000/1	−177	−88.5
10,000/1	−236	−118

図 9-8 に $\mathrm{Ox} + ne \rightleftarrows \mathrm{Red}$ の電極反応における電極近傍での C_{Ox}（——）と C_{Red}（-----）の濃度プロフィルを示す。

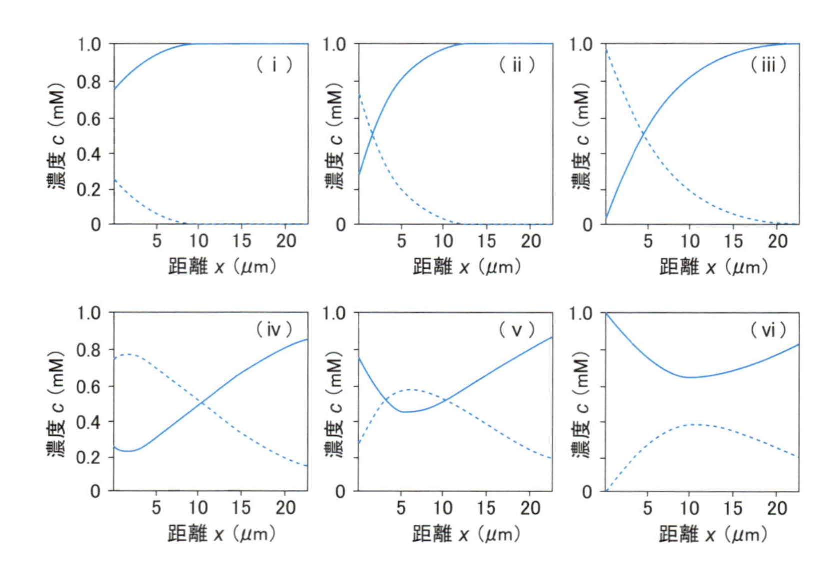

図 9-8 $\mathrm{Ox} + ne \rightleftarrows \mathrm{Red}$ の電極反応における電極近傍での C_{Ox}（——）と C_{Red}（----）の濃度プロフィル

図中の（ i ）～（vi）は図 9-7(b) の（ i ）～（vi）に対応

さて，Ei の電位は $E^{0\prime}$ に対して十分正であるので Ox が支配的に存在し，電解電流はほとんど流れず，電極表面での Ox と Red の濃度は溶液中のバルク（沖合い）濃度と等しい。電位を負方向に掃引するに伴い，Ox の還元反応（$\mathrm{Ox} + ne \rightarrow \mathrm{Red}$）が生じ，電極表面での Ox の濃度がしだいに減少し，逆に Red の濃度が増加し始める（図 9-8(i)）。Ox の濃度がある程度減少するまで急激に還元電流が増加し，$E^{0\prime}$（$C^{s}_{\mathrm{Red}}/C^{s}_{\mathrm{Ox}} = 1$）を超えた電位で（点 ii）で還元ピーク電流を与える。これよりさらに掃引を続けた点 iii の電位および反転電位 E_{f} は $E^{0\prime}$ より十分負電位であり，電極表面上で Ox はすばやく還元されるため，Ox の濃度はほとんどゼロに近くなる。電極表面とバルク間で生じたこの濃度差（濃度勾配）により Ox はバルクから電極表面上に拡散して補給されることになる。ピーク電流を生じたのち，電流が電位掃引とともに減少するのは，拡散層の成長すなわちバルクからの電極表面への濃度勾配がゆるやかになり，Ox の電極表面への補給速度がより小さくなるためである。そのため，点iiiにおける還元電流はOxの拡散支配の電流となり，電位ならびに電位掃引速度には依存せず，点iiiの電位で電位掃引を止めたときの電流の時間変化は，この電位以降の電位掃引下での変化と同じである。このときの電流は，時間の平方根の逆数（$t^{-1/2}$）に比例する。

電位E_f（-0.5 V）で電位の掃引方向を正電位方向へ反転して掃引した場合は，電極表面で生成したRedの酸化反応（$Ox+ne \leftarrow Red$）が生じる。つまり，還元反応と同様に考えればよい。ただし，電極表面で生成したRedは，Oxが溶液バルクから拡散により補給されるのに対して，逆に溶液バルクへ拡散していくことに注意する必要がある。

さて，CVにおいてピーク電流が得られることは，図9-8の（i）から（vi）に示したOxとRedの電極表面近傍における濃度と電極表面からの距離との関係（濃度勾配）から理解できる。還元あるいは酸化電流は電極表面でのOxまたはRedの濃度勾配に比例して次式で表される。

$$i = nFD\left(\frac{\partial c}{\partial x}\right)_{x=0} \tag{9-21}$$

ここで，iは電流密度，nは電極反応に関与する電子数，Fはファラデー定数，DおよびCはOxまたはRedの溶液中における拡散係数と濃度，xは電極表面からの距離を表す。初期電位E_iでは，$(\partial C_{Ox}/\partial x)_{x=0} = 0$であり，$i$はこの電位ではほとんど0である。電位を負方向に掃引するに伴い，$(\partial C_{Ox}/\partial x)_{x=0}$の値は増し，還元電流が増加する。しかし，ピーク電位を過ぎた後は，電極近傍でのOx濃度が減少し，かつ拡散層が成長するため，$(\partial C_{Ox}/\partial x)_{x=0}$の値は小さくなり，電流は減少する。一方，負方向に掃引している間に電極近傍に生成したRedが蓄積される（図9-8(iii)）。電位を反転させ正方向に掃引すると，このRedが酸化され酸化電流が流れるので$(\partial C_{Red}/\partial x)_{x=0}$が最大となる図9-8(v)で酸化電流のピークが生じる。さらに掃引を続けるとOxの場合と同様にRedの濃度が減少し，かつRedがバルク溶液へ拡散することにより，$(\partial C_{Red}/\partial x)_{x=0}$が小さくなり，酸化電流が減少する。

可逆系での最初の掃引で得られるピーク電流値（i_p）は次式で与えられる。

$$i_p = 0.4463\, nFA\left(\frac{nF}{RT}\right)^{1/2} C_{Ox} D^{1/2} v^{1/2} \tag{9-22}$$

25℃で，

$$i_p = 2.686 \times 10^5 n^{3/2} C_{Ox} D^{1/2} v^{1/2} A \tag{9-23}$$

ここで，n：電子数，F：ファラデー定数，A：電極面積（cm^2），R：気体定数，T：絶対温度（K），C_{Ox}：Oxの濃度（mol/cm^3），D：拡散定数（cm^2/s），v：電位掃引速度（V/s）である。

一方，OxとRedの拡散係数が等しいとしたときの順方向掃引におけるピーク電位（E_p）は，次式で与えられる。

$$E_p = E^{0\prime} - 1.109\frac{nF}{RT} \tag{9-24}$$

9. 2. 3　可逆電極過程の判定

1電子移動過程の電極反応の可逆性は次のようにして確認できる。

1）還元ピーク電位（$E_{p,c}$）と酸化ピーク電位（$E_{p,a}$）の差が 57〜60 mV であること（ただし，ピーク電位から反転電位までの掃引電位の大きさにわずかに依存して変化する）。

$$\varDelta E_p = |E_{p,c} - E_{p,a}| \fallingdotseq 58\ \mathrm{mV}$$

実際の実験においては，理論上予想される 58 mV という値が観測されることはまれである。これは溶液抵抗とデータの電気的なスムージングによりゆがみが生じるためである。$\varDelta E_p$ は可逆的電子移動過程でしばしば 60〜70 mV となる場合が多い。なお，多電子（n）移動過程では，ピーク電位の差は $60/n$ mV となる。

2）最初の順方向掃引におけるピーク電位と半ピーク電位の差（$E_{p,c} - E_{p/2}$）が 56 mV となる（図 9-4）。

3）還元ピーク電流値と酸化ピーク電流値の比 $i_{p,c}/i_{p,a}$ は 1 となる。$i_{p,c}$ と $i_{p,a}$ は図 9-5 に示すようにして求める。すなわち，先に述べたように還元ピーク電位を過ぎてからの電流値の減少は，掃引速度の平方根の逆数に比例することから，$i_{p,a}$ を求める際のベースラインは反転電位から酸化ピーク電位に達するのに要した時間だけ順方向に掃引したときの電流値とする。

4）順方向の掃引によるピーク電流値は掃引速度の平方根に比例する。このことが，電極活性物質の電極反応が拡散支配であることの判定に用いられる。つまり，$\log \nu$ に対して $\log i_p$ をプロットしたとき，拡散支配のときは傾きが 0.5 となる。また，電極活性物資が電極に吸着する場合には傾きは 1 と

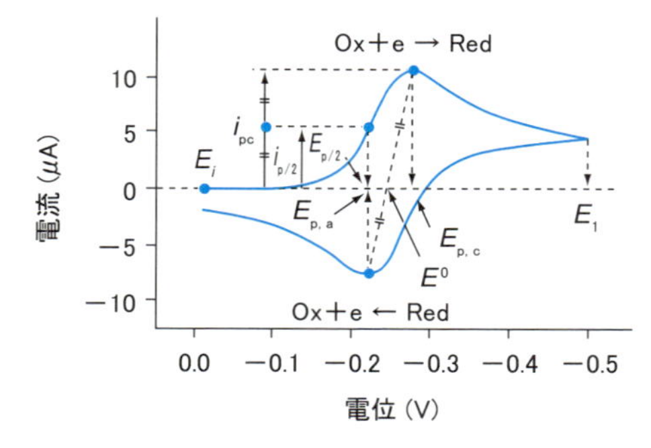

図 9-9　可逆系における典型的な CV と名称

E_i：初期電位，E_f：反転電位（スイッチング電位），$E_{p,c}$：還元ピーク電位，$E_{p,a}$：酸化ピーク電位，$E_{p/2}$：$i_{p/2} = i_{p,c/2}$ のときの電位，$E^{0\prime}$：式量酸化還元電位，$i_{p,c}$：還元ピーク電流，$i_{p,a}$：酸化ピーク電流

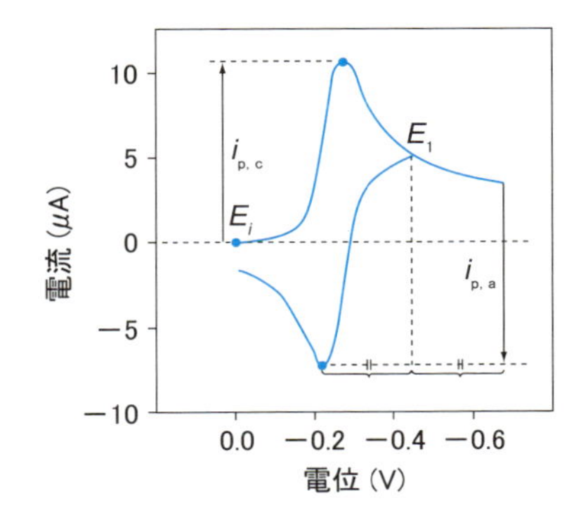

図 9-10　ピーク電流値（$i_{p,c}$，$i_{p,a}$）の求めかた

なる。実際には，これらの中間の値がよく観察され，拡散に吸着支配が混ざっていることが示される。図 9-9 に可逆系における典型的な CV と名称を示す。また，図 9-10 にピーク電流値の求め方を示す。

反転電位 E_f からさらに順方向に反転電位とピーク電位までの電位幅だけ掃引して，そのときの電流値とピーク電位における電流値から求める。

9. 2. 4　式量酸化還元電位と電子数

1）式量酸化還元電位（$E^{0'}$）は次式で与えられる。

$$E^{0'} = (E_{p,c} + E_{p,a})/2$$

2）ΔE_p が 60 mV と求められたとすると，還元反応は拡散支配で，還元電子数 n は 1 であり，拡散係数は式（9-22）から求められる。さらに，電極の表面積は，この式を用いて D と n が既知の物質（たとえばフェロセンなど）を標準として求めることができる。電流値が拡散係数の平方根に比例するのに対して，電子数の（3/2）乗に比例することから，正確な拡散係数が求められない場合でも，電子数 n の信頼できる値が求められる。ただし，電極反応が可逆でない系では明瞭には求められない。電極反応に関与する電子数を正確に求める必要があるときは，ポテンシャル・ステップ法*か，時間はかかるが，クーロメトリー（定電位電解法）を用いて求める。

* D. T. Sawyer, A. Sobkowiak, J. L. Roberts, Jr., “ELECTRO CHEMISTRY For CHEMISTS”, 2nd edition, John Wiley & Sons, Inc., New York (1995).
D. K. Gosser, Jr., “Cyclic VOLTAMMETRY : Simuation and Analysis of Reaction Mechanisms”, VCH (DEU) (1993).
逢坂哲也，小山　昇，大坂武男，『電気化学法・基礎測定マニュアル』，講談社サイエンティフィク (1988).

9. 2. 5　電極反応の可逆性

次の酸化還元反応で電子移動過程が非常に速いときにはネルンスト式が成り立つ。

$$\mathrm{Ox} + ne \underset{k_r}{\overset{k_f}{\rightleftarrows}} \mathrm{Red} \tag{9-19'}$$

$$\frac{i}{nFA} = k_f C_{Ox} - k_r C_{Red} \tag{9-25}$$

$$\frac{k_{\mathrm{f}}}{k_{\mathrm{r}}} = Q = \exp\left[\frac{RT}{nF}\ (E - E^{0\prime})\right] \tag{9-26}$$

ここで，k_{f} および k_{r} 還元過程および酸化過程の電子移動速度定数を表す。電子移動の速度が電気化学測定系のタイムスケールに比べて遅いときには，物質移動が拡散支配とはならず，ネルンスト式に従わない濃度分布が電極表面に生じる。その結果，定性的には還元ピーク電位はより負電位に，酸化ピーク電位はより正電位にシフトする。いま，Ox$+n$e ⟶ Red の還元過程を考えたとき，電位掃引速度を増加させると，電極近傍で Red の濃度勾配が大きくなり，Red の拡散速度を増加させることになり，Red の電極からの拡散と酸化過程との競争反応となる。したがって，電極反応においては最も遅い掃引速度で最大の可逆性が観測され，還元電位もより正確に観測される。可逆領域での CV 応答は，“Nernstian” と呼ばれ，正方向と逆方向の電子移動はすばやく同時に起こる。非可逆領域では，還元波と酸化波は完全に分離し，電位掃引に対して電子移動は一方向にのみ起こる。これらの中間領域は順可逆といわれ，定性的に準可逆と非可逆の境界は電位上で酸化と還元のピークの形が重ならないときとされている。

拡散係数 $D = 1 \times 10^{-6}$ cm^2/s，$T = 298$ K のとき，可逆系の目安として，標準電極反応速度定数 k^0 (cm/s) と電位掃引速度との間に，次のような基準が提案されている。

可逆系：$k^0 > 0.3\,\nu^{1/2}$ cm/s

準可逆系：$0.3\,\nu^{1/2} > k^0 > 2 \times 10^{-5}\,\nu^{1/2}$ cm/s

非可逆系：$k^0 < 2 \times 10^{-5}\,\nu^{1/2}$ cm/s

移動係数 $\alpha = 0.5$ としたとき，いろいろな k^0 値のときの CV の例を図 9-11 に示す。

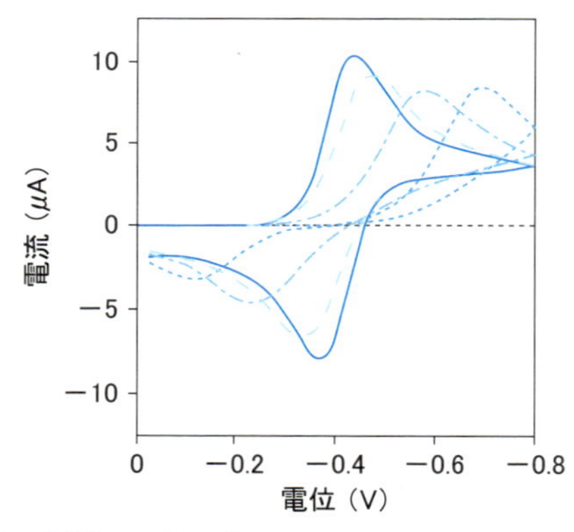

図 9-11　移動係数 $\alpha = 0.5$ のときの標準電極反応速度定数 (k^0) と可逆度との関係

不均一系の電子移動過程は次の Butler-Volmer 式によって与えられる。

$$\frac{i}{nFA}=k^{0}\left\{C_{\mathrm{Ox}}\exp\left[\frac{-\alpha nF}{RT}(E-E^{0\prime})\right]\right.$$

$$\left.-C_{\mathrm{Red}}\exp\left[\frac{(1-\alpha)nF}{RT}(E-E^{0\prime})\right]\right\} \qquad (9\text{–}27)$$

ここで，α は還元方向の移動係数，$(1-\alpha)$ は酸化方向の移動係数で β で表される。移動係数 α は電子移動の障壁に対する対称性を表し，$0<\alpha<1$ であり，非可逆系での測定から次式で求められる。

$$\alpha=\frac{1{,}857RT}{n_{\mathrm{a}}(E_{\mathrm{p}}-E_{\mathrm{p/2}})F}$$

ここで，$E_{\mathrm{p/2}}$ は半ピーク電位，n_{a} は電荷移動の律速過程における電子数で，ほとんどの場合 $n_{\mathrm{a}}=1$ である。得られたピークが対称形をしているときは近似的に $\alpha\fallingdotseq 0.5$ であり，$E^{0}\fallingdotseq(E_{\mathrm{p,c}}-E_{\mathrm{p,a}})/2$ となる。

9. 2. 6　電極反応と化学反応

電極活性物質の電極反応の前あるいは後で化学反応が生じる系が多くある。たとえば，電極反応の後に化学反応が起こる系は EC 機構と呼ばれる。電極で還元反応により生成した化学種は，一般に結合・解離に対して活性化される場合が多いので，後続する化学反応の反応速度に依存して逆方向掃引ピークが減少あるいは消失することがある。これを利用して，得られた CV を解析することにより化学反応速度定数を求めることができる。電極反応が可逆系の場合のピーク電位は，電位掃引速度（ν）および化学反応速度定数（k_{chem}）と次式のような関係がある。詳細な取り扱いについては成書*を参照してほしい。

$$E_{\mathrm{p}}=E^{0\prime}-0.780\frac{RT}{F}+\frac{RT}{2F}\ln\left[\frac{k_{\mathrm{chem}}}{F\nu}RT\right] \qquad (9\text{–}28)$$

* D. K. Gosser, Jr., "Cyclic VOLTAMMETRY : Simuation and Analysis of Reaction Mechanisms", VCH（DEU）(1993).
逢坂哲也，小山　昇，大坂武男，『電気化学法・基礎測定マニュアル』，講談社サイエンティフィク (1988).

9. 2. 7　CV の測定

(1)　溶存酸素の除去

電解液中の溶存酸素は酸化還元波を生じ，また試料と反応する場合があり測定上の妨害となるので，電解液中に不活性ガス（高純度窒素ガスまたはアルゴンガス）を 10〜15 分間通気して除去する。なお，これら不活性ガスに含まれる微量の酸素ガスが影響する場合には，アルカリ性ピロガロール溶液（10％ピロガロール飽和水酸化ナトリウム溶液）あるいは硫酸バナジル溶液などを通して除く。

注意事項
CV の測定では水溶液以外に有機溶媒を用いる場合が多い。溶液酸素濃度が水より大きな有機溶媒を用いるときは，不活性ガスの通気時間を長くする必要がある（20〜25 分間）。この際，電解液の溶媒の揮発による濃度変化を防ぐため，あらかじめ測定に用いる溶媒と同じ溶媒中を通したのちに，電解液に通気するとよい。また，測定中も液面の上に不活性ガスを流して空気の流入を防ぐようにする。

(2)　作 用 電 極

CV 用電極は図 9–12 に示すように固体ディスクの例が用いられ，電極の

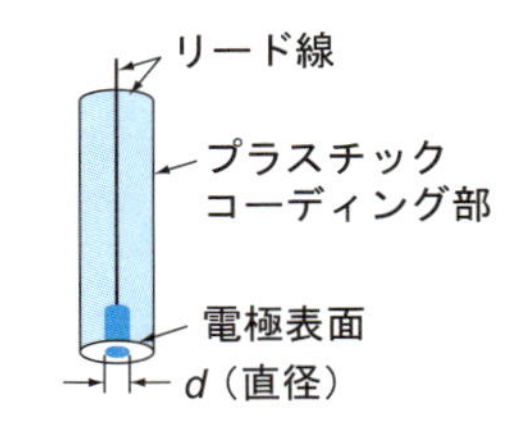

図 9–12　固体ディスク電極

周りは耐薬品性のプラスチックでコートされている。表 9-4 に主な電極の種類と特徴を示す。また，表 9-5 にそれら電極の水溶液系での測定可能な電位領域を示す。

注意事項

ポーラログラフ法の場合には作用電極である滴下水銀電極は，水銀の滴下により常に新しい電極表面となるが，CV の測定では酸化還元物質が電極表面に付着する場合があるので，測定ごとに電極を研磨する必要がある。グラッシーカーボン電極は次のように研磨する。

祖研磨：紙やすり上で研磨し，電極表面の凹凸をなくす。

中間研磨：ダイヤモンド研磨剤を用い，電極表面に輝きが出るまで磨く。水，アセトンで汚れを洗浄して十分乾かす。

仕上げ研磨：水の分散したアルミナ 10.05 μm) を用いて研磨し，よく洗浄したあと，乾かして用いる。

一連の実験を行う場合はこの最終段階の研磨だけで十分である。

表 9-4　作用電極の種類と特徴

電極の種類	特徴
白金電極	一般的な電極，水素吸着を示す
金電極	一般的な電極，水素吸着を示さない
グラッシーカーボン電極	水素，酸素発生の過電圧が大きい
カーボンペースト電極	修飾電極として用いられる

表 9-5　水溶液中における各種電極の測定可能な電位領域（V）

液性	白金電極	金電極	グラッシーカーボン電極
酸　性	+1.3～−0.3	+1.0～−0.3	+1.7～−0.3
中　性	+1.0～−0.7	+1.0～−0.3	+1.0～−0.3
塩基性	+0.4～−1.0	+0.7～−0.3	+0.7～−0.7

(3) 測定溶媒と支持電解質

測定溶媒としては水以外に様々な有機溶媒が用いられる。表 9-6 に種々の支持電解質を用い，作用電極として白金電極と水銀電極を用いたとき各種溶媒の測定可能な電位領域を示す。試料の溶解度と酸化還元電位から，用いる溶媒を選択する。ただし，溶媒の精製の容易さ，毒性，吸湿性なども考慮する。また，用いる電極と支持電解質によっても異なるので最適な組み合わせを選ぶが，支持電解質に対する溶解度，広い電位窓，弱い配位能および毒性が少ないことなどの理由からアセトニトリルが最もよく用いられる。アセトニトリルの精製法の例を示すが，他の溶媒についても十分精製して用いること。

アセトニトリルの精製

市販特級品を十分な量の CaH_2 で処理し，大部分の水分を除去した後，上澄み液をとり，これに P_4O_{10} (5 g/L 以下) を加えてゆっくり蒸留し，5～90%の留分を採取する。これに CaH_2 (5 g/L 以下) を加えて，再びゆっくり蒸留し，5～90 % の 留 分（bp：81.6℃）を採取する。精製後すぐに使用するのが望ましい。保存するときは湿気のない冷暗所（たとえばデシケータ内）に置く。含有水分は 1 mM 以下である。

表 9-6　各種溶媒と支持電解質における白金と水銀電極の電位領域

支持電解質		溶媒		
電極		CH_3CN	$(CH_3)_2NCHO$	$(CH_3)_2SO$
$NaClO_4$	Pt	+1.8～−1.5	+1.6～−1.6	+0.7～−1.85
	Hg		+0.5～−2.0	+0.25～−1.90
TEAP	Pt	+1.8～−2.2	+1.6～−2.1	+0.7～−1.85
	Hg	+0.6～−2.8	+0.5～−3.0	+0.25～−2.8

CH_3CN：アセトニトリル，$(CH_3)_2NCHO$：ジメチルホルムアミド，
$(CH_3)_2SO$：ジメチルスルホキシド，
TEAP：テトラエチルアンモニウムパークロレート，$(Et)_4NClO_4$

(4) 参照電極

さまざまな種類の参照電極がある。表 9-7 に各種電極の特性を示す。

表 9-7　参照電極と特性

参照電極の構成	標準水素電極（NHE）に対する電位（25℃）/mV
飽和カロメル電極（SCE）	242
SSCE（Sodium SCE）	236
Ag/AgCl（sat. NaCl）	212
Ag/AgCl（sat. KCl）	222
Ag/Ag^+（TBAP/CH_3CN）	490

TBAP：$(Bu)_4NClO_4$，CH_3CN：アセトニトリル

9. 2. 8　一般的な CV の測定手順

①　まず，支持電解質のみを含む溶液に不活性ガスを通気した後，CV を測定する。これにより，測定可能な電位幅，電極の正常さ，溶媒・支持電解質などの精製度を確認する。これをブランクの CV とし，試料の CV から差し引くことにより，容量性電流を補正できる。

②　試料（通常の測定では濃度 5〜0.5 mM）を加え，同様に測定する。このとき初期電位はファラデー電流が流れないように設定する。

③　電位の掃引領域を必要以上に大きくしない。これにより，電極表面に試料以外の酸化還元物質の付着を防ぐことができる。

④　CV の形が連続した多重掃引で変化するか検討する（吸着現象の有無を知ることができる）。

⑤　同一の試料で濃度の異なる溶液を調製し，濃度と電流値との関係を調べ，酸化還元波が試料に基づくことを確認する。

⑥　測定中に異常な酸化還元波が観測されたときは，電極の汚染を疑い，電極表面を良く研磨して再度測定する。

⑦　得られた CV の解析を行う。

近年，PC 制御の機器が開発され，以前の X-Y 記録計を用いた場合と違い，測定の迅速化が可能となった。また，得られた CV をメモリーに保存し多くの系の CV をモニター上で比較検討ができるので，解析が容易にできるようになった。しかしながら，CV 測定には多くの因子が影響するため，一層の注意深い考察が必要である。

注意事項

参照電極の電位は保存状態が悪いと変化するので，使用後は適切に保存する。たとえば，カロメル電極は使用後よく洗浄した後，3M KCl 溶液に浸して保存する。多くの電極もそれぞれ用いている塩の溶液に浸して保存する。また，長期間使用しないときは，先端をパラフィルムなどで密閉しておく。

支持電解質として過塩素酸塩を用いた場合，KCl 型の電極は電極の先端部に難溶性の $KClO_4$ が生成することがあり，電位に変化生じることがあるので特に注意する。

9. 2. 9　電気分析化学測定における手法

(1)　微小電極と高速掃引

微小電極と高速電位規制回路が開発されたことから，CV 測定のタイムスケールが μs 以下にまで可能となった。微小電極を用いると電極面積が小さいため，電極間の抵抗に基づく電圧降下が減少する。さらに，電極と液界面の間に生じるコンダクタンス（電気二重層）による容量性電流も減少する。微小電極と高速掃引手法によって，より不安定な短寿命電極反応中間体の検出や高速電極反応の速度論的解析が可能となっている。

(2) 分光電気化学測定

電気化学手法では印加する電位によって不安定活性種を生成することができる。一方，分光化学的手法では化学種の構造や性質を分子・イオンレベルで解析できる。これら2つの方法を組み合わせた分光電気化学計測法が開発された。この方法を用いれば，電極表面上の化学種，不安定化学種，電極近傍溶液内の化学種などに関する知見が得られる。さらに，反応の動力学などに関する情報をその場で得ることが可能となる。

(3) ストリッピングボルタンメトリー

ストリッピングボルタンメトリーは，電解液中の電極活性物質を電極（吊下げ水銀電極がよく用いられる）上にあらかじめ一定時間定電位電解して濃縮したのち，電位を逆方向に掃引して溶出させボルタモグラムを記録する方法である。酸化溶出させる場合をアノーディックストリッピング法といい，多くの金属イオンに有効である。還元溶出させる場合をカソーディックストリッピング法といい，ハロゲン化物やスルフィド化合物に適用される。

電極としては吊下げ水銀電極，白金電極，水銀めっき白金電極，グラッシーカーボン電極など電極活性物質に対応した種々の電極が考案されている。

本法は電解液をかきまぜながら電極活性物質を電極上に前濃縮するため，定量下限は約 10^{-9} M となり高感度分析が可能である。通常電解時間は 10^{-7} M 程度で約5分間，これより濃度が低いときには，電解時間を長くとり測定すればよい。

9. 2. 10　ボルタンメトリーの応用

被酸化還元物質の定性，定量，電極反応機構の解析，反応速度解析など電子移動を伴うあらゆる分野で非常に有効かつ必須の手法となっている。機器の発達とともにより迅速かつ正確な分析機器の1つとなっている。

9. 3　電解分析と電量分析

9. 3. 1　概　　要

電解分析法は試料溶液に一組の白金電極などの電極を浸し，この両電極間に直流電圧をかけて電解を行い，電極上に析出した質量を重量法により測定して目的成分を定量する方法で，一定電位で電解する場合を定電位電解法，一定電流で電解する場合を定電流電解法という。操作が簡便で精度よく定量できるため，金属や合金の純度の測定や混合試料の分離のための前処理法として用いられる。

電量分析法（クーロメトリー）はファラデーの法則に基づいた分析法で，目的成分を電流効率100%の条件下一定電位で電解し，これに要した電気量から定量分析する定電位電量分析法と，一定電流で電解を行う定電流電量分析法がある。本法は精度が高く，絶対的な測定値が得られる特徴がある。

9. 3. 2　電解分析法の原理

電気分解に関するファラデーの法則が見出されて以来，電解法による銅の定量が行われるようになり，続いて種々の装置が開発された。

図 9-13 に電解装置の概略図を示す。加電圧を調整し，電解電流を規制して電解する方法を定電流電解法といい，参照電極とポテンショメーターにより陰極電位を規制して電解する方法を定電位電解法という。

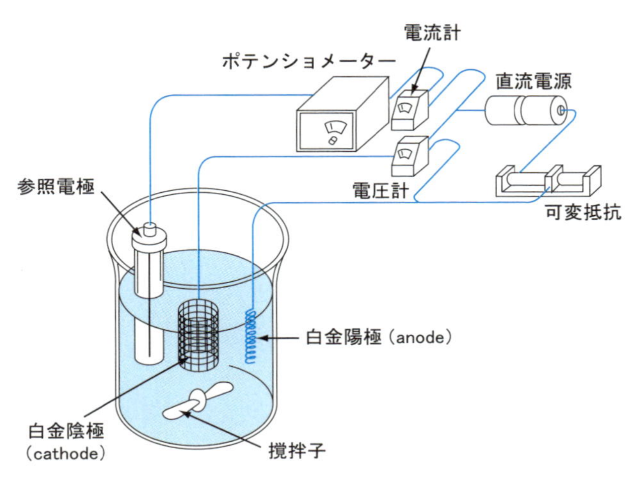

図 9-13　電解装置の概略図

いま，銅(Ⅱ)イオンを含む硫酸酸性溶液に，作用電極（白金陰極）と対極（白金陽極）とを浸し，この両電極間に電圧を加えてゆくと，ある電圧に達したとき電解反応が進行し電流が流れはじめるとともに陰極上に銅が析出しはじめる。また，陽極上では水の酸化により酸素が発生する。

陰極　$Cu^{2+}+2e \longrightarrow Cu$

陽極　$H_2O \longrightarrow 2H^{+}+1/2O_2+2e$

このときの電圧を分解電圧というが，電解を続行させるためにはこれより大きい加電圧を加える必要がある。

熱力学の定義から，半電池において電流が流れた場合には，その系は非可逆となりネルンスト式から計算される可逆系の電位（平衡電位）より常に大きな値となる。すなわち，陰極ではより負電位に，陽極ではより正電位となる。このときの電位と平衡電位との差を過電圧という。これは，ある速度でもって電極反応を起こすために必要な加電圧といいかえることができる。したがって過電圧の大きさは，電流密度，温度，反応に関与する物質によって変る。H_2 や O_2 などの気体が発生する場合の過電圧はとくに大きく，電解反

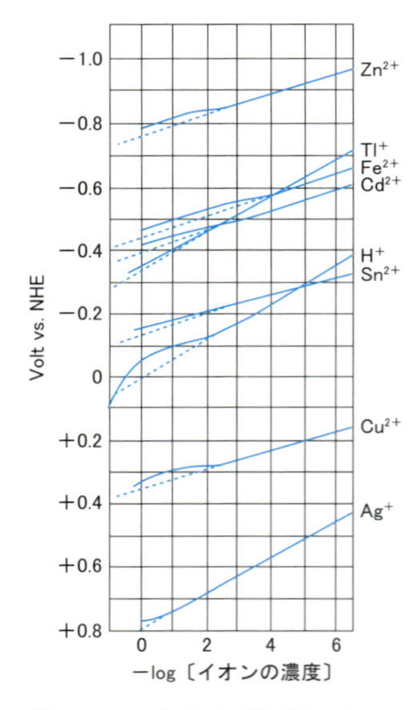

図 9-14　H^+ および金属イオンの濃度と電極電位（破線はイオンの活量）

応では重要である。

それ故，上記の反応における加電圧 E_{appl} は次式で表わされる。

$$E_{\mathrm{appl}} = (E_a + \pi_a) - (E_c - \pi_c) + IR \tag{9-29}$$

ここで

$$E_a = E^0{}_{\mathrm{O_2}} + \frac{0.0591}{2}\log(a_{\mathrm{H^+}}{}^2 \times a_{\mathrm{O_2}}) \ (25℃) \tag{9-30}$$

$$E_c = E^0{}_{\mathrm{Cu}} + \frac{0.0591}{2}\log(a_{\mathrm{Cu^{2+}}}) \ (25℃) \tag{9-31}$$

π_a，π_c は電流 I の速度で電解を行わせるのに必要な過電圧，R は溶液抵抗である。

次に，2 成分以上の物質が電極反応に関与する場合を考えると，陰極では E_c が高い電極反応が，陽極では E_a が低い電極反応が先行して起こる。ただし，電極電位は溶液中の成分濃度の減少とともにネルンスト式に従って変化するから，各金属イオンの濃度と電極電位との相関を知っておく必要がある。

図 9-14 にその一例を示す。酸性水溶液における電極反応では，H^+ の還元反応が先行する場合が多い。このようなときは，液性をアルカリ性にするか，白金電極の代りに水素過電圧の大きな水銀電極を用いるなどの工夫が必要である。

標準電極電位が近い 2 種の金属イオンが共存する場合には，図 9-13 に示したような参照電極とポテンショメーターを用いた定電位電解法が適用される。この場合の設定電位は後続の電極反応が起らずに，先行する電極反応が進行する最大の電位に設定するとよい。しかしながら，あまり設定電位を大きくしすぎると，急激に電流が流れ電極上への析出が乱れることがある。このようなときは，初期には定電流電解し，続いて定電位電解に切り換えると良好な結果が得られる。なお定電位電解法では電解反応が進行するにともない，電流は時間とともに指数関数的に減少し，最終的にはほとんど電流が流れなくなる。このため電解に要する時間は，定電流電解法に比べて長くなる。

9. 3. 3　測定と応用

定電流電解法による銅地金中の銅の定量は次のように行う。

一定量の銅地金を精秤し，これを硝酸と硫酸の混酸に溶解し，水を加えて希釈し電解液とする。この溶液に清浄な表面積の大きい円筒状の白金電極を精秤してこれを陰極とする。なお，この電極の上部をわずかに液面より出るようにしておく。最初の 5 時間は 0.3～0.4 A の電流を通じ，次の約 15 時間は 0.6～0.7 A の電流を通じて電解する。電解液が無色になった時点で蒸留水を加えて電極の上部を浸し，さらに電解を続けてもはや銅の析出が起こらないことを確める。陰極を電解液から引き上げ水洗し，無水アルコールで水分を取ったのち，約80℃で乾燥し，冷却後精秤する。電解前後の重量差から銅の析出量を求める。

定電位電解法は，カドミウム地金中の亜鉛を定量する際の主成分であるCdの除去に，また，マグネシウム合金中のCu，Zn，Feの除去などに応用されている。

9. 3. 4　電量分析法の原理

電量分析法は電気分解に関するファラデーの法則に基づいて，電解に要した電気量を測定することにより目的成分を定量する方法である。ファラデーの法則では，電解質溶液の電解により生成した物質の量は，この系に通じた電気量に比例し，さらに1グラム当量の物質が析出するのに要する電気量は，物質の種類によらず一定（ファラデー定数）である。すなわち次式が成立する。

$$\int_0^t I\mathrm{d}t = Q = F\cdot\frac{n\cdot W}{M} \qquad (9\text{-}32)$$

ここで，Qは電解に要した電気量，Fはファラデー定数(96487 ≒ 96500クローン/g当量)，Mは原子量または分子量，nは電解に関与する電子数，Wは電解反応物の質量(g)。

式(9-32)より

$$W = \frac{Q}{F}\cdot\frac{M}{n} \qquad (9\text{-}33)$$

が得られ，Qを測定すればWが求まる。

電気量を測定する電量計には，定量的な電解反応を利用した方法もあるが，最近では電気的積算回路を用いたクーロメーターがおもに用いられている。

電量分析法には電解分析法と同じく定電位電量法と定電流電量法とがある。定電位法では，クーロメーターを図9-13に示した回路に直列に接続して行われる。一方，定電流法では，目的とする反応の終点を検知するための方法が必要である。たとえば，電位差の変化から終点を決定する場合には検知用の電極が用いられる。その概略図を図9-15に示す。また，指示薬を添加して呈色反応から終点を決定することもできる。

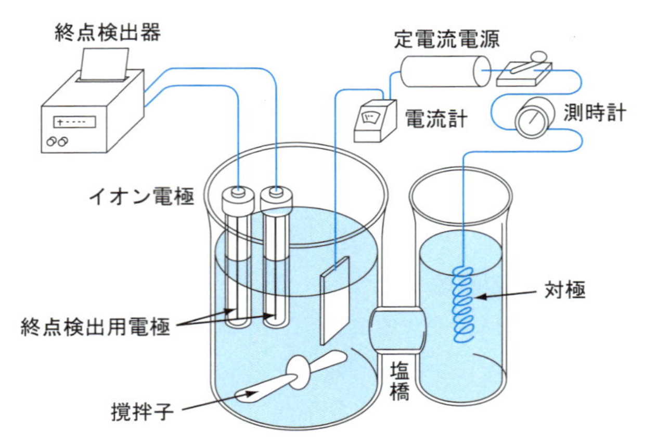

図 9-15　定電流電量分析装置の概略図

9.3.5　測定と応用

定電位電量分析法は100％の電流効率が達成される場合，ボルタンメトリーで定量できるすべての物質に応用できるため，多くの無機および有機化合物の定量に応用することができる。また，金属錯体などの電極反応に関与する電子数の決定にも用いられる。この方法の精度は，電解重量分析の場合と同程度によく，0.2～0.5％の誤差で測定できる。

定電流電量分析法は分析目的成分と迅速かつ定量的に反応する試薬を定電流電解により100％の電流効率で発生させ，目的成分と発生した試薬との反応の終点をなんらかの方法で検知する。終点までに要した試薬量を発生するのに要した時間を測定して，その電気量から目的成分の濃度を求める方法である。電解により発生した試薬が容量分析の滴定試薬に相当することから，電量滴定法といわれる。

電量滴定法では，微量物質の定量が可能で，滴定試薬が不安定で通常の滴定操作で用いるのが困難な場合に特に有効であり，また，分析の自動化に適している。表 9-8 に電量滴定法が適用されている例を示す。

表 9-8　電量滴定の適用例

定量目的成分	発生試薬	電極反応
HCl，H_2SO_4，CO_2	OH^-	$O_2+2H^++2e \rightarrow 2OH^-$
アルカリ	H^+	$2OH^- - 4e \rightarrow O_2+2H^+$
N_2H_4，As(Ⅲ)，I^-	Br_2	$2Br^- - 2e \rightarrow Br_2$
$Na_2S_2O_3$，As(Ⅲ)	I_2	$2I^- - 2e \rightarrow I_2$
MnO_4^-，Cr(Ⅵ)	Fe^{2+}	$Fe^{3+}+e \rightarrow Fe^{2+}$
Cl^-，Br^-，I^-，CNS^-	Ag^+	$Ag-e \rightarrow Ag^+$
金属イオン	$EDTA^{4-}$	$Hg\text{-}EDTA^{2-}+2e \rightarrow EDTA^{4-}+Hg$

9.4 電気伝導度分析法

9.4.1 概　　要

電気伝導度分析は試料溶液中に一対の白金電極を浸し，両電極間の電気伝導度（以下，電導度と表す）を測定することにより目的イオンの濃度を求める方法である。また，滴定中に生じるイオン濃度の増減から滴定反応の終点を決定することができる。これを導電率滴定という。この方法は水の純度測定，塩類の濃度，錯体の解離度などの測定に用いられる。さらに，導電率滴定法は，酸 - 塩基滴定，沈殿滴定，錯滴定の場合に用いられ，溶液が着色あるいは混濁している場合や，適当な指示薬がない場合にとくに有効である。最近では，電導度の測定は液体クロマトグラフ用の検出器にも広く用いられている。

9.4.2 原　　理

(1) 電解質溶液の電気伝導率

表面積が A cm^2 の白金黒付白金板電極2枚をある電解質溶液に l cm の距離で平行に対じさせたとき，両電極間の電導度 K は次式で与えられる。

$$K = \frac{1}{R} = \kappa \frac{A}{l} \qquad (9\text{-}34)$$

ここで，R は電極間の抵抗（Ω），κ は $A = 1$ cm^2，$l = 1$ cm のときの電気伝導率（以下，導電率と表す，S/cm）であり，比導電率という。K の単位はジーメンス（S）で表わされ，抵抗の逆記号 mho(℧) と同じである。

1 g 当量の電解質を V mL に溶解したときの導電率が κ であるとすると，$\Lambda = \kappa V$ を当量導電率という。これは電解質に固有の値であり，構成する陽・陰イオンの当量導電率 λ_+ と λ_- の和として表わされる。

$$\Lambda = \lambda_+ + \lambda_- \qquad (9\text{-}35)$$

ところが，Λ はイオン間の相互作用のため，電解質濃度に依存して変化し，溶液の希釈とともにある一定値に近づく。これを無限希釈時の当量導電率 Λ^0 といい，次式で表わされる。

$$\Lambda^0 = \lambda_0{}^+ + \lambda_0{}^- = F(u_+ + u_-) \qquad (9\text{-}36)$$

ここで，F は電気量，u_+ と u_- は陽・陰イオンの易動度（mobility）である。

また，多種のイオン c_i（g・イオン/L）が混合しているときの導電率 κ は次式で表わされる。

$$\kappa = \frac{1}{1000} \sum_i z_i c_i \lambda_i \qquad (9\text{-}37)$$

ここで，z_i はイオンの価数，λ_i はイオンの当量導電率である。

表 9-9 に無限希釈時におけるイオンの当量導電率を示す。水素イオン（H^+）

と水酸化物イオン（OH^-）の導電率が他のイオンと比べて大きいのが特徴で，他のイオンの値はほぼ同程度である。このため電導度分析法では定性分析は不可能であるが，酸－塩基滴定反応は感度よく終点を決定できる。

＊ 25℃水溶液（s・cm^2）

表 9-9　無限希釈における各種イオンの当量導電率*

陽イオン	λ_+^0	陰イオン	λ_-^0
H^+	350	OH^-	198
Li^+	39	F^-	55
Na^+	50	Cl^-	76
K^+	74	I^-	78
Ag^+	62	NO_3^-	71
Cu^{2+}	54	ClO_4^-	74
Zn^{2+}	53	CH_3COO^-	41
Fe^{3+}	58	SO_4^{2-}	80

9. 4. 3　装置と測定法

導電率測定装置は一対の白金電極を備えた測定セルと導電率測定用交流ブリッジから構成されている。

測定セルの例を図 9-16 に示す。通常約 1 cm^2 の白金黒付白金電極を 1～2 cm の間隔で平行に対じさせた容器（溶液量は 10～20 mL）を用いる。導電率滴定用のセルはこれより容量の大きいもの（約 50 mL）を用いる。また，溶液はかきまぜ棒を用いて行い，回転子を用いたマグネティックスターラーによるかきまぜは，電極を損傷しやすいので避けた方がよい。

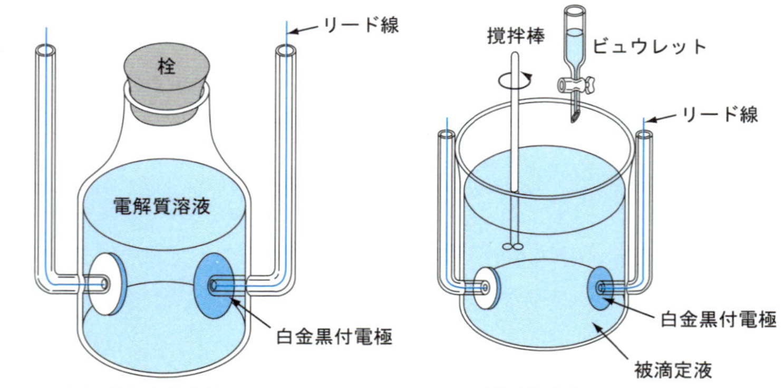

リード線
栓
電解質溶液
白金黒付電極
（a）導電率測定用セル

攪拌棒
ビュウレット
リード線
白金黒付電極
被滴定液
（b）導電率滴定用セル

図 9-16　導電率測定セル

導電率の測定方法

導電率の測定方法としては，「電極法」と「電磁誘導法」がある。電極法には，図 9-16（a）に示したセルを使いやすくした侵せき型セルが市販されている。

侵せき型セルの一例

一方，電磁誘導法は検出器が耐食性に優れているので，高濃度の酸，アルカリ溶液から含塩溶液まで化学工業における濃度監視用として，また，食品および薬品工業，メッキおよび表面処理工業，紙・パルプ工業などの導電率測定に用いられるが，純水のような低導電率の水溶液には不向きである。

交流ブリッジの回路の例を図 9-17 に示す。これは交流電源，可変抵抗，電流示零器から構成されている。電源として交流を用いるのは，電極板上で電解が起こることを防ぐためである。交流ブリッジは図のように 3 つの可変抵抗と測定容器とでコールラウシュブリッジ（Kohlrausch bridge）を組む。G の電流示零器としてはマジックアイや交流検流計が用いられる。いま，R_s

を一定として，R_1 と R_2 を調節し，BD 間に電流が流れないときは

$$\frac{R_x}{R_s} = \frac{R_2}{R_1} \tag{9-38}$$

が成り立つ。これより R_x が求まり，溶液の電導度 K は $1/R_x$ で与えられる。なお，R_s と並列にコンデンサーが設けてあり，これは電極表面における電気二重層に基づく分極性容量を補償するためである。

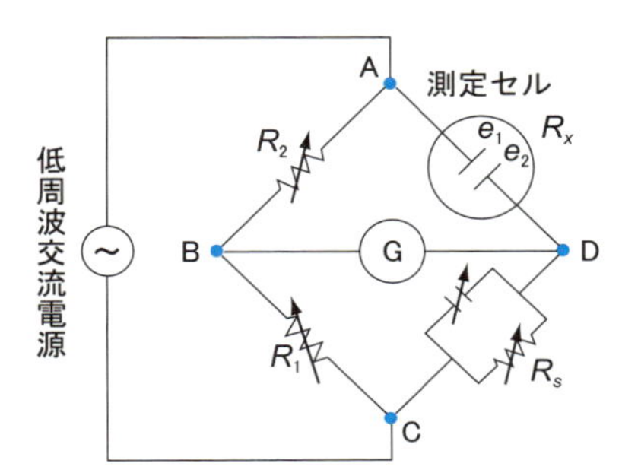

R_1，R_2：可変抵抗，R_s：標準抵抗，R_x：溶液抵抗，
G：電流検出器，e_1，e_2：電極

図 9-17　導電率測定用交流ブリッジ

さて，溶液の電導度 K は上記のようにして求めることができるが，導電率 κ の値を得るには，$\kappa = K \cdot l/A$ より l/A を知る必要がある。ここで，l/A はセル定数 (θ) とよばれ，セルの形状，すなわち電極表面積と電極間の距離がわかれば理論的には計算から求められる。しかし,実際の測定においては,正確な導電率の値が既知の電解質（通常は塩化カリウム）溶液を用いてセル定数を求める方法がとられる。たとえば,ある濃度の塩化カリウム標準溶液の導電率が κ_s とし，この溶液を用いて 1 つのセルについて測定した電導度が K_s であったとすると，θ は次式で与えられる。

$$\theta = \frac{\kappa_s}{K_s} \tag{9-39}$$

表 9-10 に塩化カリウムの種々の濃度における κ_s 値を示す。表からわかるように電導度の値は測定温度によって変る。それゆえ，精度の高い値を必要とするときは，測定温度を一定に保つことが重要である。

表 9-10　KCl 標準溶液の導電率

KCl 濃度	κ (S/cm)	
	20℃	25℃
1 M*	1.021×10^{-1}	1.118×10^{-1}
0.1 M	1.167×10^{-2}	1.288×10^{-2}
0.01 M	1.278×10^{-3}	1.413×10^{-3}

＊　KCl の 74.565 g を水に溶かし 1 L とする。

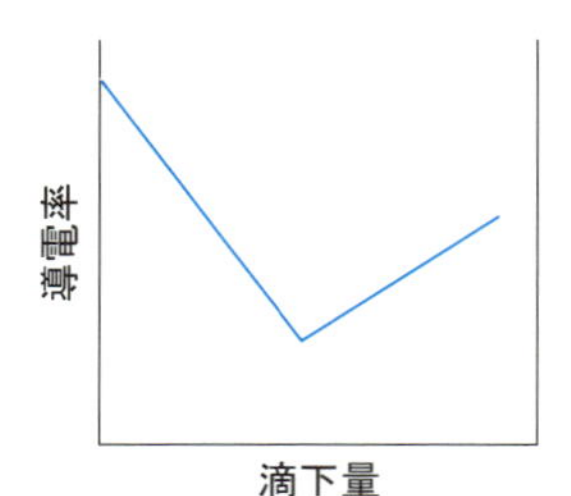

(a) 強酸を強塩基で滴定

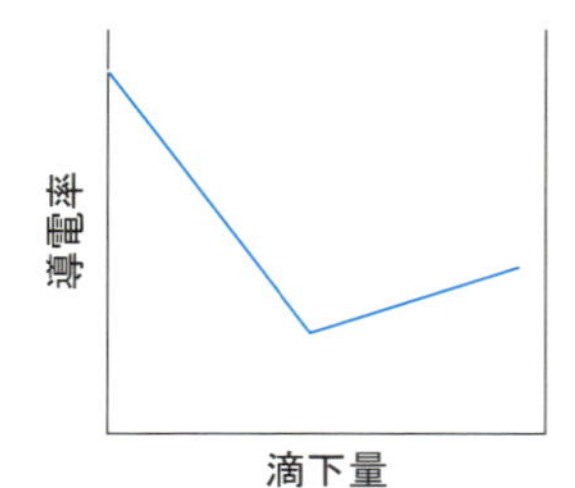

(b) 強酸を弱塩基で滴定

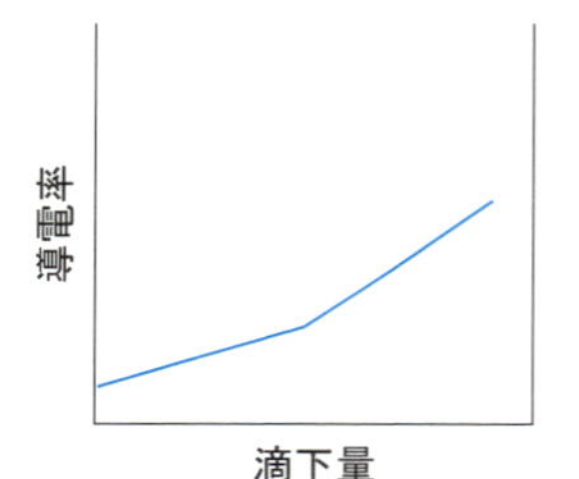

(c) 弱酸を強塩基で滴定

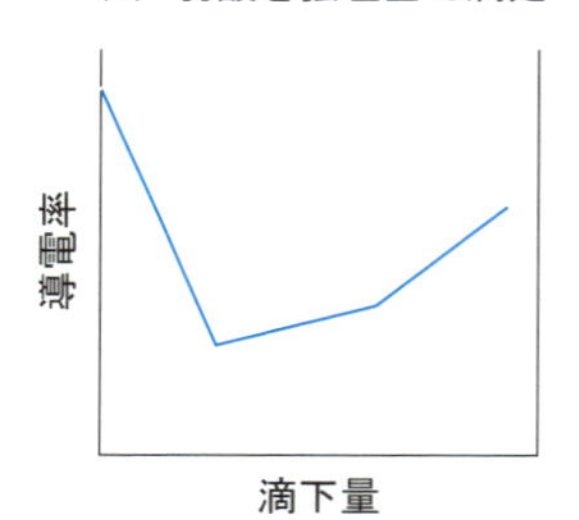

(d) 強酸と弱酸の混合酸を強塩基で滴定

図 9-18 導電率滴定曲線の模式図

導電率滴定

導電率滴定法は酸－塩基滴定，沈殿滴定，錯滴定などに適用される。表 9-8 からわかるように，H^+ と OH^- の導電率が他のイオンの導電率に比べて大きいので，これらイオンの濃度が増減する滴定は感度が良い。図 9-18 に酸 - 塩基滴定曲線の例を示す。図 9-18(d) に示すように，強酸と弱酸の混合した酸を分別定量することができる。なお，電導度滴定においては，正確なセル定数を求める必要がなく，交流ブリッジの R_s を標準値に固定しておけばよい。

9.4.4 応　　用

電導度分析法は，滴定反応の終点の決定に用いられる他，水の純度測定，弱電解質の解離度，難溶性塩の溶解度の測定などに用いられている。また，最近では液体クロマトグラフの検出器として用いられている。

演 習 問 題

問題 1

pH の未知なアルカリ水溶液に水素電極と飽和甘コウ電極とを浸し，この電池の起電力を 25℃において測定すると，+0.800 V であった。この溶液の pH 値と水酸化物イオンの濃度を求めよ。ただし，飽和甘コウ電極の単極電位は +0.246 V (25℃) である。

問題 2

白金電極と飽和甘コウ電極 (SCE) を用いて，0.100 M $Ce(SO_4)_2$ 水溶液の 10.0 mL を 100 mL に希釈し，0.100 M $FeSO_4$ 水溶液で酸化還元滴定するとき，$FeSO_4$ 溶液を次に示す量だけ加えたときの起電力を求めよ。(25℃)

(1) 2.5 mL　　(2) 10.0 mL　　(3) 12.5 mL

また，(1) における理論上の Fe^{2+} の濃度および (3) における理論上の Ce^{4+} の濃度を求めよ。ただし，$E_{SCE} = +0.246$ V とし，標準酸化還元電位を次のとおりとする。

$$Ce^{4+} + e \rightleftharpoons Ce^{3+} \qquad E^0 = +1.61\ \mathrm{V}$$

$$Fe^{3+} + e \rightleftharpoons Fe^{2+} \qquad E^0 = +0.771\ \mathrm{V}$$

問題 3

一般に，$n_2A_{ox} + n_1B_{Red} \rightleftharpoons n_2A_{Red} + n_1B_{ox}$ で示される酸化還元滴定において，$A_{ox} + n_1e \rightleftharpoons A_{Red}$ および $B_{ox} + n_2e \rightleftharpoons B_{Red}$ の標準酸化還元電位をそれぞれ $E_A{}^0$ および $E_B{}^0$ とすると，当量点における単極電位は次式で表わされることを示せ。

$$E = \frac{n_1E_A{}^0 + n_2E_B{}^0}{n_1 + n_2}$$

問題 4

As(Ⅲ) の酸性水溶液を $KMnO_4$ 水溶液で酸化還元滴定するとき，当量点における水素イオン濃度が 0.05 M であったとすると，このときの単極電位 (25℃) を求めよ。ただし，標準酸化還元電位は次のとおりとする。

$$H_3A_sO_4 + 2H^+ + 2e \rightleftharpoons HA_sO_2 + 2H_2O \qquad E^0 = +0.559\ \mathrm{V}$$

$$MnO_4^- + 8H^+ + 5e \rightleftharpoons Mn^{2+} + 4H_2O \qquad E^0 = +1.51\ \mathrm{V}$$

問題 5

0.200 M KBr 水溶液の 25 mL を 200 mL に希釈し，銀電極と飽和甘コウ電極 (SCE) を用いて，0.200 M $AgNO_3$ 水溶液で滴定するとき，次に示す滴定点における起電力 (25℃) を求めよ。

(1) AgBr の沈殿が析出しはじめる滴定開始時

(2) 当量点

(3) $AgNO_3$ 水溶液を 30 mL 加えたとき

ただし，AgBr の溶解度積は 5.0×10^{-13} で，$Ag^+ + e \rightleftharpoons Ag$ の標準酸化還元電位，$E^0 = +0.799\ \mathrm{V}$，飽和甘コウ電極の単極電位，$E_{SCE} = +0.246\ \mathrm{V}$ とする。

問題 6

銅 (Ⅰ)，ニッケル (Ⅱ) および亜鉛 (Ⅱ) のシアン錯体を含むある溶液を電解したところ，陰極で銅 72.8 wt%，ニッケル 4.3 wt%および亜鉛 22.9 wt%から成る析出物 0.175 g が得られた。水素発生などの副反応がなかったと仮定すれば，この電解に要した電気量は何クローンか。また，この際，陽極では酸素発生反応だけが起ったものとすれば，発生した酸素の量は 0℃，1 気圧で何 mL か。

問題 7

Cu^{2+} と Ag^+ を含む溶液から定電位電解によって銀を分離したい。Cu^{2+} の濃度が 1.00×10^{-3} M であれば電極電位をいくらに設定すればよいか。ただし，標準電極電位は次のとおりである。

$$Cu^{2+} + 2e \rightleftharpoons Cu \qquad E^0 = +0.337\ \mathrm{V}$$

$$Ag^+ + e \rightleftharpoons Ag \qquad E^0 = +0.779\ \mathrm{V}$$

問題 8

濃度未知の亜ヒ酸溶液 100 mL に 0.10 M KI 溶液 5.0 mL と少量のデンプンを加えて，20 mA で電解を開始したところ，250 秒経過したとき，溶液が青色に着色しはじめた。電流効率を 100%として，亜ヒ酸の濃度を求めよ。また，電極反応と滴定反応を記せ。

問題 9

ある導電率測定用セルに 0.1 M KCl 溶液を入れて 25℃での抵抗を測定すると 140 Ω であった。この溶液の比導電率は 0.012856 S/cm であることがわかっている。このセルのセル定数を求めよ。また，同じ温度でこのセルに 0.5 M NH_4Cl 溶液を満たしたときの抵抗が 31.30 Ω であったとすれば，この NH_4Cl 溶液の比導電率と当量導電率はいくらか。

問題 10

セル定数 0.1802 cm^{-1} の導電率測定用セル中において 25℃で測定した飽和塩化銀溶液の抵抗は 52845 Ω であり，溶媒として用いた水の抵抗は 112625 Ω であった。この温度における塩化銀の溶解度を求めよ。ただし，25℃の無限希釈度における Ag^+ および Cl^- イオンの当量導電率はそれぞれ 61.92 および 76.34 $S \cdot cm^2 \cdot eq^{-1}$ である。

問題 11

0.01 M HCl 100 mL を 1.0 M NaOH で滴定した場合の理論的な導電率滴定曲線を描け。ただし，溶液の比導電率の計算にあたっては次に示す 25℃での無限希釈度におけるイオンの当量導電率の値 ($S \cdot cm^2 \cdot eq^{-1}$) が用いられるものとする。

H^+ ……349.8　　OH^-……198.0

Na^+……50.1　　Cl^- ……76.3

10 熱　分　析

原　理

熱重量分析（TG）：試料を加熱した時の重量変化を測定する。

示差熱分析（DTA）：試料と熱的に安定な標準物質を同時に加熱した場合に生じる両者の温度差を測定する。

示差走査熱量測定（DSC）：試料と標準物質を同時に加熱して温度差が生じた場合，その温度差を打ち消すために必要なエネルギーを測定する。

特　徴

TG では加熱による物質の安定性，反応性に関する知見が得られる。DTA および DSC は反応に伴う熱の出入りを示しており，特に DSC では反応熱の定量が可能である。ただし，反応の際発生するガスや残留物の定性には他の方法との併用が必要である。

物質を加熱すると，固体が融けて液体になったりするような物理的変化や，物質が分解を起こして他の物質に変わってしまうような化学的変化が起きる。加熱時に起こるこのような変化は物質によって特徴的なものであり，変化の起こる温度やその際発生する熱量を測定することにより物質を特徴づけることができる。熱分析法とはこのような物理的パラメーターを温度の関数として測定する方法であり，このための各種の熱分析技法が工夫されている。ここではその代表的な例として，熱重量測定（TG：thermogravimetry），示差熱分析（DTA：differential thermal analysis），示差走査熱量測定（DSC：differential scanning calorimetry）について述べる。

10.1 熱重量測定（TG）

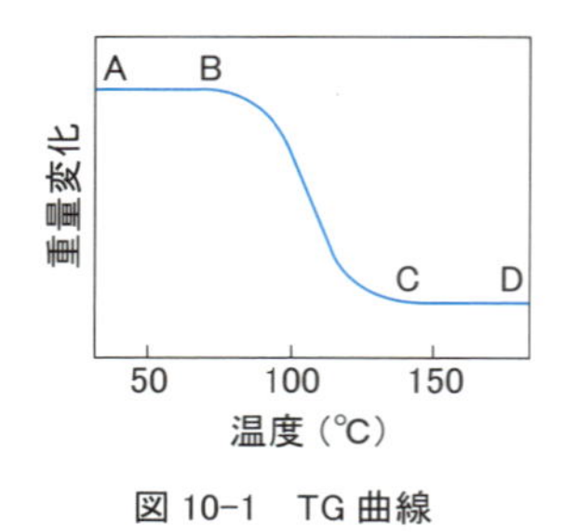

図 10-1　TG 曲線

熱重量分析は，試料を加熱しながらその重量変化を連続的に測定するもので，得られる減量曲線から試料の熱的性質を検討することができる。典型的な TG 曲線の例を図 10-1 に示す。試料を一定の速度で加熱していくと，A～B 間では重量変化は観測されず試料は安定だが，B をすぎると重量が減少しはじめ，C に至って減量は完了する。この時点で試料は完全に別の物質に変化している。新しく生成した化合物は C～D 間では安定で重量変化を示さない。このように熱重量分析は加熱時における化合物の反応性の究明に有効であるが，熱分解ガスおよび分解残留物がなんであるかを直接的に知る事ができないため，他の方法を併用しながら解析をしていくことが必要である。

10.2 示差熱分析（DTA）

示差熱分析は，熱的に安定な標準物質とともに試料を一定速度で加熱した時の両者の温度差の変化を測定するものである。典型的な DTA 曲線の例を図 10-2 に示す。試料を加熱していくと，A～B 間では試料は安定で標準物質と同じ温度を保っているが，B をすぎると吸熱変化が起こるため試料の温度は標準物質より低くなっている。吸熱変化が終了する C では再び温度差がなくなるが，さらに加熱を続けると今度は発熱反応が起こり，このため D～E 間では逆に試料の温度の方が標準物質より高くなっている。このような

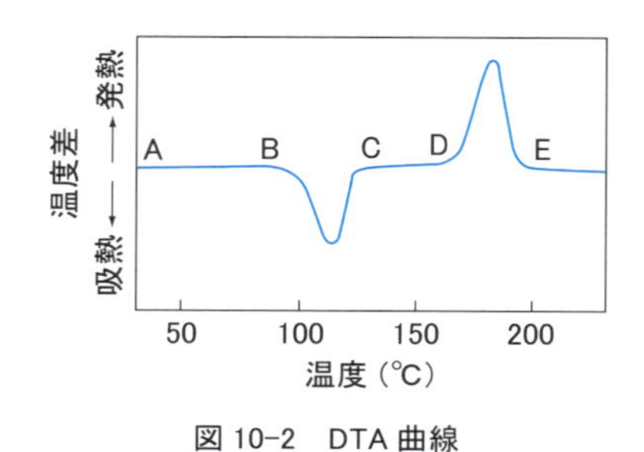

図 10-2　DTA 曲線

示差熱分析を熱重量分析と併用すると，加熱による質量の減少が発熱的な変化か吸熱的な変化であるかを知ることができる。

10.3 示差走査熱量測定（DSC）

示差走査熱量測定は示差熱分析と少し異なり，標準物質と試料を同時に加熱して温度差が生じた場合，その温度差を打ち消すために必要なエネルギーを加える方法である。その際得られる DSC 曲線は図 10-2 に示した DTA 曲線とよく類似したものであり，吸熱反応，発熱反応に対して逆向きのシグナルを与える。DSC は DTA にくらべて再現性，分解能の点ですぐれ（図 10-3 参照），また，DSC のピーク面積は発熱量（または吸熱量）に比例しており，次式に従って反応熱の定量をすることができる。

$$M \cdot \Delta H = KA$$

ここで，M は試料の質量，ΔH は試料の単位質量あたりのエネルギー変化量，K は装置定数，A はピーク面積である。

この式に従って，まず ΔH が既知の試料のピーク面積を測定して装置定数 K を決め，次に未知試料のピーク面積を測定し上式に代入すれば ΔH が求まることになる。ピーク面積の測定は，図 10-4 に示すようにベースラインの延長線を結び，面積計（プラニメーター）を用いるか，記録紙の升目を数えるか，切りぬいて重さを計るか，いずれかの方法で行う。

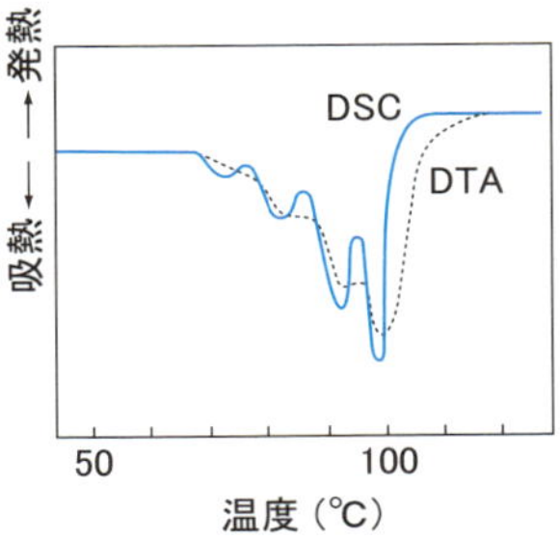

吸熱 ←→ 発熱
DSC
DTA
50
100
温度（℃）

図 10-3　DTA（------）と DSC（——）の比較
（DSC の方が DTA より分解能が良い）

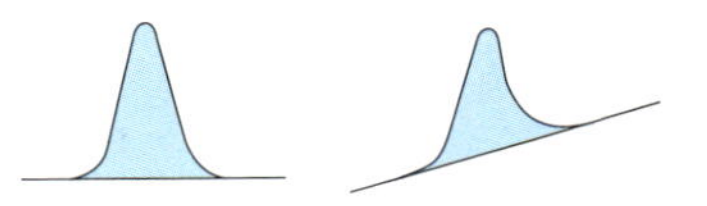

図 10-4　ピーク面積の求め方

10.4 実 験 法

10.4.1 装　　置

図 10-5 に TG と DSC（または DTA）が同時に測定できる熱分析装置の外観を示す。電気炉ユニットの中には図 10-6 に示すように試料皿ホルダー部があり，この上に試料を入れた試料皿をのせる。試料は電気炉により加熱される。電気炉の温度は温度コントローラーにより制御される。加熱に伴う試料の重量減少は TG 本体部に内蔵された天秤によって測定される。天秤は TG 制御回路ユニットによりコントロールされる。DTA 回路ユニットは，試

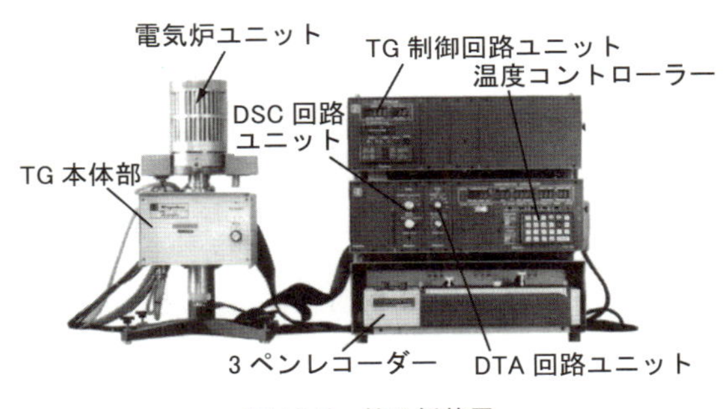

図 10-5　熱分析装置

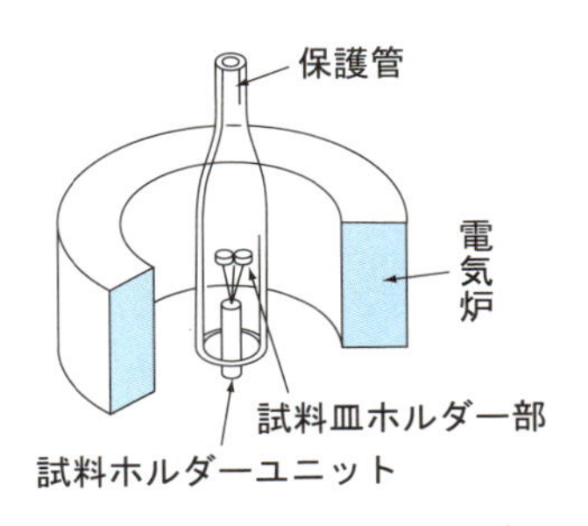

図 10-6　電気炉ユニット内部

料皿ホルダー部にとりつけられた熱電対で検出した試料と標準物質との温度差を増幅しレコーダーに記録するものである。DSC 回路ユニットは試料と基準物質の温度差を常に零にするように試料ホルダーユニット内部に組込まれている内部ヒーターに熱量を供給する回路である。試料の温度，重量変化，DSC（または DTA）曲線は 3 ペンレコーダーにより同時に記録される。

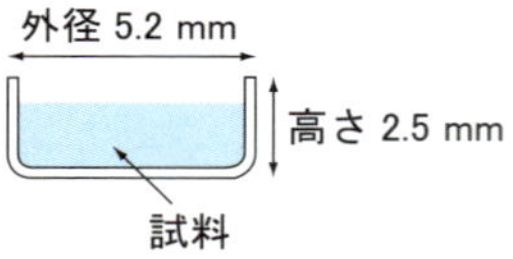

外径 5.2 mm
高さ 2.5 mm
試料

アルミ製のものは 500℃まで使用可（白金－ロジウム合金製のものは 1,500℃まで使用可）

図 10-7　試料皿

10. 4. 2　測　定　法

標準試料は測定温度範囲内で熱的変化を起こさないものでなければならず，通常 α-アルミナ（Al_2O_3）の粉末が使用されている。標準試料および測定試料は 100～300 メッシュ程度に粒径をそろえ，それぞれアルミニウム製の試料皿（図 10-7）に 8 分目位まで均一につめる。これらを試料皿ホルダー部に乗せた後，加熱を開始する。

10. 5　測　定　例

シュウ酸カルシウム一水塩の TG-DTA 曲線を図 10-8 に示す。試料を加熱していくとしばらくは変化はみられないが，150℃付近で結晶水が脱離を始め，200°を超えたところで無水塩となる。このときの TG の減量の理論値は

$$\frac{H_2O}{CaC_2O_4 \cdot H_2O} \times 100 = \frac{18.0}{146.1} \times 100 = 12.3\%$$

であり，実験値とよく一致している。また，DTA 曲線を見ると，この反応が吸熱反応であることがわかる。さらに加熱を続けると，しばらくは CaC_2O_4 が安定に存在するが，500℃付近では次のような発熱反応が起きる。

$$CaC_2O_4 \longrightarrow CaCO_3 + CO\uparrow$$

このときの TG にみられる総減量は

$$\frac{H_2O + CO}{CaC_2O_4 \cdot H_2O} \times 100 = \frac{18.0 + 28.0}{146.1} \times 100 = 31.5\%$$

に達する。生成した $CaCO_3$ は 800℃付近までは安定だが，さらに加熱する

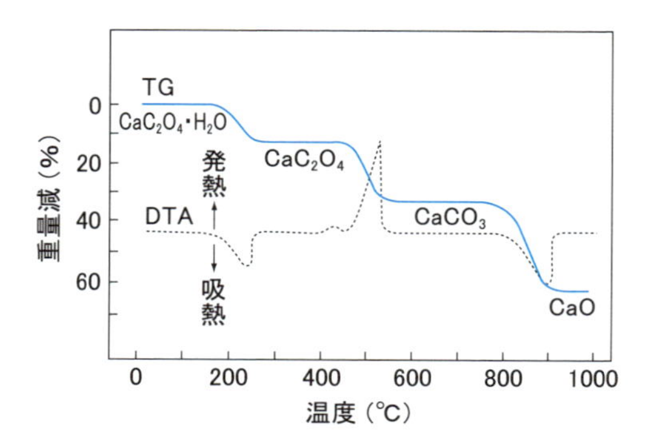

図 10-8　シュウ酸カルシウム一水塩の TG-DTA 曲線

と次のような吸熱反応が起きる。

$$CaCO_3 \longrightarrow CaO + CO_2\uparrow$$

このときのTGの総減量は

$$\frac{H_2O+CO+CO_2}{CaC_2O_4\cdot H_2O}\times 100 = \frac{18.0+28.0+44.0}{146.1}\times 100 = 61.6\%$$

である。

図10-9に硝酸カリウムのTG-DSC曲線を示す。硝酸カリウムは相転移を起こすため，DSC曲線には130℃付近に吸熱ピークがみられる。この際TGの変化は認められない。硝酸カリウムの相転移に伴うエネルギーの変化量は $\Delta H = 5.4$ kJ/molであることが知られており，これを標準物質としてDSCのピーク面積から未知試料の ΔH を求めるための検量線を作成することができる。その一例を図10-10に示す。横軸には量りとった KNO_3（分子量101.1）の相転移に伴なうエネルギー変化量を，縦軸には切りとった記録紙の重さを示している。一定量の未知試料を量りとり，DSC曲線を描かせ，ピークを切りとってその紙の重さを量れば，この検量線に基づいて反応に伴うエネルギー変化量を求めることができる。

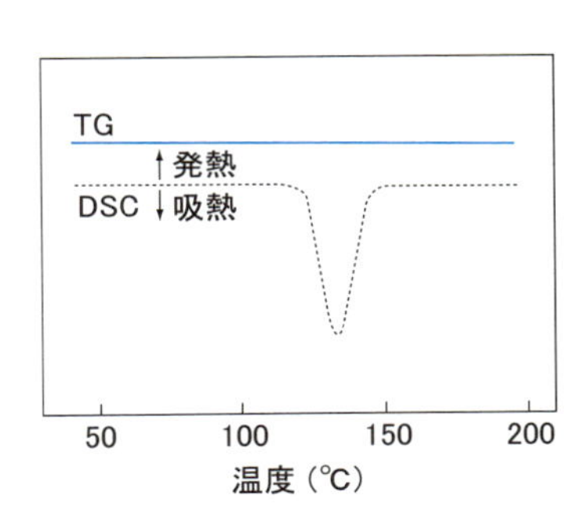

図10-9　KNO_3 のTG-DSC曲線

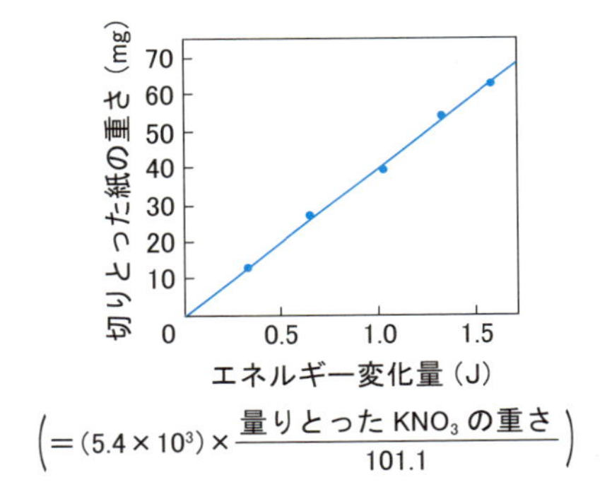

図10-10　KNO_3 を用いた検量線の例
（昇温速度10℃/分，チャートスピード10 mm/分）

p-アゾキシアニソール（PAA）の結晶を加熱すると，図10-11に示すようにDSCには2本の吸熱ピークが認められる。PAA分子は結晶中では，図10-12(a)に示すように一定の配向性と周期性をもっているが，118℃まで加熱すると図10-12(b)のような液晶状態（配向性はあるが周期性がない）になる。さらに135℃まで加熱するとPAA分子の配列の規則性は全くなくなり図10-12(c)に示すような液体状態になる。2つの吸熱ピークはそれぞれの変化に対応している。DSCの面積から求めた転移熱は，$\Delta H_1 = 31$ kJ/mol，$\Delta H_2 = 0.7$ kJ/molであり，それらの値から求めたエントロピー変化は $\Delta S_1 = 80$ J/K mol，$\Delta S_2 = 2$ J/K molとなる。$\Delta S_1 \gg \Delta S_2$ であるという事実は液

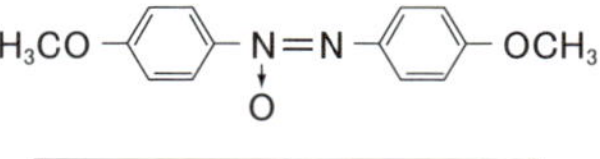

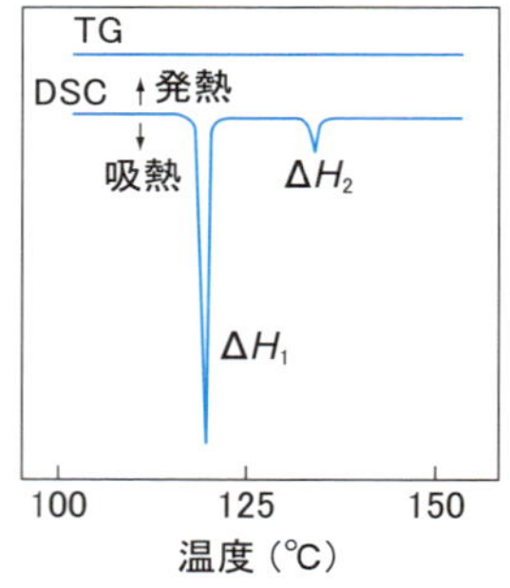

図 10-11　p-アゾキシアニソールの TG-DSC 曲線

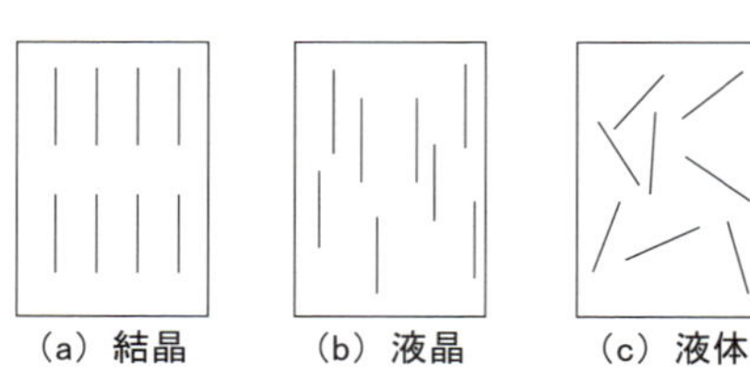

図 10-12　分子の整列度

晶状態が液体にきわめて近い状態であることを示唆している。

10.6　最近の話題

（1）熱磁気測定法

遷移金属化合物を加熱すると金属の電子状態が変わることがある。このような場合化合物の磁化率が変化するため，熱磁気測定法を用いることにより反応を追跡できる。装置の概略を図 10-13 に示す。

磁化率の測定は，試料内の温度分布の均一性を良くするため少量の試料で測定できる Faraday 法によった。また加熱には赤外線炉を用いている。熱磁

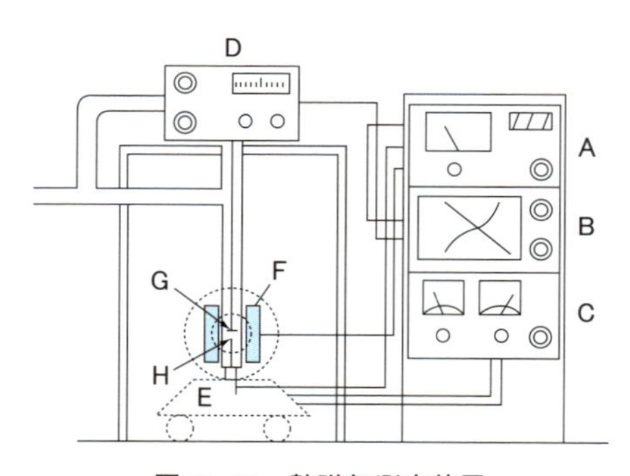

図 10-13　熱磁気測定装置

A：真空理工製 HPC-5000 温度制御器，一定速度での昇温（1℃～999℃/分），任意の温度幅でのステップ昇温，急速昇温（100℃/分）後の等温保持の 3 通りの制御が可能
B：記録計，試料の重量と温度の記録
C：日本高密研究所製 NPS-10TP 型高安定化定電源装置
D：真空理工製 TGD-3000 型微量電気天秤。最高感度 1 μg
E：日本高密研究所製電磁石。1.6 T（磁極間隔 20 mm）
F：赤外線炉。144 V，1220 W の赤外線ランプ
G：試料セル
H：熱電対

気測定法には試料を常に一定強度の磁場内において測定する方法と，試料に一定の磁場を間欠的にかけながら測定する方法の2通りがある。転移反応のように重量変化を伴わない場合は前者を，系外へ生成物質が揮発して重量変化を伴う場合は後者の方法を用いる。後者の例として

A（固体）⟶ B（固体）＋ C（気体）

という反応（AとBでは磁化率が異なる）に対する等温法による熱磁気測定データの模式図を示す（図10–14）。横軸にはある温度での加熱時間を，縦軸には重量をとっている。ここで，Wは試料の重量，ΔWは磁場をかけたことによる試料のみかけ上の重量変化，tは時間，添字のiは反応開始前，fは反応終了後を意味する。反応開始前にW_Aであった試料の重さは，加熱時間の経過とともに減少し反応後にはW_Bとなる。このような重量の変化はTG曲線として図10–14に描かれている。一方，反応開始前の試料に瞬間的に磁場をかけたことによるみかけ上の重量変化（これは磁化率に比例する）はt_iのところに棒状に描かれている。この磁場をかけたことによる重量変化（棒の高さ）は反応が進行するにつれて大きくなっており，A（固体）→ B（固体）への変化が磁化率の増加を伴うものであることがわかる。

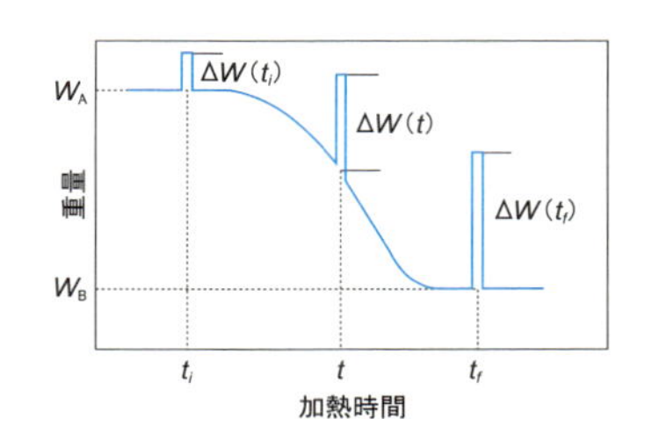

図10–14 等温法による熱磁気測定

(2) その他

その他の熱分析装置としては加熱することによって発生するガスを分析する発生ガス分析装置や，圧縮・引張・ペネトレーション（脆弱性）の測定に用いられる熱機械分析装置（TMA）などが開発されている。

演習問題

問題1

図に硫酸銅五水塩$CuSO_4 \cdot 5H_2O$のTG–DTA曲線を示す。分解過程を検討せよ。

TG曲線における重量減は，70℃付近と90℃付近では14%強ずつで，250℃付近の重量減は7%強である。

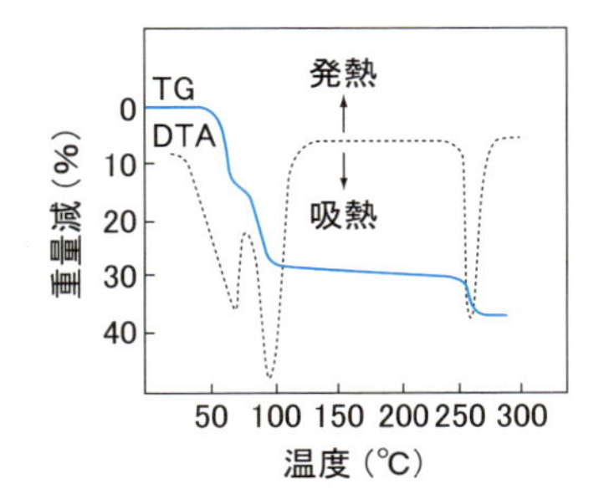

問題 2

図にモリブデン酸アンモニウム四水和物塩，$(NH_4)_6Mo_7O_{24}\cdot 4H_2O$ の TG–DSC 曲線を示す。これをもとに，モリブデン酸アンモニウム四水和物または四水和物塩の熱分解過程を検討せよ。

TG 曲線における重量減は 100℃付近で 94.2%，それに 200℃付近から始まる重量減を加えると重量減は 88.9%に，300℃付近の重量減をも加えると重量減は 81.6%になる。（ヒント：中間生成物として $(NH_4)_2Mo_4O_{13}$ が生成する）

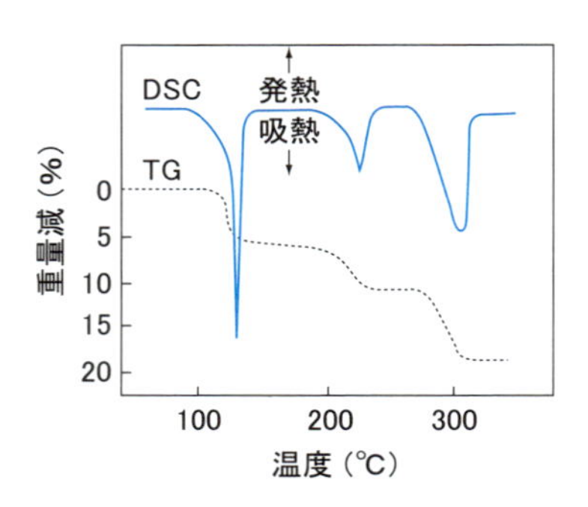

11 表面分析

原　理

固体表面の成分，形状および化学状態の分析法は，一般的には真空中に置いた試料表面に電子，イオン（粒子を含む）またはX線を照射し，試料表面から放出される電子，イオンまたはX線を検出している。

走査電子顕微鏡（SEM）：加速した電子線を試料表面に走査し，そこから得られた二次電子を検出してSEM像にする。二次電子の発生のしやすさは表面形状に依存するため，試料表面を細かく観察できる。

透過電子顕微鏡（TEM）：波の性質をもった電子を非常に薄い試料に照射すると電子波が試料によって干渉し，後焦点面で回折パターンを形成する。これがさらに干渉することによって，TEM像が得られる。

X線光電子分光法（XPS）：高真空中に置かれた試料に軟X線を照射し，試料中の各原子から放出した光電子の数とその運動エネルギーを測定することにより，定性・定量分析だけでなく状態分析が行える。

特　徴

走査電子顕微鏡（SEM）：粉体やバルク試料の表面形状をナノスケール（10^{-9} m）で容易に観測できる。付属装置（EDS）と組合せることにより，組成分析や元素分布（マッピング）の情報を得ることができる。

透過電子顕微鏡（TEM）：TEM像や電子線回折パターンから，物質の組織的，構造的な情報を得ることができる。空間分解能が非常に高く，原子の直接観察が可能である。

X線光電子分光法（XPS）：Li以上の原子の状態分析をすることが可能である。検出感度は非常に高いものの微量成分の定量性は低い。

11.1 機器分析から見た表面

異なる2つの相が接し，それらの一方が気相である場合，その境界は表面とよばれる。一般的に分析対象とされる表面は，気固界面である固体の表面である。厳密な定義からは，気相に接している固体上部の原子1層のみが表面とされるが，基の固体の表面に吸着した相や固体上部の数原子層までが表面とされる場合が多い。結晶表面の原子は，内部の原子と比べて周囲の環境が異なっており，結晶構造が変化している。表面層にある原子では，原子間距離が異なる，組成が内部とは異なる，表面第一原子層と次の層との間隔が異なることなどが観測されている。それでも，内部の原子の数と表面の原子の数を比較すると，従来の一般的な試料においては内部原子の方が圧倒的に多く，表面原子の電子状態が測定値に影響をおよぼすことが少ない。ところが，近年のナノテクノロジーの進展に伴い，超微粒子や積層薄膜などが注目を集め，そこでは表面原子の物性におよぼす影響は大きく，表面に敏感な分析法の要求が高まっている。

ここで，どのような情報を得るために表面分析が行われているのかを簡単にまとめておきたい。

成分分析

表面がどのような成分・組成で構成されているか知るために，構成元素についての定性ならびに定量分析が行われている。これらの目的のためには，オージェ電子分光法（AES），X線光電子分光法（XPS），イオン散乱分光法（ISS），二次イオン質量分析法（SIMS）などの方法がある。

形状観察

表面の形状（表面凹凸構造），結晶性，表面の欠陥についての情報を得ている。表面の観察には，通常の光学顕微鏡，走査型電子顕微鏡（SEM），透過型電子顕微鏡（TEM）などが使用されている。さらに，表面の原子レベルの観測が必要な場合は，走査型トンネル顕微鏡（STM）や原子間力顕微鏡（AFM）などが使用されている。

状態分析

表面原子の組成だけでなく，構成原子の酸化数や配位数など，すなわち表面原子の化学状態や電子状態に関する情報を得ている。X線光電子分光法（XPS），X線吸収微細構造（XAFS），X線吸収端近傍微細構造（XANES）などの方法がある。

本章では，これらの機器分析法の中で一般によく利用されているSEM，TEM，XPSについて述べる。

観測できる元素の種類

軽元素が観測不能かまたは感度が著しく低い機器分析法がある。これら観測不能元素を含む試料においては，成分についてのデータが測定可能元素のみの存在比で示されることになる。また，感度が著しく低い元素を含む試料では，バックグランド除去やノイズ処理の仕方によってそれに関するデータが大きく変化するため，データの信頼性が大きく低下する結果となる。

空間分解能

表面における二次元の分布，表面からの深さ方向に対する分布などを知りたい場合，空間分解能が重要となってくる。これには，一次量子ビームを試料表面に照射するが，その際のビーム径が直接的に関係している。また，一次量子ビームのエネルギーによって二次元および深さ方向に影響をおよぼす範囲が異なる。さらに，検出器側のスリット幅を狭くする必要があるが，それに伴い検出器に到達できる二次量子の数が急激に減少する。一般的に空間分解能を上げると，測定面積が狭くなることから測定対象原子の数が単に減少するだけでなく，その他の理由からもデータの質が悪くなることが多い。

量的およびエネルギー分解能

検出限界・定量下限・定量の上限や測定対象元素（場合によっては化合物）の検量線の直線領域などで評価することができる。一般的には，下限が低い方が高性能であると評価できるが，対象試料によっては検量線の直線領域の方がより重要であることもある。また，データとしてどの程度の差まで区別できるか，すなわち状態分析を行う場合はエネルギー分解能が特に重要になってくる。

11.2 電子顕微鏡

顕微鏡という言葉は，ギリシャ語の小さい（mikros）と見る（skopeo）に由来している。一般に人間の目の分解能は約 0.2 mm と言われている。光学顕微鏡では，光の波長よりも接近した 2 つの点を分けて見ることができないため，分解能は約 0.0002 mm となる。そのため，より短波長の電子（波）が顕微鏡に用いられた。電子は，1897 年に J. J. トムソンによって発見され，当時は負の電荷を持つ粒子と考えられた。その後，電子は波の性質を持つことをド・ブロイが提唱し，デビッドソンや G. P. トムソン（J. J. トムソンの息子）らによって実験的にも証明された。ちょうどその頃，ルスカは電子の波の性質を利用して顕微鏡を作ることを思いつき，1931 年に世界で最初の透過型電子顕微鏡が誕生した。先人の科学者達が開発した電子顕微鏡は，今ではナノメートル（nm，10^{-9} m）スケールで，原子の世界を容易に見ることができる分解能を有し，我々に多彩な情報を提供する。

ここでは，2 つのタイプの電子顕微鏡（走査型電子顕微鏡（SEM：scanning electron microscope）と透過型電子顕微鏡（TEM：transmission electron microscope））について解説する。

時間分解能

測定に要する時間や，どの程度の時間変化までを追跡できるかなどに関係している。空間分解能や量的分解能ほどには重要と考えられてこなかったが，測定の効率化だけでなく，現象をより詳細で正確に理解するために重要性は増してきている。さらに，表面の状態が急速に変化するまたは一次量子照射によって大きなダメージを受ける試料の場合は，できるだけ短時間での測定が求められる。

11.2.1 原　　理

(1) 電子と物質の相互作用

試料に電子ビーム（細く絞られた電子線）が照射されると，電子は原子の相互作用を受けながら散乱し，図 11-1 のように二次電子，反射電子，特性 X 線などが放出され，最終的にエネルギーを失って試料が厚い場合には試料内部で止まる。それぞれの量子発生深さは，電子ビームの強さ（加速電圧）や試料の構成元素に依存し，加速電圧の高いほど，また構成元素が軽いほど

電子ビーム

電子ビームは電子銃で作られる。電子銃には熱電子銃（タングステンヘアピン形と LaB6 形），電界放出電子銃（EF：field emission），ショットキー電子銃などがある。高分解能 SEM には FE 電子銃が，多機能型 SEM にはショットキー電子銃がよく用いられる。

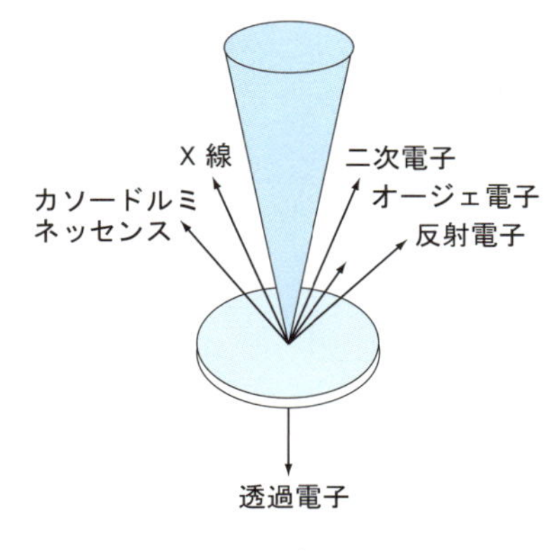

図 11-1　電子と物質の相互作用

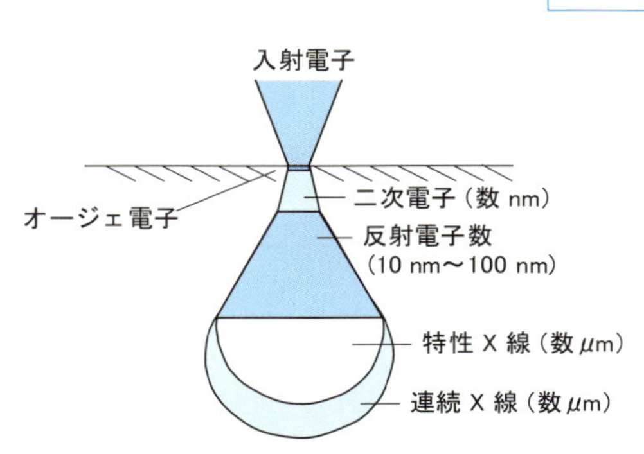

図 11-2　量子発生深さ

発生深さは深くなる。たとえば，15 kV で加速された電子が炭素試料に入射した場合，電子は約 3 μm 直径程度に散乱するが，金試料だと約 0.6 μm 直径程度と散乱領域が狭くなる。また，図 11-2 に示すように，それらを使った情報は，試料測定の空間分解能になる。

(2) SEM と TEM の装置比較図

図 11-3 に SEM と TEM の装置図をわかりやすく示す。電子は非常に軽いため，空気の分子で阻害されないように，装置内部は真空に保たれている。観察試料は，SEM はバルク体での観察が可能なのに対し，TEM では電子線が透過できるくらい薄い試料（約 0.1 μm 以下，直径 3 mm）しか観察ができない。観察像は，コンピュータのディスプレー上で観察し，電子データとして保存することができる。

SEM では，加速された電子線は試料表面を走査し，そこから得られた二次電子（または反射電子）を検出して像にする。二次電子のエネルギーは数十 eV 以下と小さく，発生のしやすさは表面形状に依存するため，試料形状が細かく観察でき，二次電子発生量の差が白黒のコントラストになる。したがって，決してカラー像にはならない。一般に，SEM には拡大レンズがなく，倍率は電子線の試料への走査面積（幅）に対応する。

TEM では，波の性質を持った電子が試料に照射されると，電子波は試料により干渉（回折）して後焦点面で回折パターンを形成し，さらに干渉して TEM 像を形成する。この過程は，数学的にはフーリエ変換を用いて記述でき，像を形成する過程は 2 回のフーリエ変換を連続して行うことに対応し，倒立像が形成される。像解釈は SEM 像ほど容易ではない。

真　空

電子顕微鏡の電子線通路を真空にするために，油回転ポンプ（RP），油拡散ポンプ（DP），ターボ分子ポンプ（TMP），スパッタイオンポンプ(SIP)などが使用される。SEM の中には，低真空 SEM（LV-SEM）といった，数～数百 Pa と高い圧力下で観察でき，水分の蒸発を制御しながら観察ができるものもある。

フーリエ変換

ここで考える波の干渉はフランホーファー回折（P9）だが，波の足し合わせをフーリエ変換という数学式により簡潔に表わされる。フーリエ変換式と回折理論についての詳細は，参考書にゆだねる。今野豊彦，『物質からの回折と結像』，共立出版。

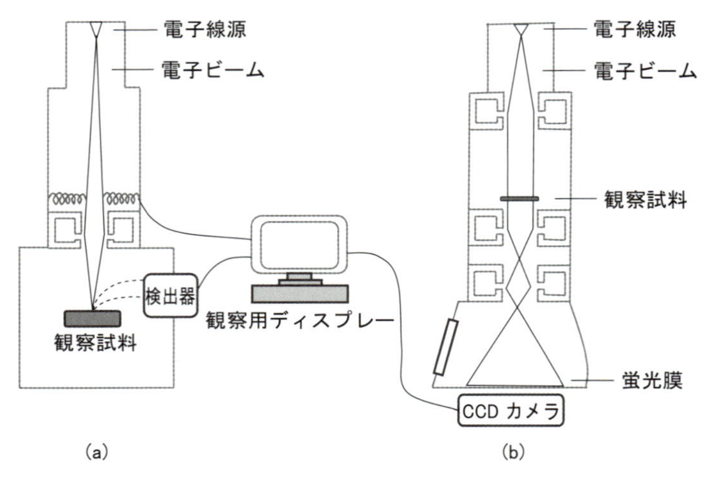

図 11-3　装置図：SEM (a)，TEM (b)

11. 2. 2　SEMによる表面観察

(1) 観察試料の準備

導電性のない試料を観察する場合，電子が試料表面に帯電（チャージアップ）すると像観察ができなくなる。そのため，観察試料は，図11-4のように試料台に導電性テープを貼り，その上に観察試料を載せて固定し，試料上面にカーボン，金，白金，オスミウムなどをコーティングするのが一般的な観察方法である。ただし，金コーティング膜は，約5万倍以上の撮影倍率では図11-5のように粒子がはっきり観察されてしまうため，高倍率撮影の場合にはオスミウムを薄くコーティングするか，加速電圧を下げてコーティングせずに観察する等の工夫を要する。

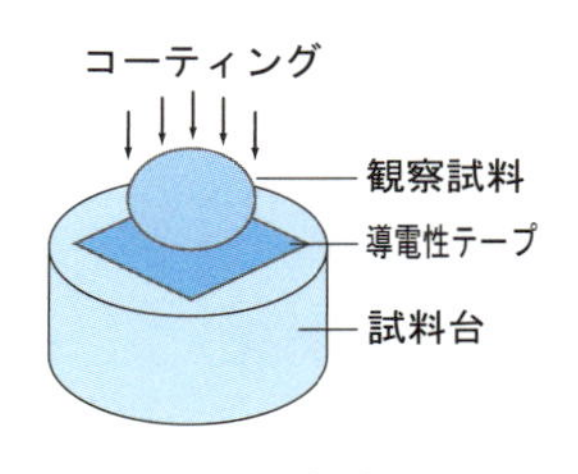

図11-4　SEM観察のための試料準備

オスミウムコーティング

酸化オスミウムガス雰囲気中でプラズマ放電を行うことにより，次の化学変化により金属オスミウムを試料表面にコーティングすることができ，薄いコーティング膜でも高い導電性が得られる。

$OsO_4 \longrightarrow Os^{4+} + 2O_2 + 4e^-$
$Os^{4+} + 4e^- \longrightarrow Os$

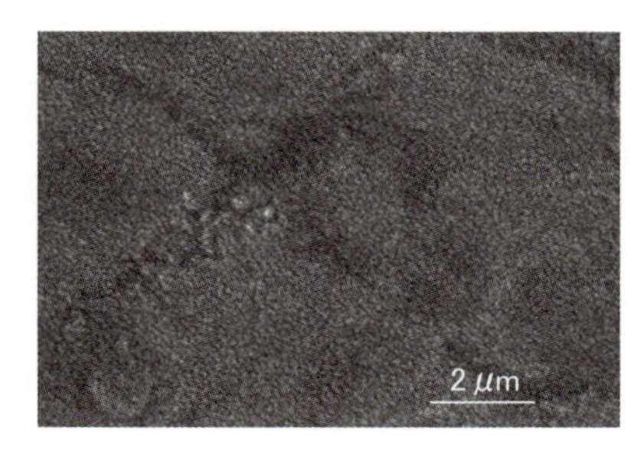

図11-5　試料表面のAuコーティング膜（膜厚20 nm）

図11-6は，ティッシュペーパーをコーティングしないでSEM観察をした場合，高加速電圧（20 kV）ではチャージアップ現象が起こり，像観察ができなくなったが，低加速電圧（2.0 kV）にすると観察が可能になった例を示す。金属試料の場合にはコーティングをする必要はないが，表面が酸化被膜に覆われている場合には，表面を洗浄，乾燥後に観察をする必要がある。

加速電圧 2 kV

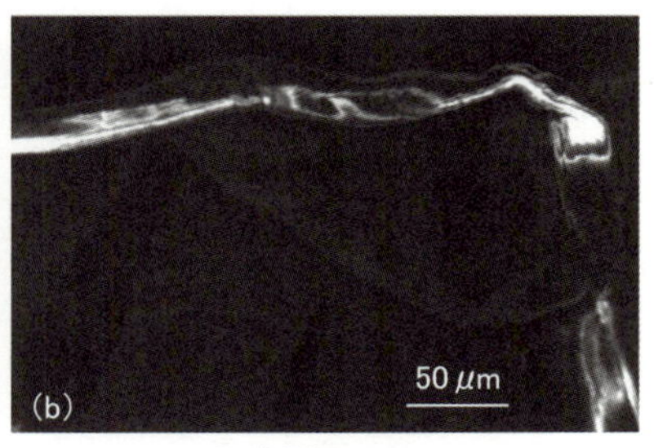

加速電圧 20 kV

図11-6　ティッシュペーパーの無コーティングSEM観察

(2) 加速電圧の違いによる像質の差

試料をSEM観察する場合には，目的に合った加速電圧で観察する必要がある。加速電圧の違いによる像質の差を図 11-7 に示す。ブタナ（タンポポに似た黄色い花）の花粉を 1 kV と 20 kV の加速電圧で観察したもので，明らかに表面情報に差が出ている。1 kV のときは，電子の試料内部への散乱が少なく，図 11-2 で示した二次電子の発生領域が浅くなり，表面近傍の情報が強調される。これに対し，20 kV の時は，二次電子の発生領域が深くなり，表面の微細構造は見えにくく，像は透き通った写真になる。加速電圧を高くするほうが電子ビームを細く絞られるので分解能は上がるが，目的に応じた加速電圧を用いることが重要である。

電子ビームを絞る

加速電圧を高くすると，電子ビームの電流密度（単位面積あたりの電流）が大きくなるので，たとえ電子ビームを細く絞っても，高い像質を維持することができる。低加速電圧の場合に電子ビームをむやみに細く絞ると，像を形成するために必要な電流が得られなくなり，観察ができなくなる。

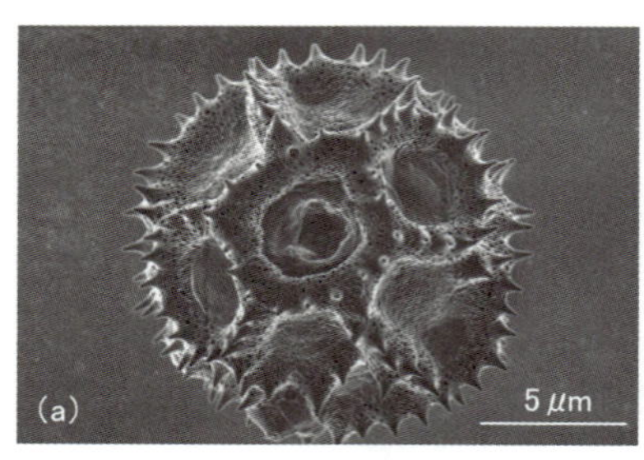

ブタナ花粉 / 1 kV

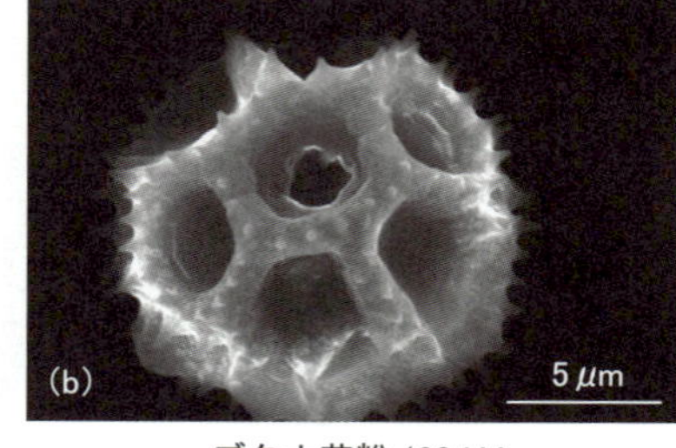

ブタナ花粉 / 20 kV

図 11-7　加速電圧の差による SEM 像質の差

(3) 二次電子像，反射電子像，組成分析

二次電子は，試料表面の形態観察に適しているが，反射電子を利用すると，組成に関連した情報を得ることができる。図 11-8 に，AlN セラミックスの二次電子像 (a)，反射電子像 (b)，元素マッピング像 (c)，組成分析結果 (d) を

AlN セラミックス

今回使用した AlN は，ウルツ鉱構造（六方晶構造）で，一般に熱伝導率が高く，電気絶縁性が高いため，高集積電子回路用放熱基板として実用化されている。

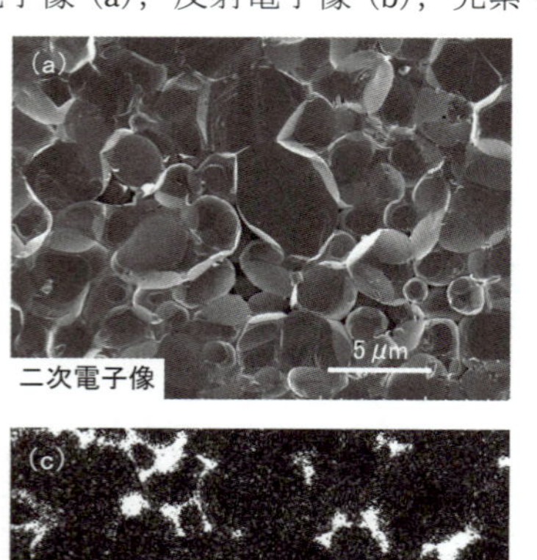

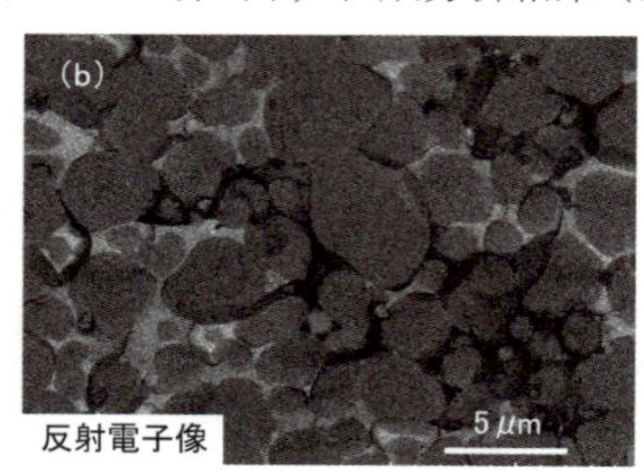

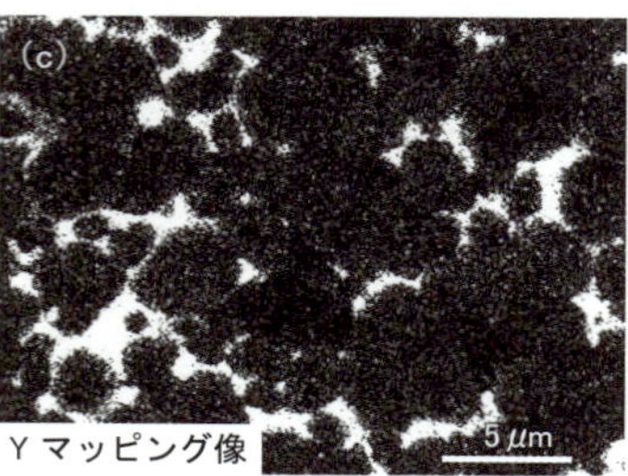

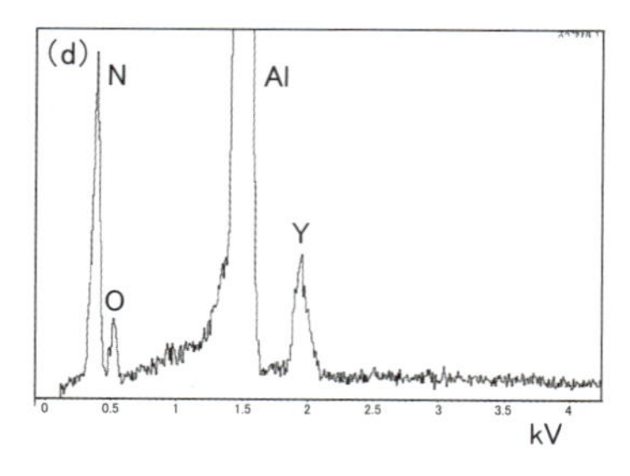

図 11-8　AlN セラミックスの二次電子像 (a)，反射電子像 (b)，Y マッピング像 (c)，EDS スペクトル (d)（オスミウムを 10 nm コーティングして測定）

示す。反射電子の発生効率は，原子番号に依存するため，明るいコントラストは暗いコントラストよりも原子番号の高い元素で構成されていることを示す。図 11-6(b) で，粒子表面の白く見える個所は，AlN 焼結時に焼結助剤 Y_2O_3 を添加したことにより形成された Al-Y-O 系の液相成分であり，Y のマッピング像の結果により明らかである。図 11-9 に示すように，試料から特性 X 線[*1] も発生しているので，付属装置のエネルギー分散型 X 線分光器（EDS）[*2] により，観察と同時に組成分析や元素マッピングデータを取得することができる。

*1　特性 X 線とは，加速された電子を照射すると図 11-9 のように内郭の電子が励起され，その空孔に外殻電子が遷移した際，その差分のエネルギーが特性 X 線として発生する。原子に電子が 1 個しか存在しないという電子近似のもとでは，電子の束縛エネルギーは

$E_n \cong -13.6 \times Z^2/n^2$ (eV)

（Z：原子番号，n：主量子数）で与えられる。

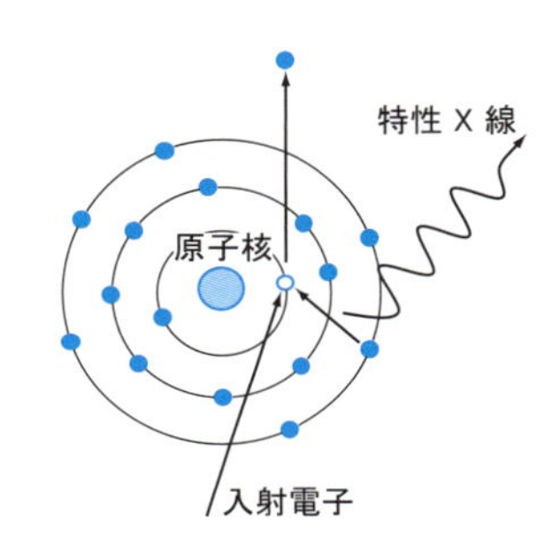

図 11-9　特性 X 線発生の原理

*2　エネルギー分散型 X 線分光器：energy dispersive X-ray spectrometer（EDS）

11.2.3　TEM による観察と解析

(1) 観察試料の準備

TEM 観察のための薄片試料作製方法は，それだけで本 1 冊が書けるくらいノウハウが多い。ここでは，代表的なものを表 11-1 で示すが，詳細は専門書や写真集[*3] を参照されたい。写真集のような構造像を撮影するためには，観察領域の試料厚みはできるだけ薄くなくてはいけない（厚さ 5 nm 以下がより好ましい）。セラミックスのように固くて脆い試料なら，めのう乳鉢で砕き，メッシュにその切片を載せて観察するのが最も簡単な方法（粉砕法）である。薄片化過程でのひずみやダメージ，汚染の混入は極力避けるべきである。

*3
・日本金属学会，『材料開発のための顕微鏡法と応用写真集』，丸善 (2006)。
・医学生物学電子顕微鏡技術研究会編集，『よくわかる電子顕微鏡技術』，朝倉書店 (1992)。
・日本電子顕微鏡学会編，『先端材料評価のための電子顕微鏡技法』，朝倉書店 (1991)。

表 11-1　TEM 薄片試料作製方法

薄片試料作製方法	試　料	特　徴
粉末法，粉砕法	粉末試料セラミックスなど	最も簡便で試料汚染が少ない。広い組織観察には不向き。
電解研磨法	金属，合金など	適切な電解液を選べば，比較的簡便で，金属試料観察に向いている。
イオンミリング法	金属，半導体，セラミックスなど	広い視野で組織観察ができる。断面試料作製には高い技術を要する。試料にダメージ層が形成される場合もある。
イオンスライサー法	金属，半導体，セラミックスなど	イオンミリング法よりも簡便で，断面試料作製に適している。異相界面の場合，削れた試料がリデポ[*4] することがある。
集束イオンビーム法	半導体，セラミックスなど	異種界面の断面観察に有効で，作製時間も比較的短い。イオンビームによる試料損傷，汚染が生じやすい。
ウルトラミクロトーム法	生物試料，有機物，セラミックスなど	ガラスナイフやダイヤモンドナイフを使って，薄い薄片試料を切り出すことができる。切削ひずみのない薄い試料を切り出すには高技術を要する。

*4　リデポとは，集束イオンビームその他イオンビームを使った試料断面作製の際に，スパッタされた試料が，断面などに付着する現象。

(2) TEM で原子を見る

TEM の分解能を式で表すと，点分解能（d_s）として $d_s = 0.65Cs^{1/4}\lambda^{3/4}$（$C_s$：球面収差係数，$\lambda$：波長）となる。分解能を上げるためには，波長（$\lambda$）を小さくすれば良いことがわかる。そのため，300 万 V の超高圧電子顕微鏡が登場し，高い分解能で試料観察ができるようになった。この式では，レンズの

球面収差（C_s）を小さくすることも分解能を上げる要因のひとつである。球面収差が存在するということは，図 11-10 の光線図の点線で示すように，レンズの中心を通る電子線よりも，レンズの外側を通る電子線の焦点距離が短くなることを意味する。通常，光学レンズは凸レンズと凹レンズとの組み合わせにより，レンズの球面収差を補正できる。しかし電子レンズの場合は凹レンズを作れないため，C_s を小さくするには焦点距離の短いレンズを使用し，通常の TEM の焦点距離は約 1 mm 程度である。最近では，C_s 補正 TEM が開発されて TEM の分解能が飛躍的に向上したことにより，これまで観察困難だった Li 原子の直接観察が可能になった（図 11-11）。

C_s 補正 TEM

近年の技術革新により，球面収差補正機構が TEM の照射系や結像系に組み込まれることによって，超高圧 TEM でなくても，高い分解能を有する TEM が登場した。2010 年には，走査型透過電子顕微鏡法（STEM）と理論計算により水素の観察も報告されている。

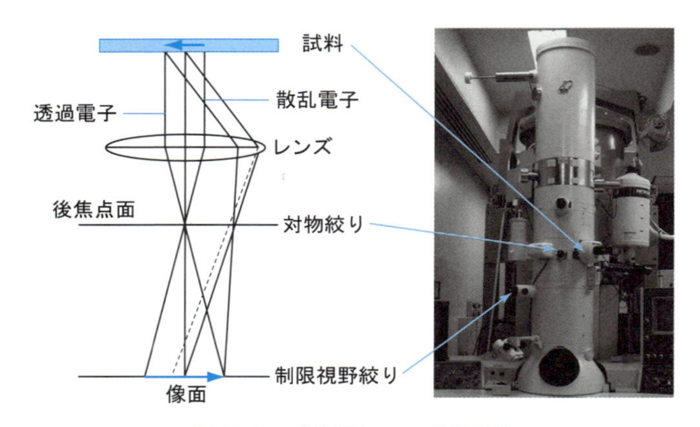

図 11-10　光線図と TEM 装置写真

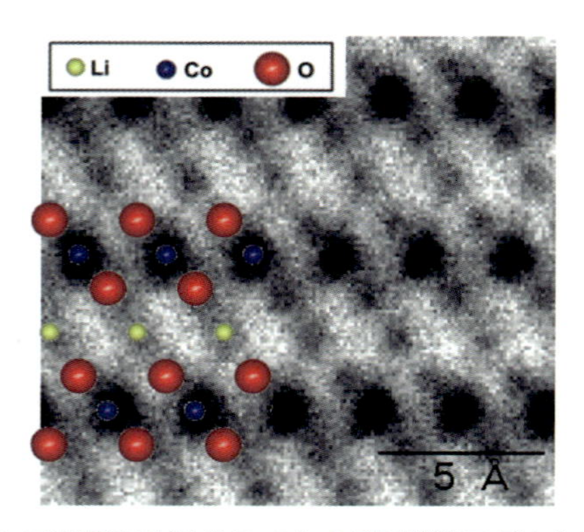

図 11-11　Li イオン二次電池正極（$LiCoO_2$）の原子構造モデルと TEM 像（世界初）
（転載許可・写真提供：一般財団法人ファインセラミックスセンター）

1 個の原子が見えるのは，TEM の分解能が非常に高いことに加えて，コントラストがつくからである。1 個の原子の近くを電子が通ると，電子雲が作る電場によって曲げられて（屈折）光軸から離れ，対物レンズによって再び光軸上に集められる。屈折すると波の位相* が変化し，原子のあるところとないところで位相差が生じ，像が形成される。ここで，レンズには球面収

* 位相とは，波などの周期的現象において，1 周期内の進行段階を示す量で，通常 2π ずれた時に同位相となる。

差があるために，正規の焦点より長くして下側に像を形成するように（アンダーフォーカス）写真を撮影する。そうすると，像にコントラストがつき，原子配列が正確に反映される。アンダーフォーカスにするということは，対物レンズのレンズ電流値を小さくしてレンズを弱く働かせ（球面収差の効果を弱くする），原子からの散乱波の位相をずらしていることに対応する。この時，観察試料が十分に薄ければ，原子番号の大きい原子列は，より濃い黒のコントラストを示す。加速電圧に応じた最適なフォーカス値（Δf 焦点はずれ量）は，$\Delta f = 1.2(C_s\lambda)^{1/2}$ の式から計算でき，シェルツァーフォーカスと呼ばれ，明瞭な構造像が撮影できる。TEM 像を正確に解釈しようとする場合，原子位置と像コントラストが 1:1 に対応することを，シミュレーション像により確認する必要がある。シミュレーションには，結晶構造（空間群，格子定数，原子座標など）や撮影時の様々な条件に関するパラメータが必要で，マルチスライス法（ソフトウエアが市販されている）などが用いられる。

マルチスライス法

1957 年に Cowley と Moodie によって発表された動力学的回折理論による解析法である。多重散乱の生じている厚い試料においても，内部で 1 回しか散乱しない十分薄い層に分割することができると仮定し，スライス内での各回折波の伝播過程を幾何光学的に追跡し，多重散乱の複雑な散乱過程を扱うことが可能となった。

(3) 電子回折図の解析方法

電子は波の性質を持ち，平面波として試料に照射されると，振幅と位相の変化を受けて球面波として広がり，試料の大きさに比べて十分遠方でフラウンホーファー回折と呼ばれる回折現象が観測できる。フラウンホーファー回折は，X 線や中性子回折でもこの条件が近似的に満たされている。電子線は電子レンズにより集光され，レンズのすぐ後ろ（後焦点面）でこの条件が満足されている。

電子回折図は逆格子である。すべての逆格子ベクトル R_{hkl} は実格子の (hkl) 面に垂直である。このことを理解しておけば，電子回折図から実際の結晶構造を容易に理解できる。図 11-12 に Au 微粒子と Si の 〈110〉 方位からの電子回折図を示す。未知の電子回折図を解析する場合，まず Au 微粒子（cubic：$a = 4.078$（Å））の電子回折図（デバイリング）を撮影し，装置のカメラ定数を求めておく。カメラ定数はどの回折指数でも一定の値となり，表 11-2 のように $R \times d$ から計算できる。

(hkl) 面

面はミラー指数（Miller indices）で表される。エイチ・ケー・エル 面と呼ぶ（分数のときには最少の整数で示す）。

Au 微粒子のデバイリング

最も簡単に Au 微粒子のデバイリングを観察できる方法を示す。市販のマイクログリッド膜貼付メッシュを SEM 用の Au コーターに入れ，Au を約 20 nm 程度コーティングする。それを TEM で観察すると，図 11-12 のような電子回折図が容易に撮影できる。

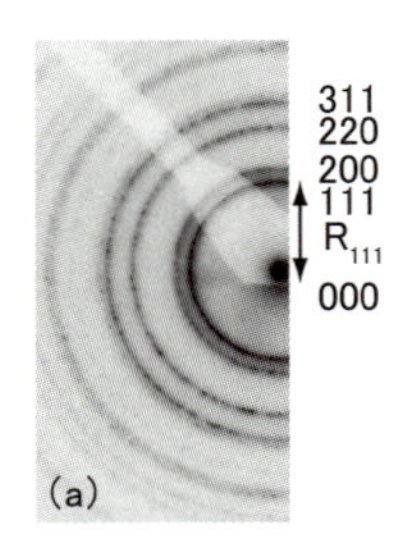

Au 微粒子の電子回折図

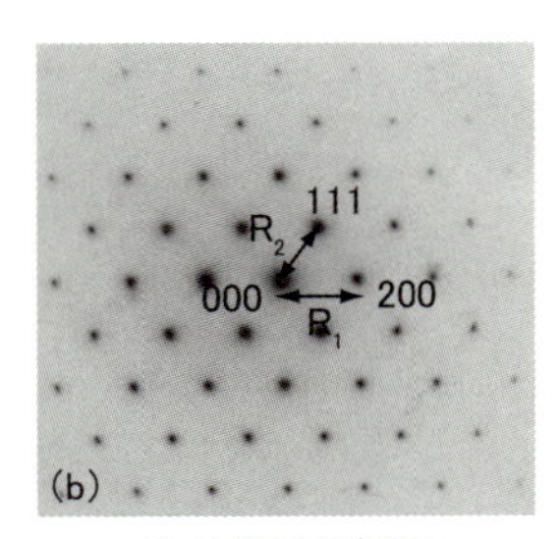

Si の電子回折図

図 11-12　Au 微粒子（a）と Si の 〈110〉 方位（b）からの電子回折図

表 11-2　カメラ定数の測定例

hkl	d（Å）	R（mm）測定例	$R \times d$（定数）
111	2.355	6.7	15.8
200	2.039	7.7	15.7
220	1.442	10.9	15.7
311	1.230	12.8	15.7
		平均値	15.7

次に，Si の電子回折図中の R_1 と R_2 の距離を測定し，カメラ定数からそれぞれの回折反射の面間隔を以下のように求める。

$$d_1 = 15.7/R_1\ (5.8\ \mathrm{mm}) = 2.70\ (\text{Å})$$

$$d_2 = 15.7/R_2\ (5\ \mathrm{mm}) = 3.14\ (\text{Å})$$

Si の結晶構造データ（cubic : $a = 5.4304$（Å））から 3.14（Å）は（111）の面間隔，2.70（Å）は（200）の面間隔に相当することがわかる。さらに，(200) と（111）の 2 面間の角度を計算すると，54.7 度であることから，この指数が間違いないことが確認でき，図 11-12(b) のように指数づけをすることができる。電子回折図の場合，ミラー指数 **hkl** にかっこはつけず，2 点の回折反射を記載すれば十分である。最後にこの観察面の晶帯軸[*1]［uvw］を計算する。

$$u = k_1 \times l_2 - l_1 \times k_2,\ \ v = l_1 \times h_2 - h_1 \times l_2,\ \ w = h_1 \times k_2 - k_1 \times h_2$$

$(h_1k_1l_1)$(200) から $(h_2k_2l_2)$(111) に回したとき右ねじが進む方向が［uvw］の方向になる。各晶帯面を上式に代入し，図 11-12(b) の晶帯軸は，$[0\bar{1}1]$ と求められる。

角度計算

立方晶（cubic）の場合には次の式より 2 面間 $(h_1k_1l_1)$ と $(h_2k_2l_2)$ の角度（ϕ）計算ができる。

$$\cos\phi = \frac{h_1h_2 + k_1k_2 + l_1l_2}{\sqrt{(h_1^2+k_1^2+l_1^2)(h_2^2+k_2^2+l_2^2)}}$$

＊1　晶帯軸とは，すべての観察面に平行な軸のことを言う。

$[0\bar{1}1]$ の読み方

ゼロ・バーイチ・イチと読む。［　］は方向を表す時に使用し，（　）は面を表すときに使用するので混同してはいけない。

(4) 磁性材料の観察

TEM の電子レンズは磁石であるため，磁性粉末は電子レンズに引き寄せられ，鏡筒内は著しく汚染されてしまう。バルク体であれば，しっかり試料ステージに保持し観察できるが，電子ビームが試料からの磁場の影響を受けてゆがむために，通常の条件ではフォーカスは合いにくい。図 11-13 は Co と Pd の合金で，Co が磁性材料であるため，非点収差[*2] を補正するのにか

＊2　非点収差とは電磁レンズが完全な軸対称性を持たないことに起因して円状の光源の像が楕円になる収差。

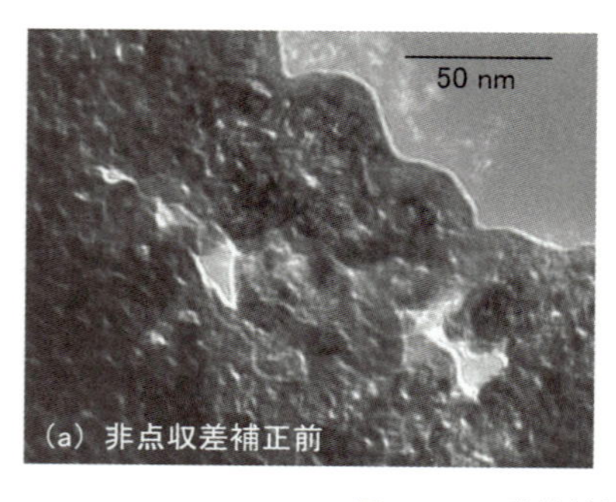

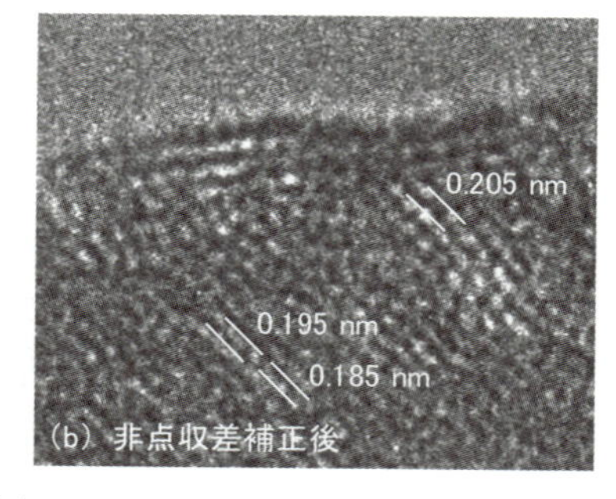

図 11-13　磁性材料表面の TEM 観察
$Pd_{0.2}Co_{0.8}$ ナノポーラス合金（試料提供：京都大学袴田正高助教，馬渕守教授提供）

なりの時間を要したが，非点補正ができれば，原子スケールでナノポーラス金属材料表面の格子間隔の乱れを確認することができる。通常，磁性材料の磁区構造観察をするためには，ローレンツ電子顕微鏡[*1]が用いられる。

*1　ローレンツ電子顕微鏡は，試料位置に磁場がかからないように設計した特別な対物レンズを用い，磁場ゼロでの磁気（磁区）構造の観察を可能にしたもの。

11.3　X線光電子分光法

X線光電子分光法（XPS：X-ray photoelectron spectroscopy）は，単色X線を試料に照射し，試料表面から放出される電子の運動エネルギーを測定する分析法である。X線のエネルギー（一定）から電子の運動エネルギーを差し引くと，試料を構成するそれぞれの原子中に存在している電子の結合エネルギーを知ることができる。これより，試料を構成している原子の種類と量についてだけでなく，それらの化学結合状態についての情報を得ることができる。

一般的なXPS装置では，X線源としてMg Kα線（1253.6 eV）またはAl Kα線（1486.6 eV）が用いられている。線幅が狭いために，Mg Kα線の方が使われることが多いが，同時に観測されるオージェピークとの重なりを防ぐために（たとえば，Fe 2pピークとO KL_2L_3オージェピークなど），Al Kα線の方を使用することもある。モノクロメーターによりX線を単色化する場合もあるが，試料表面の帯電が大きくなり測定の信頼性がかえって低下する場合もある。

水素・ヘリウムを除く全元素，すなわち原子番号3のリチウムから測定が可能とされているが，軽元素についてはかなり感度が低く，測定が困難である。検出感度は非常に高いものの，定量性に欠けるとされている。そのため，低濃度の元素の定量にはほとんど使用されず，他の分析手法のデータを活用することが多い。状態分析においては，種々の理論計算結果からのサポートも得られやすく，多くの分野での応用例が報告されている。

オージェ電子分光法（AES）

オージェ電子分光法（AES：auger electron spectroscopy）は，一定エネルギーの電子線（一次電子）を試料に照射し，試料表面から放出されるオージェ電子（二次電子）の運動エネルギーを測定する分析法である。

（2）XPS装置

一般的な装置の概略を図11-14に示す。試料導入室および測定室を10^{-7} Pa程度の超高真空に保つために，一般的なロータリーポンプだけでなくターボ分子ポンプやイオンポンプなどが用いられている。試料は導電性両面テープを用いて試料ホルダーに固定され，試料導入部から搬送系により測定室に送られる。

XPS法では，X線源としてエネルギー半値幅が狭いAl Kα線（エネルギー：1486.6 eV，半値幅：0.85 eV）とMg Kα線（エネルギー：1253.6 eV，半値幅：0.7 eV）を用いることが多く，AlとMgの2つのターゲット材を有するX線管が開発されている。それぞれのターゲットに向いているフィラメントを切り替えることにより，発生させる特性X線の種類を選択している。特性X線には，最も高強度の$K\alpha_{1,2}$線の他にいくつかのサテライトX線が含まれる

二次イオン質量分析法（SIMS）

二次イオン質量分析法（SIMS：secondary ion mass spectrometry）は，表面分析の中で最も感度の高い分析法のひとつで，破壊分析でありながらもすぐれた特徴を有している。数100 eV～30 keVのエネルギーを有する一次イオンを試料表面に照射して，試料から放出される二次イオンを質量分離して質量分析計で検出している。

が，これによって生じる低エネルギー側の光電子ピークはPCソフトによって除去することが可能である。高分解能測定のために，分光結晶によって単色化されたX線源（Al Kα線）が使用されることがある。その他，必要に応じて光電子放出に伴う試料の帯電（チャージアップ）を防ぐために低エネルギーの電子を照射することのできる中和銃や試料表面を清浄にする，または深さ方向の情報を得るためにAr，Ne，Heなどのイオンを発生できるイオン銃が用いられることがある。

試料表面から放出された光電子は，入射レンズを経て静電半球型分光器に入る。入射レンズで一定の比で減速され，集光された電子は，分光器によってエネルギーごとに分けられ，検出器で電気信号に変換される。市販されている装置の分光器は，電子増倍管であるチャンネルマルチプライアーまたはマイクロチャンネルプレートが用いられている。

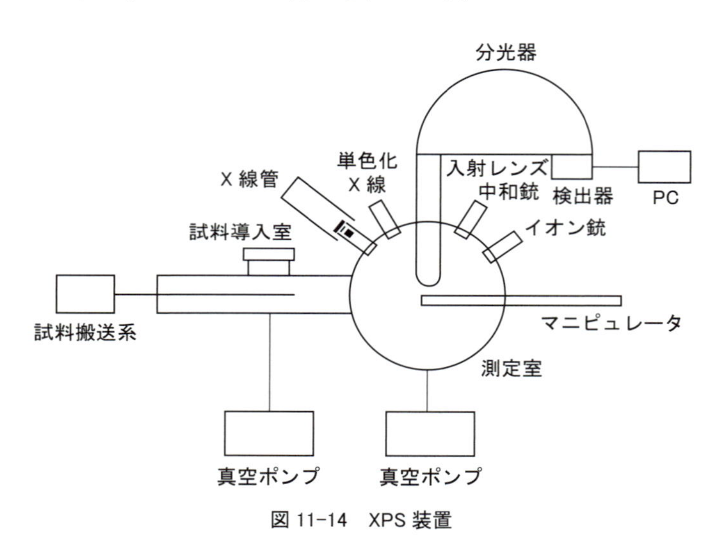

図 11-14　XPS装置

(3) XPSスペクトルの測定

導電性両面テープ，試料および試料ホルダーなどを扱う際は，必ずピンセットやビニール製の手袋を使い，試料の汚染をできる限り防ぐ。スパッタリング操作により，測定室内で試料表面を清浄化することができる場合もある。適当な大きさの金属片などの板状試料や粉末試料を導電性両面テープにより，ステンレス製の試料ホルダーに固定する（板状試料については，ネジやピンなどでも固定できる）。窒素ガスにより大気圧に戻した試料導入室に入れ，ロータリーポンプを用いて減圧する。ある程度の真空度に達した後に，バルブ操作により真空系を切り替え，ターボ分子ポンプやイオンポンプなどにより高真空まで減圧する。高真空が達成できない場合，測定を断念しなくてはならないこともある。試料導入室の真空度が安定したことを確認し，搬

電子線マイクロアナリシス（電子プローブ微小部分析法）(EPMA)

電子線マイクロアナリシス（EPMA : electron probe micro-analysis）は，細く絞った電子線を試料に照射し，試料を構成する原子から放射される特性X線を検出する。電子ビームをスキャンさせることによって，二次元分布を測定することもできる。物質の微小領域から10 cm程度の広い範囲までを非破壊で元素分析できる。

粒子（イオン）励起X線分光法（PIXE）

電場や磁場中で0.5～3 MeV程度にまで加速した水素（H^+）やヘリウム（He^{2+}）などのイオンビームを試料表面に照射し，試料構成原子から発生する特性X線を半導体検出器で計測する。測定対象元素の広さ（Na以上の全元素）や高感度（1 ppm以下）などから，最も優れた微量分析法の1つである。本法に類似しているのは，電子プローブ微小部分析（EPMA）や走査電子顕微鏡（SEM）に付属されているエネルギー分散型X線分析装置であるが，PIXE法はこれらの方法に比べ1～2桁感度が高い。

電子エネルギー損失分光法（EELS）

電子エネルギー損失分光法（EELS : electron energy loss spectroscopy）では，電子線を試料に照射し，試料表面の格子振動を励起することによって入射電子が損失したエネルギーを測定する。それらの結果より，構成原子の定性定量分析（元素分析）や電子状態についての情報を得ることができる。

送系により試料ホルダーを試料導入室から測定室に移動させ，試料の位置合わせを行う。測定条件は，測定元素の濃度と化学状態，測定元素・電子軌道の種類などによって大きく異なる。測定エネルギー範囲，パスエネルギー，ステップエネルギー，1ポイント当たりの測定時間，測定回数などを決定する必要がある。冷却用の水を循環させ，X線管に定められた電圧電流を印加しX線を発生させ，測定を開始する。

一般的には，まず0～1,100 eVの全領域のワイドスペクトルを測定（エネルギーステップ：1 eV程度，測定時間：数分程度，1回測定）し，試料中に含まれている元素の種類とそれらのおおよそのピーク強度をチェックする。その結果から，ナロー測定が必要な元素を選択する。元素によっては複数のエネルギー領域（すなわち，異なる軌道電子の結合エネルギー）を測定することにより，化学状態に関するより詳細な情報を得ることができる。しかしながら，通常は最も測定しやすい（強度の大きい）1つの領域を測定し，解析している（たとえば，第一遷移金属元素では2p軌道電子，炭素・窒素・酸素では1s軌道電子）。予想されるピーク位置に対し，高エネルギー側へ10～20 eV，低エネルギー側へ5～10 eV程度を含む範囲を測定する（エネルギーステップ：0.05～0.2 eV程度，測定時間：数十分，複数回積算測定）。試料が絶縁性である場合は，測定による試料の正の帯電が大きくなり，ピークの現れるエネルギー領域が大きく高エネルギー側にシフトするので，帯電補正が必要となる。

スパッタリング操作を繰り返すまたはマニピュレータを用いた測定試料の角度変化（X線入射角変更）による深さ方向分析や，スペクトルの時間分解（X線照射時間によるスペクトル変化）測定などを行うこともできる。

典型的なXPSスペクトルでは，縦軸は任意強度（装置上では電子数に相当するcps：counts per secondで表示される），横軸は電子の結合エネルギー（単位はeV，左側が高エネルギー側にされていることが多い）で示される。一般的に，測定元素の酸化数および電子密度とピーク位置には相関があり，高酸化数であるほど，また電子密度が低いほどピークは高エネルギー側に現れることが多い。

ここで，ピーク位置について議論するためには，まず定期的に標準物質（銀や金など）測定を行い装置を校正しておく必要がある。試料ごとの帯電補正には，試料表面の微量の不純物炭素（C 1sピークを284.8 eVまたは284.6 eVに設定）もしくは物質中に含まれるNやO原子と直接結合していない有機炭素（C 1sピークを285.0 eVに設定）を用いることができる。

Cu 2p XPSスペクトルのように，スピン軌道相互作用によるピークの分裂（低エネルギー側の$2p_{3/2}$と高エネルギー側の$2p_{1/2}$ピーク，面積比はほぼ2:1）が観測され，これらはメインピークと呼ばれている。また，メインピークの

価電子帯スペクトル

価電子帯の構造は原子間の結合状態により決定され，物質の様々な特性に深く関与している。XPS では約 1 keV の励起 X 線を用いるために，価電子は連続的なエネルギー領域へと励起される。そのため得られたスペクトルは価電子帯の状態密度分布を比較的正確に再現しており，分子軌道法などによって得られた理論計算の結果との比較にしばしば用いられている。

それぞれ 5～10 eV 高エネルギー側にサテライトピークが現れることが多い。サテライトピーク強度は測定元素の電子状態により大きく変化するため，状態分析を行う際に重要となる。

光電子によるピークの他に，3 電子過程によって発生したオージェ電子によるピークが観測される。一般的にオージェピークは幅広く，励起 X 線のエネルギーにより現れる位置を変化させることができるため，区別することは容易である。

なお，XPS 法は検出感度が高いものの，その定量精度は低いとされている。精度の高い定量を行うためには，試料表面が平滑であること，試料の組成が XPS 分析の範囲内で均一であること，適切にバックグランドの差し引きがされていること，装置ごとに感度係数の実測が行われていること，適切な補正が行われていることなどが条件となる。

(4) XPS スペクトルの例（イオン液体中の Li イオンの溶存構造解析）[*1]

＊1 T. Kurisaki, D. Tanaka, Y. Inoue, H. Wakita, B. Minofar, S. Fukuda, S. Ishiguro and Y. Umebayashi, *J. Phys. Chem. B*, 2012, **116** 10870-10875

XPS の分析で用いられる電子エネルギーの範囲は通常 30～1000 eV の範囲にある。このようなエネルギー範囲の電子は固体との相互作用が強いため，エネルギーを失うことなく固体中から真空まで脱出できる。その際，脱出可能な電子は表面近傍数 nm 程度の深さまでのものに限定される。

XPS の試料は気体，液体，固体と物質の状態を問わないが，一般的な XPS 測定では試料を超高真空下（1×10^{-7} Pa）に置くために，気体や液体試料の測定は制限される。イオン液体は，陽イオンと陰イオンからなる塩で比較的低い温度で液体状態となる。イオン液体は蒸気圧がほとんど無く，不揮発性，不燃性，高い電気伝導性などの特徴を持っている。そのため反応溶媒としてだけではなくリチウムイオン電池などの二次電池の電解質に用いられるなど電気化学の分野にも応用されている。このイオン液体は高真空下においてもほとんど揮発しないため溶液状態での XPS 測定が可能である。イオン液体の XPS スペクトル測定はモリブデン製のサンプルホルダー（図 11-15）に直径 3 mm，深さ 3 mm の穴を開けそこに試料を入れて行う。測定中の真空度は 1×10^{-7} Pa 以下であり固体試料とほぼ同程度の真空度を維持している。イオン液体（EMI-Tf_2N）とこのイオン液体に 0.5 mol kg^{-1} の濃度になるように Li-Tf_2N 塩を溶解した試料の XPS スペクトルを測定した結果，Li 塩を溶かしたイオン液体で約 55 eV に Li 1s に帰属されるピークが見られる（図 11-16）。通常，濃度が 0.5 mol kg^{-1} の場合試料中の Li の理論存在比は 0.31% である。そのため，XPS スペクトルには Li 1s のピークはほとんど観測されないはずである。これらのことより，イオン液体表面には Li^+ が濃縮していることが考えられる。

図 11-15　イオン液体用モリブデン製 XPS 試料セル

次に価電子帯領域の XPS スペクトルを測定したところ，約 8 eV と 28 eV 付近のピーク形状が異なっていた（図 11-17）。イオン液体表面には陰イオ

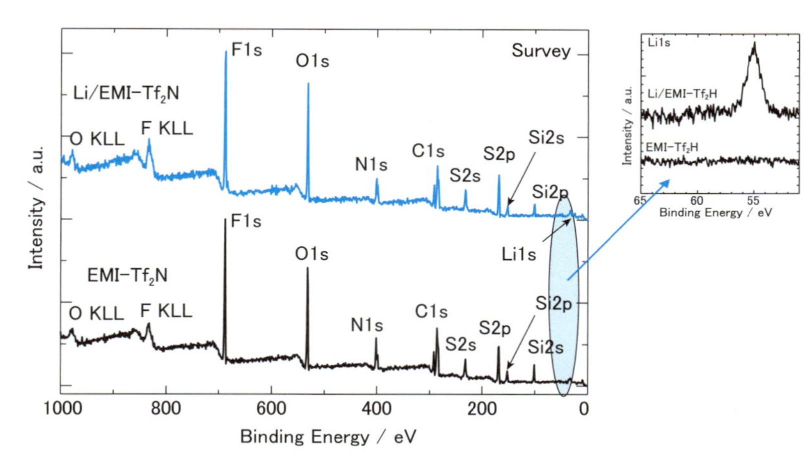

図 11-16　EMI-Tf_2N と Li/EMI-Tf_2N の XPS スペクトル

DV-Xα分子軌道法

非経験的な分子軌道法の1つである。(Discrete Variational) 離散変分法により多中心積分を数値的に行うことで種々の物理量の計算が可能である。また，計算効率が比較的高いXα法を用いて計算しているために100原子程度のクラスター計算が数十分程度で行える。

ンが主に存在している*ため，Tf_2N イオンの分子モデルを作成し，DV-Xα分子軌道法を用いて理論スペクトルを得た（図 11-17）。実測スペクトの理論スペクトルの比較と表 11-3 に示されている各ピークの構成軌道成分から，スペクトルのピーク形状の変化はおもに Tf_2N イオンの酸素原子の寄与によることが見いだされた。このことから XPS はイオン液体の界面の立体構造や電子構造の情報を与えてくれることがわかる。

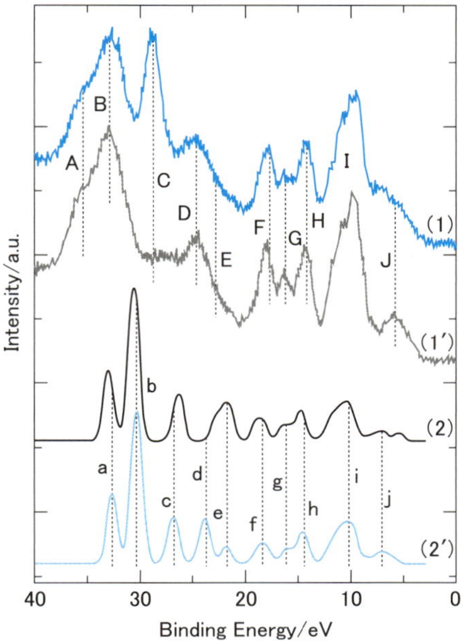

* K. Nakajima, A. Ohno, M. Suzuki, K. Kimura, *Langmuir* 2008, **24**, 4482-4484

(1) Li/EMI-Tf_2N の実測スペクトル，(1′) EMI-Tf_2N の実測スペクトル
(2) *cis* 型 Tf_2N モデルの理論スペクトル，(2′) *trans* 型 Tf_2N モデルの理論スペクトル

図 11-17　EMI-Tf_2N と Li/EMI-Tf_2N の実測の価電子帯 XPS スペクトルと DV-Xα 分子軌道法を用いて計算した理論 XPS スペクトル

表 11-3　EMI-Tf_2N と Li/EMI-Tf_2N の XPS スペクトルのピーク位置とその帰属

実測 XPS スペクトルピーク位置（eV）			原子軌道とその割合（%）					
ピーク	Li/EMI-Tf_2N	EMI-Tf_2N	ピーク	F	O	N	C	S
A	35.6	35.7	a	94.9	0.06	0.00	4.69	0.35
B	33.0	33.1	b	99.9	0.00	0.00	0.10	0.00
C	28.9	—	c	1.21	54.0	2.43	0.16	42.2
			c′	0.16	95.0	0.14	0.01	4.69
D	24.8	24.7	d	0.70	34.3	50.9	0.20	13.9
E	18.2	18.2	e	41.4	18.8	2.60	16.6	20.6
F	16.3	16.4	f	52.4	14.5	1.48	6.32	25.3
G	14.3	14.4	g	85.7	3.85	0.81	1.32	8.32
H	9.90	9.90	h	61.4	27.0	1.46	0.04	10.1
I	5.93	5.95	i	11.9	70.6	6.25	7.44	3.81

演　習　問　題

問題 1

加速電圧 200 kV で *Cs* が 1.0 mm という電子顕微鏡がある。この電子顕微鏡の理論分解能をもとめなさい。

問題 2

上記の電子顕微鏡で，構造像を観察するためのシェルツァーフォーカスを計算しなさい。

問題 3

Al の結晶構造を解析するために（110）と（111）の回折反射を一枚の写真で確認したい。どの結晶方位（晶帯軸）から撮影すれば良いか。

問題 4

Co の内殻電子をはじき出すためには，何 kV のエネルギー（加速電子）を与えたらいいか。

問題 5

XPS スペクトルから元素を同定する際，それぞれのピークの帰属を行わなければならない。ピーク帰属における一般的な原則を説明しなさい。

問題 6

導電性のない試料の XPS スペクトルを測定する際，正確な結合エネルギーの値を求めるため帯電補正が必要である。帯電補正の方法とその方法が有効である条件について説明しなさい。

問題 7

XPS 測定の際には，オージェピークが観測されることが多い。そこで，(1) XPS

スペクトル上に現れる O $KL_{23}L_{23}$ オージェ電子（ここで，K は K 殻の 1s 電子，L_{23} は L 殻の 2p 電子を指す）の発生過程について説明しなさい。(2) X 線源を Mg Kα 線（1253.6 eV）から Al Kα 線（1486.6 eV）に変更した場合，Mg Kα 線を用いた XPS スペクトルにおいて 745.0 eV に現れた O $KL_{23}L_{23}$ オージェピークのエネルギー位置がどのように変化するか求めなさい。なお，この場合においてオージェ電子の運動エネルギーは変化しないものとする。(3) 鉄の化合物の Fe(2p)XPS スペクトルを測定する際に，X 線源として Al Kα 線の方が適当である理由を説明しなさい。

問題 8

亜鉛（II）錯体である Zn(salen)（H_2salen：サルチルアルデヒドとエチレンジアミンとの縮合反応によって得られる N, N′-エチレン-ビス（サリチリデンアミン）配位子）の XPS スペクトルを測定し，次のようなデータを得た。また，同時に 5 種類のオージェ電子によるピークが観測され，それらのデータについてもまとめた。Zn(salen) 錯体中の亜鉛（II）イオンの 3d 電子の結合エネルギーをこれらのデータを用いて計算しなさい。

Zn(2p) XPS スペクトルデータ

$2p_{1/2}$ ピーク：1045.1 eV，$2p_{3/2}$ ピーク：1022.0 eV，

Zn LMM オージェ電子の運動エネルギー

$L_2M_{45}M_{45}$ ピーク：1011.9 eV，$L_3M_{45}M_{45}$ ピーク：988.9 eV，

$L_2M_{23}M_{45}$ ピーク：924.8 eV，$L_3M_{23}M_{45}$ ピーク：901.7 eV，

$L_3M_{23}M_{23}$ ピーク：832.0 eV

参　考　文　献

泉美治ほか編,『機器分析のてびき（第2版）』, 化学同人.

田中誠之, 飯田芳男,『機器分析』, 基礎化学選書, 裳華堂.

日本分析化学会九州支部編,『機器分析入門（改訂第3版）』, 南江堂.

R. L. Pecsok ほか著, 荒木峻訳,『分析化学』, 東京化学同人.

西川泰治, 平木敬三,『蛍光・りん光分析法』, 共立出版.

渡辺光夫,『ケイ光分析—基礎と応用』, 廣川書店.

水島三一郎, 島内武彦,『赤外線吸収とラマン効果』, 共立出版.

島内武彦ほか編,『レーザーラマン分光学とその応用』, 化学の領域増刊 117 号, 南江堂.

坪井正道ほか編,『赤外・ラマン・振動Ⅰ, Ⅱ, Ⅲ』, 化学の領域増刊 139 号, 140 号, 南江堂.

島内武彦,『赤外線スペクトル解析法』, 南江堂.

日本化学会編,『赤外線吸収スペクトル』, 実験化学講座　続 10, 丸善.

武内次夫, 鈴木正己,『原子吸収分析』, 南江堂.

不破敬一郎ほか編,『最新原子吸光分析Ⅰ, Ⅱ』, 廣川書店.

日本分析化学会編,『原子スペクトル分析（上, 下）』, 丸善.

不破敬一郎, 原口紘炁編,『ICP 発光分析』, 化学の領域増刊 127 号, 南江堂.

日本工業規格, JIS 原子吸光分析通則 K 0121 (2006), 日本規格協会.

日本工業規格, JIS 発光分光分析通則 K 0116 (2003), 日本規格協会.

日本工業規格, JIS 高周波プラズマ質量分析通則 K 0133 (2007), 日本規格協会.

D. T. Sawyer, A. Sobkowiak, J. L. Roberts, Jr., “ELECTROCHEMISTRY For CHEMISTS”, 2nd edition, John Wiley & Sons, Inc., NEW York.

D. K. Gosser, Jr., “Cyclic VOLTAMMETRY : Simuation and Analysis of Reaction Mechanisms”, VCH (DEU).

逢坂哲也, 小山　昇, 大坂武男,『電気化学法・基礎測定マニュアル』, 講談社サイエンティフィク.

玉虫玲汰　他著,『電極反応の基礎』, 共立出版.

庄野利之, 脇田久伸編著,『入門機器分析化学演習』, 三共出版.

仁田勇,『X 線結晶学（上, 下）』, 丸善.

カリティ著, 松村源太郎,『X 線回析要論』, アグネ.

スタウトほか著, 飯高洋一訳,『X 線構造解析の実際』, 東京化学同人.

桜井敏雄,『X 線結晶解析の手引き』, 裳華堂.

日本化学会編,『EXAFS, XANES の基礎と応用』, 講習会テキスト.

H. P. Klug, *et. al.*, “X-ray Diffraction Procedures for Polycrystalline and Amorphous Materials”, John Wiley & Sons.

B. K. Teo, *et. al.*, “EXAFS Spectroscopy, Techniques and Applications”, Plenum Press.

B. K. Teo, “EXAFS : Basic Principles and Data Analysis”, Springer-Verlag.

R. J. Abraham ほか著, 竹内敬人訳,『^{1}H および ^{13}CNMR 概説』, 化学同人.

山崎昶,『核磁気共鳴分光法』, 共立出版.

寺尾武彦ほか，『固体高分解能 NMR』，日本電子．
丸山和博ほか編，『有機構造 I， II』新実験化学講座 13，丸善．
R. M. Silverstein ほか著，荒木峻ほか訳，『有機化合物のスペクトルによる同定』，東京化学同人．
H. Budzikiewiez ほか著，中川有益ほか訳，『医学と薬学のためのマススペクトル』，講談社．
H. C. Hill 著，佐々木慎一訳，『質量スペクトル―その有機化学への応用』，東京化学同人．
F. W. Mclafferty 著，上野民夫訳，『マススペクトルの解釈と演習』，化学同人．
中田尚男，『有機マススペクトリー入門』，講談社．
松田久編，『マススペクトロメトリー』，朝倉書店．
大木道則ほか編，『物質の分離と分析（上）』，岩波講座現代化学 11，岩波書店．
原昭二ほか編，『クロマトグラフィー分離システム』，丸善．
正田芳郎ほか編，『高分解能ガスクロマトグラフィー』，化学同人．
品川睦明，『ポーラログラフ分析法』，共立出版．
G. W. Ewing, “Instrumental Methods of Chemical Analysis”, McGraw-Hill Kogakusha.
A. M. Bond, “Modern Polarographic Methods in Analytical Chemistry”, Marcel Dekker.
J. B. Headridge, “Electrochemical Techniques for Inorganic Chemists”, Academic Press.

索　　引

欧　文

AES　226
AES：auger electron spectroscopy　235
AFM　226
APCI：atmospheric pressure chemical ionization　184
ATR：attenuated total reflectance　38

Britton-Robinson 緩衝液　24, 26
Bulter-Volmer 式　203

CARS：coherent anti-stokes Raman scattering　46
CARS イメージング　54
CCD：charge coupled device　49
CCD 検出器　49, 98
CI：chemical ionization　149, 184
COM：complete proton decoupling　129
cps：counts per second　237
CV：cyclic voltammogram　196

d-d 遷移吸収帯　13
DSC：differential scanning calorimetry　218
DTA：differential thermal analysis　218
DV-X α 分子軌道法　239
DXAFS 法　115

ECD：electron capture detector　175
EC 機構　203
EDS：energy dispersive X-ray spectrometer　231
EELS：electron energy loss spectroscopy　236
EI：electron ionization　148, 155, 184
EPMA：electron probe micro-analysis　236
ESI：electrospray ionization　149, 184
ESR：electron spin resonance　120, 137
ESR スペクトル　141
EXAFS：extended X-ray absorption fine structure　113

FAB：fast atom bombardment　149
FAB-MS　160
Faraday 法　222
FID：flame ionization detector　174
FPD：flame photometric detector　174
FTD：flame thermionic detector　175
FT-IR-ATR 法　43

GC-IR　44
GC-MS：gas chromatography-mass spectrometry　155, 183
GC-MS 法　158
GLC：gas-liquid chromatography　167
GPC-IR　44
GSC：gas-solid chromatography　167

HETP：height equivalent to a theoretical plate　167
HPLC：high performance liquid chromatography　176

ICP-AES：ICP-atomic emission spectrometry　75
ICP-ES　161
ICP-MS：ICP-mass spectrometry　75, 155, 161
ICP-MS 四重極型　78
ICP-MS 二重収束型　78
ICP 質量分析　66, 75, 161
ICP 質量分析装置　77
ICP トーチ　70
ICP 発光分析装置　72
ICP 発光分析法　60, 66, 161
ICP 放電　60
IP：imaging plate　97
ISS　226

KBr ペレット法　38
K-B ミラー　93
Kirkpatric-Baez 型反射鏡　93

LC-IR　44
LC-MS：liquid chromatography-mass spectrometry　158, 183
LLC：liquid liquid chromatography　167, 178
LSC：liquid solid chromatography　179

MALDI：matrix-assisted lazer desorption ionization　149
Martin, A.J.P.　164
Mattauch-Herzog 型　151
McLafferty 転位　152

$n \to \pi^*$遷移　10
$n \to \sigma^*$遷移　10
negative FAB スペクトル　160
Nernstian　202
NHE：normal hydrogen electrode　189
Nier-Johnson 型　151
NMR：nuclear magnetic resonance　120

ODS：octa decyl silyl　179
OFR：off resonance　129

か　行

さ 行

た　行

な　行

は　行

ま 行

や 行

ら 行

わ 行

編著者

庄野利之　（1章）
昭和23年　大阪大学工学部応用化学科卒業
大阪大学名誉教授
専門分野　工業分析化学
工学博士

脇田久伸　（1章，6.7，10章）
昭和47年　東京教育大学大学院理学研究科博士課程修了
現　在　福岡大学名誉教授
専門分野　分析化学・錯体化学
理学博士

著　者（五十音順）

栗崎　敏　（11.3）
平成6年　福岡大学大学院理学研究科博士課程後期修了
現　在　福岡大学理学部准教授
専門分野　分析化学・無機化学
博士（理学）

田中　稔　（8章）
昭和45年　大阪大学大学院工学研究科応用化学専攻博士課程修了
現　在　大阪大学名誉教授
専門分野　分析化学
工学博士

中野裕美　（11.2）
昭和62年　豊橋技術科学大学大学院修士課程修了
現　在　元豊橋技術科学大学副学長
専門分野　無機材料
博士（工学）

藤岡稔大　（7章）
昭和58年　九州大学大学院薬学研究科修士課程修了
現　在　前福岡大学薬学部教授
専門分野　機器分析学・天然物化学
薬学博士

藤原　学　（2章，11.1）
昭和58年　大阪大学大学院工学研究科修士課程修了
現　在　龍谷大学先端理工学部教授
専門分野　分析化学・錯体化学
工学博士

松下隆之　（4章，9章）
昭和41年　大阪大学大学院工学研究科応用化学専攻修士課程修了
現　在　龍谷大学名誉教授
専門分野　分析化学・錯体化学
工学博士

山口敏男　（3章，5章）
昭和53年　東京工業大学大学院総合理工学研究科博士課程修了
現　在　福岡大学名誉教授
専門分野　構造化学・錯体化学
理学博士

横山拓史　（6.1～6.6）
昭和55年　九州大学大学院理学研究科博士課程修了
現　在　九州大学名誉教授
専門分野　地球化学・分析化学・無機化学
理学博士

新版　入門機器分析化学

1988年10月10日　初版第1刷発行
2015年10月1日　初版第53刷発行
2015年11月20日　新版第1刷発行
2025年3月15日　新版第13刷発行

発行者　秀島　功
印刷者　荒木浩一

発行所　三共出版株式会社　東京都千代田区神田神保町3の2
郵便番号 101-0051 振替 00110-9-1065
電話 03-3264-5711 FAX 03-3265-5149
https://www.sankyoshuppan.co.jp/

一般社団法人日本書籍出版協会・一般社団法人自然科学書協会・工学書協会　会員

印刷・製本　アイ・ピー・エス

ISBN 978-4-7827-0738-8

原子量表

（元素の原子量は，質量数12の炭素（^{12}C）を12とし，これに対する相対値とする。但し，この^{12}Cは核および電子が基底状態にある結合していない中性原子を示す。）

多くの元素の原子量は通常の物質中の同位体存在度の変動によって変化する。そのような元素のうち 13 の元素については，原子量の変動範囲を［a, b］で示す。この場合，元素 E の原子量 A_r(E) は $a \leq A_r$(E) $\leq b$ の範囲にある。ある特定の物質に対してより正確な原子量が知りたい場合には，別途求める必要がある。その他の 71 元素については，原子量 A_r(E) とその不確かさ（括弧内の数値）を示す。不確かさは有効数字の最後の桁に対応する。

原子番号	元素記号	元素名	原子量	脚注
1	H	Hydrogen	[1.00784; 1.00811]	m
2	He	Helium	4.002602(2)	g r
3	Li	Lithium	[6.938; 6.997]	m
4	Be	Berylium	9.0121831(5)	
5	B	Boron	[10.806; 10.821]	m
6	C	Carbon	[12.0096; 12.0116]	
7	N	Nitrogen	[14.00643; 14.00728]	m
8	O	Oxygen	[15.99903; 15.99977]	m
9	F	Fluorine	18.998403163(6)	
10	Ne	Neon	20.1797(6)	gm
11	Na	Sodium	22.98976928(2)	
12	Mg	Magnesium	[24.304; 24.307]	
13	Al	Aluminium	26.9815384(3)	
14	Si	Silicon	[28.084; 28.086]	
15	P	Phosphorus	30.973761998(5)	
16	S	Sulfur	[32.059; 32.076]	
17	Cl	Chlorine	[35.446; 35.457]	m
18	Ar	Argon	[39.792; 39.963]	g r
19	K	Potassium	39.0983(1)	
20	Ca	Calcium	40.078(4)	g
21	Sc	Scandium	44.955908(5)	
22	Ti	Titanium	47.867(1)	
23	V	Vanadium	50.9415(1)	
24	Cr	Chromium	51.9961(6)	
25	Mn	Manganese	54.938043(2)	
26	Fe	Iron	55.845(2)	
27	Co	Cobalt	58.933194(3)	
28	Ni	Nickel	58.6934(4)	r
29	Cu	Copper	63.546(3)	r
30	Zn	Zinc	65.38(2)	r
31	Ga	Gallium	69.723(1)	
32	Ge	Germanium	72.630(8)	
33	As	Arsenic	74.921595(6)	
34	Se	Selenium	78.971(8)	r
35	Br	Bromine	[79.901; 79.907]	
36	Kr	Krypton	83.798(2)	gm
37	Rb	Rubidium	85.4678(3)	g
38	Sr	Strontium	87.62(1)	g r
39	Y	Yttrium	88.90584(1)	
40	Zr	Zirconium	91.224(2)	g
41	Nb	Niobium	92.90637(1)	
42	Mo	Molybdenum	95.95(1)	g
43	Tc	Technetium*		
44	Ru	Ruthenium	101.07(2)	g
45	Rh	Rhodium	102.90549(2)	
46	Pd	Palladium	106.42(1)	g
47	Ag	Silver	107.8682(2)	g
48	Cd	Cadmium	112.414(4)	g
49	In	Indium	114.818(1)	
50	Sn	Tin	118.710(7)	g
51	Sb	Antimony	121.760(1)	g
52	Te	Tellurium	127.60(3)	g
53	I	Iodine	126.90447(3)	
54	Xe	Xenon	131.293(6)	gm
55	Cs	Caesium	132.90545196(6)	
56	Ba	Barium	137.327(7)	
57	La	Lanthanum	138.90547(7)	g
58	Ce	Cerium	140.116(1)	g
59	Pr	Praseodymium	140.90766(1)	
60	Nd	Neodymium	144.242(3)	g
61	Pm	Promethium*		
62	Sm	Samarium	150.36(2)	g
63	Eu	Europium	151.964(1)	g
64	Gd	Gadolinium	157.25(3)	g
65	Tb	Terbium	158.925354(8)	
66	Dy	Dysprosium	162.500(1)	g
67	Ho	Holmium	164.930328(7)	
68	Er	Erbium	167.259(3)	g
69	Tm	Thulium	168.934218(6)	
70	Yb	Ytterbium	173.045(10)	g
71	Lu	Lutetium	174.9668(1)	g
72	Hf	Hafnium	178.486(6)	g
73	Ta	Tantalum	180.94788(2)	
74	W	Tungsten	183.84(1)	
75	Re	Rhenium	186.207(1)	
76	Os	Osmium	190.23(3)	g
77	Ir	Iridium	192.217(2)	
78	Pt	Platinum	195.084(9)	
79	Au	Gold	196.966570(4)	
80	Hg	Mercury	200.592(3)	
81	Tl	Thallium	[204.382; 204.385]	
82	Pb	Lead	207.2(1)	g r
83	Bi	Bismuth*	208.98040(1)	
84	Po	Polonium*		
85	At	Astatine*		
86	Rn	Radon*		
87	Fr	Francium*		
88	Ra	Radium*		
89	Ac	Actinium*		
90	Th	Thorium*	232.0377(4)	g
91	Pa	Protactinium*	231.03588(1)	
92	U	Uranium*	238.02891(3)	gm
93	Np	Neptunium*		
94	Pu	Plutonium*		
95	Am	Americium*		
96	Cm	Curium*		
97	Bk	Berkelium*		
98	Cf	Californium*		
99	Es	Einsteinium*		
100	Fm	Fermium*		
101	Md	Mendelevium*		
102	No	Nobelium*		
103	Lr	Lawrencium*		
104	Rf	Rutherfordium*		
105	Db	Dubnium*		
106	Sg	Seaborgium*		
107	Bh	Bohrium*		
108	Hs	Hassium*		
109	Mt	Meitnerium*		
110	Ds	Darmstadtium*		
111	Rg	Roentgenium*		
112	Cn	Copernicium*		
113	Nh	Nihonium*		
114	Fl	Flerovium*		
115	Mc	Moscovium*		
116	Lv	Livermorium*		
117	Ts	Tennessine*		
118	Og	Oganesson*		

＊：安定同位体のない元素。これらの元素については原子量が示されていないが，ビスマス，トリウム，プロトアクチニウム，ウランは例外で，これらの元素は地球上で固有の同位体組成を示すので原子量が与えられている。

g：当該元素の同位体組成が通常の物質が示す変動幅を超えるような地質学的試料が知られている。そのような試料中では当該元素の原子量とこの表の値との差が，表記の不確かさを越えることがある。

m：不詳な，あるいは不適切な同位体分別を受けたために同位体組成が変動した物質が市販品中に見いだされることがある。そのため，当該元素の原子量が表記の値とかなり異なることがある。

r：通常の地球上の物質の同位体組成に変動があるために表記の原子量より精度の良い値を与えることができない。表中の原子量および不確かさは通常の物質に摘要されるものとする。